众数学

ZHONGSHUXUE

王建国 著

浙江工商大學出版社｜杭州
ZHEJIANG GONGSHANG UNIVERSITY PRESS

图书在版编目(CIP)数据

众数学 / 王建国著. —杭州:浙江工商大学出版
社,2021.5
ISBN 978-7-5178-4394-8

Ⅰ. ①众… Ⅱ. ①王… Ⅲ. ①数论 Ⅳ. ①O156

中国版本图书馆 CIP 数据核字(2021)第 051429 号

众数学
ZHONG SHUXUE

王建国 著

责任编辑	厉 勇	
封面设计	林朦朦	
责任印制	包建辉	
出版发行	浙江工商大学出版社	
	(杭州市教工路 198 号 邮政编码 310012)	
	(E-mail:zjgsupress@163.com)	
	(网址:http://www.zjgsupress.com)	
	电话:0571 - 88904980,88831806(传真)	
排 版	杭州朝曦图文设计有限公司	
印 刷	杭州宏雅印刷有限公司	
开 本	710mm×1000mm 1/16	
印 张	16.75	
字 数	261 千	
版 印 次	2021 年 5 月第 1 版 2021 年 5 月第 1 次印刷	
书 号	ISBN 978-7-5178-4394-8	
定 价	58.00 元	

前　言

开宗明义:众数学不是大众数学.

大众数学,从词义上来说,比较朴素、直接,是人人都能学习的数学,是人人都能掌握应用的数学.

而"众数学",有别于大众数学,其运算规律与法则,是一种新的运算规律与法则.利用众数学的众数和、众数差、众数积、众数商、众数幂的运算法则与规律,可以巧妙地解决数论的部分难题——基本上都是素数问题(如完美数、梅森数、梅森素数、费马数、费马素数等).因为数论的大部分问题是用实数的加法来定义的,而素数却是用乘法来定义的,以往的数学认识、数学方法、数学手段无法克服这个技术瓶颈——把加法与乘法两种运算统一起来,但是众运算可以协调解决好这个无法调和的数学矛盾,并予以统一.

总而言之,大众数学是人人可以掌握可以学会的数学.而众数学,是一种新的数学,不同于我们以往学习、掌握并应用的大众数学.

众数学的加减乘除四则运算,内含九进制运算,是一种精准九进制运算,即"精准九定律".日常生活以及数学教材、数学书籍中的实数运算,也遵循九进制的四则运算法则与规律,也遵循众数学的四则运算法则与规律.

"数学是自然科学的皇后,数论是数学的皇冠",而素数是数论发展的灵魂和核心.解决素数难题,是建立《众数学》的认识起点.探究发现众数之和、之差、之积、之商、之幂的运算规律与法则,可以突破解决素数难题(如完全数、梅森数、费马数、哥德巴赫猜想、费马大定理、$3x \pm 1$ 问题等)的瓶颈与障碍.

本书共分为五章:

第一章阐述了数论的发展与进展.数论,有传统数论与非传统数论之分.传统数论,站在"二分法"的数学逻辑起点上,以二进制算术为数理运算系统;非传统数论,站在"三分法"的数学逻辑起点上,以三进制算术为数理运算系统.众运算的提出与定义,突破了数论发展的瓶颈与障碍,以一种新的数学思维方式展现在人们的视野面前.众运算的实质是九进制运算,隶属于非传统数论.

第二章着重介绍了众运算的几种运算规律与法则——众数和、众数差、众数积、众数商、众数幂,并应用这几种运算阐释了河图与洛书的大数理运算关系.

第三章开篇先阐述了构造素数的两种新方法,接着着重阐释了素数的分解规律与分布规律.本书第一次以全新的视野和角度,借助于众数和的运算规律,发现探索、总结归纳了素数的新分布规律,特别是素数链、素数圈、众数和链、数学链的提出,填补了素数与数论的空白.

第四章前几节介绍了众运算在完全数、梅森数、费马数、婚约数、和亲数等数论方面的简单应用.后几节着重阐述了众运算在数论,特别是素论部分难题方面的应用与解释.如哥德巴赫猜想的众数和解释与成立性、费马大定理存在23组"众数和"整数解、$3x \pm 1$问题是二进制迭代运算等.

本书中提到的素数链、素数圈、众数和链、数学链、三进制、九进制及三进制电脑等认识观点与新事物、新思想,在哲学、数学、计算机等系统领域方面的书籍或教材中很少提及.同时,用众数和解释完全数、婚约数、和亲数、梅森素数、哥德巴赫猜想、费马大定理、$3x \pm 1$问题等数学问题令人耳目一新,是一种新思路、新方法、新角度、新途径.突破传统数论的数学方法、数学手段与数学技术,解决数论难题或素数问题,是写本书的一个主旨与基本出发点.因此,本书是一本数学科普创新之作,对研究素数与数论的数学爱好者、专家、学者来说,也是一本值得阅读的参考书.

本书观点新颖、思维独特.由于时间仓促,书中难免存在不少缺点、纰漏或错误,且有一些观点、思想第一次提出,难免存在不当、偏颇之处,敬请专家、学者给予批评斧正.同时,参考资料或参考书籍挂一漏万,若有漏缺或引用不当、错误,敬请谅解,并批评指正.

在成书之际,对在百忙闲暇之中,抽时间关心指导我写作的民间学者丁宁先生表示衷心的感谢.同时,出书事宜,得到了青海民族出版社姜丽编辑的鼎力帮助和大力支持,在此表示诚挚的感谢.

王建国

2016 年 7 月仲夏

数学上的几个突破(自序)

数学,是自然科学中最基础的学科,是研究数量、结构、变化及空间模型等概念的一门科学.数学,作为自然科学之父,每一次新概念、新运算、新方法、新问题、新理论的提出与建立,不仅直接推动着数学向前巨大发展,也推动着自然科学和人类文明向前巨大发展.古希腊文明发端于欧几里得的数学著作《几何原本》,被公认为是世界现代文明的起源.牛顿和莱布尼兹相继创立了微积分,点燃了欧洲文艺复兴的导火索,开创了科学与民主的黄金时代.数学分析的发展与渗透,不仅推动了爱因斯坦广狭义相对论的诞生,也开启了 20 世纪现代文明的历程与进程.冯·诺依曼建立的计算机理论,可以说直接使工业革命从渐变式过渡到知识爆炸的信息时代.…诚如美国国家科学基金委员会 1998 年报告中强调指出:"从国家安全、医学技术到计算机软件、通信到投资决策,当今世界日益依赖于数学科学.不论在证券交易所里,还是在装配线上,越来越多的美国工人感到若不具备数学技能就无法开展工作.没有强大的数学科学资源,美国将不能保持其工业和商业的优势."

因此,毫不夸张地说,数学在人类社会与自然科学的发展中起着不可估量的巨大作用.

大数学家高斯对数学的巨大作用总结说:"数学,是自然科学的皇冠.数论,是数学中的皇冠."而素数,是数论发展的灵魂与核心.但是,由于素数在 $2,3,5,7,11,13,\cdots$ 的源头无规律,认识不清,导致素数无规律可循——无数学公式可表达,制约着数学自身的发展.因此,要完善纯粹数学,一是要把素数的乘法定义与实数加法的矛盾性统一协调起来,二是要建立一种数学新运算或新数学接洽解决这个无法调和的数学矛盾.

一、数学运算的突破——众运算的提出

本书为了解决素数的乘法定义与实数加法运算的不相容性,提出了

众数之和、之差、之积、之商、之幂的众运算规律与法则,化解了两者之间的矛盾,实现了两种运算的接洽,初步完成了实数的加法与素数乘法定义的统一协调.

如素数 179,各位数字相加的计算结果是:$1+7+9=17$,再把 17 的各位数字相加的计算结果是:$1+7=8$,即素数 179 的第一次众数和计算结果是众数和"17",第二次众数和计算结果是众数和"8",即素数 179 的最小众数和是"8".很显然,众数和运算不同于以前传统数论的实数运算,是一种新出现的新运算.

又如 $467×675=315\ 225$,先把整数 315 225 的各位数字相加的计算结果是:$3+1+5+2+2+5=18$,再把整数 18 的各位数字相加的计算结果是:$1+8=9$.即整数 315 225 的最小众数和是"9".

其实,先把整数 467 的各位数字相加的计算结果是:$4+6+7=17$,再对整数 17 的各位数字相加的计算结果是:$1+7=8$,即整数 467 的最小众数和是"8".再把整数 675 的各位数字相加的计算结果是:$6+7+5=18$,再对整数 18 的各位数字相加的计算结果是:$1+8=9$,即整数 675 的最小众数和是"9".整数 467 的最小众数和是"8"与整数 675 的最小众数和是"9"相乘的结果是:$8×9=72$,再对整数 72 的各位数字相加的计算结果是:$7+2=9$.当然,把整数 17 与 18 相乘得到结果 306,再对 306 的各位数字相加的计算结果是:$3+0+6=9$,即整数 315 225 的最小众数和也是"9".

对整数 467 与整数 675 相乘的结果 315 225 进行众数和运算,进行了两种形式的运算:第一次运算对乘积结果 315 225,分别进行二次众数和运算得到了最小众数和是"9".第二次运算是分别对被乘数 467 与乘数 675 进行众数和运算后,作乘法运算,其积的结果进行众数和运算,其结果也是最小众数和是"9".其过程简述如下:

$$467×675=315\ 225,3+1+5+2+2+5=18,1+8=9$$

$$\downarrow \qquad \downarrow \qquad \downarrow$$

第一次众数和运算:$17 × 18 = 306,3+0+6=9$

$$\downarrow \qquad \downarrow \qquad \downarrow$$

第二次众数和运算:$8 × 9 = 72,7+2=9$

显然,实数乘法的结果:先进行乘法运算再进行众数和运算,与先进行众数和运算再进行乘法运算,两种运算结果是相一致的,即实数运算是众数和运算的一种特殊情形.

二、素数的突破——素数有规律可循

1. 素数认识的突破

按照众数和运算,通过验证两位数、三位数、五位数、六位数、七位数、八位数的素数,使用不完全归纳法可以猜测归纳得出结论:

所有(两位数或两位数以上)素数的各位数字之和,即最小众数和都是"1,2,4,5,7,8",不可能出现众数和"3,6,9". 即所有素数的各位数字之和,不能被"3,6,9"整除.

这是素数的一个重要新性质和新结论,也是目前数学书籍没有记载的有关素数的一个重要新性质和新结论,也是本书产生、构造、派生、衍生素数的一种重要的新的数学方法和技术手段.

同时,按照素数的奇偶性质及众数和性质与结论,对所有(二位数或二位数以上的)素数的各位数字之和,即最小众数和进行分类,素数存在三种情形:

①素数存在众数和"1,5,7"的结论. 如素数 19,37,811,3511 的众数和都是"1". 如素数 23,41,203,401 的众数和都是"5". 如素数 43,151,691,2851 的众数和都是"7".

②素数存在众数和"2,4,8"的结论. 如素数 11,29,101 的众数和都是"2". 如素数 13,139,1327,12973 的众数和都是"4". 如素数 17,53,467,1367,15641 的众数和都是"8".

③素数只存在一个没有众数和的孤素数"3"的结论. 素数不存在众数和"3,6,9"的结论. 即任何一个素数的各位数字之和都不能被"3,6,9"整除.

如众数和"1"构成的素数是:19,37,73,109,127,163,181,199,271,307,433,523,541,613,631,811,919,991,1171,1531,1153 ,….

如众数和"5"构成的素数是:5,23,41,59,113,131,149,311,347,419,491,743,941,1121,1193,1211,1283,1319,1373,1553,1733,1823,1913,1931,2111,….

如众数和"7"构成的素数是:7,43,61,79,97,151,619,637,673,691,

1051,….

如众数和"2"构成的素数是：2，11，29，101，137，173，191，281，317，821，461，641，911，1019，1109，1289，1307，1559，….

如众数和"4"构成的素数是：13，31，103，139，193，211，283，337，373，463，499，643，733，823，1129，1201，1021，1237，1291，….

如众数和"8"构成的素数是：17，53，71，89，107，179，197，467，557，647，701，719，773，827，971，1061，1367，1511，1601，….

2. 素数的分解规律与分布规律——素数有规律可循

本书通过验证、猜想、不完全归纳法，寻找到素数存在最小众数和"1，5，7，2，4，8"的一般性的性质结论，并存在 6 种分解规律与分布规律：

众数和"1_+ 或 10_+"的分解规律与分布规律；

众数和"5_+"的分解规律与分布规律；

众数和"7_+"的分解规律与分布规律；

众数和"2_+"的分解规律与分布规律；

众数和"4_+"的分解规律与分布规律；

众数和"8_+"的分解规律与分布规律.

按照素数的众数和的一分为二、一分为三、一分为四、…、一分为十的进位制分解规律，可分为 6 类构造素数：

众数和"1_+ 或 10_+"的分解法与镶嵌法构造素数；

众数和"5_+"的分解法与镶嵌法构造素数；

众数和"7_+"的分解法与镶嵌法构造素数；

众数和"2_+"的分解法与镶嵌法构造素数；

众数和"4_+"的分解法与镶嵌法构造素数；

众数和"8_+"的分解法与镶嵌法构造素数.

3. 发现素数链、素数圈——素数存在规律

按照素数存在"1，5，7，2，4，8"的一般性结论，素数的分布存在一定的规律性，打破了素数无规律可循的证据. 它主要有 6 类：

众数和"1_+ 或 10_+"的素数链与素数圈的分布规律；

众数和"5_+"的素数链与素数圈的分布规律；

众数和"7_+"的素数链与素数圈的分布规律；

众数和"2_+"的素数链与素数圈的分布规律；

众数和"4₊"的素数链与素数圈的分布规律;

众数和"8₊"的素数链与素数圈的分布规律.

三、素数问题的突破

自从 17 世纪 60 年代微积分发明以来,数学得到了空前的极大发展,分支也愈来愈多.开始时,一些大数学家对各个分支都懂,并且做出了很重大的贡献.但是,后来数学的分支愈分愈细,全面懂得各个分支的数学家也愈来愈少.正如希尔伯特(Hilbert)在 1900 年法国巴黎数学家大会上所做的著名演讲报告《数学问题》中担忧指出的那样:

"……然而,我们不禁要问,随着数学知识的不断扩展,单个的研究者想要了解这些知识的所有部门岂不是变得不可能了吗? 为了回答这个问题,我想指出:数学中每一步真正的进展都与更有力的工具和更简单的方法的发现密切联系着,这些工具和方法同时会有助于理解已有的理论并把陈旧的、复杂的东西抛到一边,数学科学发展的这种特点是根深蒂固的.因此,对于个别的数学工作者来说,只要掌握了这些有力的工具和简单的方法,他就有可能在数学的各个分支中比其他科学更容易地找到前进的道路."

100 多年过去了,希尔伯特的这段话显得尤为重要.这段话的价值就在于讲的是数学发展的历史过程,深刻揭示了数学发展是一个吐故纳新、推陈出新的过程,是"高级"的数学替代"低级"的数学的过程,而"数学科学发展的这种特点是根深蒂固的".事实上,在数学的历史发展过程中,一些新的有力的数学工具,更简单的数学方法的发现,往往标志着一个或多个数学分支的产生,是一些老的分支的衰落甚至结束.

由于希尔伯特的著名演讲报告《数学问题》,列举了那个时代著名的 23 个数学问题,因此也称为"数论报告".其中,第 8 个问题(黎曼猜想、哥德巴赫猜想、孪生素数)就是有关素数的问题.

本书利用众运算这个新数学运算形式,依托建立新数学——众数学,提出了有关素数的一些新结论,并把几个素数问题,做了进一步的向前推进,如:

(1)完美数仅有众数和"1"一种结果(个别数学专著出现过);

（2）梅森素数在众数和"1,4,7"中循环出现；

（3）费马数在众数和"3,5,8"中循环出现；

（4）婚约数、亲和数仅有众数和"9"一种结果；

（5）$3x\pm1$问题是二进制迭代运算，其规律在众数和"1,2,4,8,7,5"中循环出现；

（6）"众数和"的哥德巴赫猜想成立，并给出了哥德巴赫猜想的代数化解释与几何化解释；

（7）利用新的数学运算——众数幂运算，解决了"众数和"的费马大定理成立，并且提出费马大定理存在 23 组"众数和"整数解.

众运算是一种新的运算形式. 众数学是一门新的统一性综合数学学科. 挖掘众数学的数学本质，主要有三个方面：

第一方面是众数学的代数本质是把 P 进制数

$$S_{(p)}=\overbrace{x_{n-1}\cdot p^{n-1}+x_{n-2}\cdot p^{n-2}+\cdots+x_2\cdot p^2+x_1\cdot p^1+x_0\cdot p^0}^{n位数}$$

的各位数字进行相加、相减、相乘、相除的运算结果，即形成了众数之和、之差、之积、之商、之幂的众运算形式. 很显然，实数的加减乘除四种运算被众数学的众运算统一了. 因此，众运算、众数学涉及、研究的是数学的大统一问题，即言语、符号、信息、逻辑、编码、系统的大统一问题.

第二方面是众数学的几何本质是时间与空间都可以归结为能"折叠伸缩的万能尺".

众运算就是把时间当作一把能伸缩的折叠尺，对小时间与小时间、小时间与大时间、大时间与大时间连接起来进行时间片段的对接与转换. 如图 1 所示.

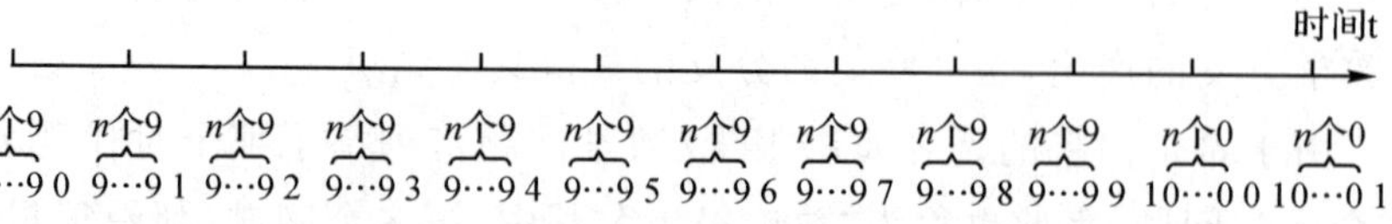

图 1　折叠伸缩 $9\overbrace{0\cdots0}^{n个0}$ 个时间单位的时间万能尺

众运算就是把空间当作一把能伸缩的折叠尺，对小空间与小空间、小空间与大空间、大空间与大空间连接起来进行空间片段的对接与转换. 如图 2 所示.

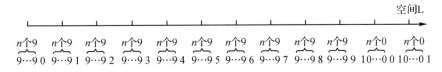

图 2 折叠伸缩 $9\underset{n\uparrow 0}{0\cdots 0}$ 个空间单位的空间万能尺

很显然,当 $n=0$ 时,时间万能尺与空间万能尺就变成了我们通常使用的自然时间尺与自然空间尺.

第三方面是众数学的三角、向量本质是使用二分法、三分法、$\cdots$、n 分法对空间进行多次分割后,多边形与圆平面的每一交点的坐标 $P(\cos\theta, \sin\theta)=(x,y)$,与其对应的角 θ 以及对应的每一个向量 $\overrightarrow{OP}=(\cos\theta, \sin\theta)=(x,y)$ 几者之间的一一对应关系.

从数论的角度上看,传统数学归属为传统数论,众数学归属为非传统数论.从数学思想上看,众数学就是把"小数转化为大数,大数转化为小数",即"小中见大,大中见小"的数学思想,体现了从有限到无限,再从无限到有限的哲学转化思想.从另一方面印证了老子在《道德经》第 25 章阐述的大道自然思想:"大曰逝,逝曰远,远曰反".

王建国

2016 年 11 月

目　　录

第一章　数论的发展与进展

第二章　众运算的法则与规律

第三章 素数的构造规律与分布规律

第四章 众数学在数论中的应用

第一章　　数论简述

本章导读：

　　素数，是数论发展的灵魂和核心．数论，有传统数论与非传统数论之分．传统数论，是站在"二分法"的数学逻辑起点上，以二进制算术为数理运算系统；非传统数论，是站在"三分法"的数学逻辑起点上，以三进制算术为数理运算系统．众运算的提出与定义，突破了数论发展的瓶颈与障碍，以一种新的数学思维方式展现在人们的视野面前．众运算的实质是九进制运算，隶属于非传统数论．

1　数学的起源

1.1　什么是数学

　　数学的内涵是一个历史的概念，不同的时代有不同的内涵．因此，给数学下一个准确的定义是一件相当困难的事情．

　　公元前 6 世纪前，数学从事的是关于"数"的研究，关联的是计数、初等算术与算法，主要活跃在古埃及、巴比伦、印度与中国等发达地区，并逐渐发展起来．公元前 6 世纪开始，随着古希腊数学的崛起，逐渐兴起了对"形"的研究．于是，数学开始演变为关于数与形两方面的研究．

　　公元前 4 世纪的古希腊哲学家亚里士多德将数学定义为"数学是量的科学"（这时期人类对"量"的认识还是很模糊的，不能单纯理解为"数量"）．

　　直到 16 世纪，英国哲学家培根将数学分为"纯粹数学"与"混合数学"．在 17 世纪，法国数学家笛卡尔认为："凡是以研究顺序和度量为目的的科学都与数学有关."在 19 世纪,根据恩格斯的论述,数学才被定义为:"数学是研究现实世界的空间形式与数量关系的科学."①

20 世纪 80 年代,数学家们又将数学定义为关于"模式"的科学:"数学这个领域已被称为模式的科学,其目的是要揭示人们从自然界和数学本身的抽象世界中所观察到的结构和对称性."

数学是一门最古老的学科,它的起源可以追溯到 10000 多年以前.但是,公元前 1000 年以前的资料留存下来的极少.迄今所知,只有在古埃及和巴比伦发现了较早的数学文献.远在 15000 年前,人类就已经能相当逼真地描绘出人和动物的形象.这是萌发图形意识的最早证据.后来,逐渐开始了对圆形和直线形的认识与追求,成了数学图形的最早原型.随着人类文明的进步和社会实践的发展,又逐渐产生了计数意识、计数系统.在人类历史上,人们尝试、摸索过多种计数方法:结绳计数、石块计数、刻痕计数、符号计数、数字计数等.图形意识和计数意识发展到一定程度,又产生了度量意识.一系列的发展和演变逐渐形成了今天比较系统完整的一门学科 —— 数学,它涵盖算术、几何、代数、三角、微积分、统计和概率.

1.2 "数"概念的产生

数的起源和发展,经历了漫长而又复杂的历史进程,已经成了人类文明的一个重要组成部分,并且数已经渗透应用到人类生活的每一个生活细节之中.

早在远古时代,人类就已具备了分辨事物多少的能力.逐渐地,这种原始的"数觉"经过漫长的历史演进,发展并形成了"数"的概念.早期人类在对事物数量共性的认识与提炼中,获取数的概念,从而播下了人类文明史上的数学火种.

人类在使用了二元对立观念(如男与女、生与死、红与黑、长与短、高与低)之后,所创造的自然数 1 和 2,差不多就同时起源产生了.因此,二元对立观念是数的起源史上的第一个里程碑.但是,此时远未产生纯粹的数的概念.

① 这句话是对数学公理简洁的定义,出自于恩格斯(1820—1895)在 1873—1883 年写成的世界名著《自然辩证法》,于光远译,人民出版社,1984 年版.

　　在人类社会的新、旧石器时代,数的起源历史大致经过了 3 个发展阶段,即从具象走向抽象,再从抽象走向序列.在数的发展过程,只有当数的观念的形成历史通过艺术符号表达出来后,并外化为固定的符号表达方式,才有可能产生"数",这也是数的观念起源历史上的最后一步,几乎是与文字同步产生的.许多数学史书中均指出,在文字产生之前,人类已形成数的概念,并开始记载数目,但此时的数并非抽象的数.从所属关系上来讲,数字是字,属于文字,是伴随着文字产生而产生的.

　　当人类对"数"的认识变得越来越清晰时,便萌生了一种冲动——开始了计数(实物计数、书写计数).

　　人类最早的计数方式,可能来自人类自己的手指.一只手上的 5 个指头不够用,就用两只手上的 10 个手指头.当 10 个手指头不够用时,随处可见的石子便成了自然的替代与补充.由于计数的石子堆,很难把信息长久地保存下来,于是就产生了结绳计数和书契(qi)计数.结绳计数,是我国原始公社时期的一种计量方法.数目太大,结绳记事就相当烦琐.代结绳记事,随之兴起的一种较为进步的计量方法,是书契记数.传说书契记数始于伏羲时代.《周易·系辞下》记载:"上古结绳而治,后世圣人易之以书契.""书",指文字,刻字在竹、木或龟甲、兽骨上以计数,称为"书契".结绳、刻痕之法,大约持续了数万年之久,才迎来了数字计数的诞生.

　　大约距今 5000 年左右,人类历史上开始先后出现一些不同的书写计数方法(数字的产生),随之逐步形成各种较为成熟的计数系统.如公元前 3400 年左右的古埃及象形数字,公元前 2400 年左右的巴比伦楔形数字,公元前 1600 年左右的中国甲骨文数字,公元前 500 年左右的希腊阿提卡数字,公元前 500 年左右的中国筹算数码,公元前 300 年左右的印度婆罗门数字,以及中美洲的玛雅数字(约公元前 1000 年左右).在这些计数系统中,除了巴比伦楔形数字采用六十进制、玛雅数字采用二十进制外,其他均属十进制数系.

　　随着生产力的发展、文明的进步,人们需要记载的数目越来越大.为了更简明地去计数,就产生了进位制.如简单累数制、逐级命数制、乘法累数制等进位的方法,造出新的数目符号来代替原来同样大的数.计数方法在一定程度上,表明了一个国家或地区的数学发展水平与生产力发展水平.随着计数系统的不断成熟与发展,古老的初等算术便在几个文明发达

（古中国、埃及、巴比伦、印度）的地区发展起来了.

1.3 "形"概念的产生

与数的概念形成一样，人类最初的几何知识也是人类从对形的直觉中萌发出来的.几何学便是从自然界提取出来的"形"的总结基础之上建立起来的.如中国西安半坡遗址反映的是约公元前 6000 年的人类活动，那里出土的彩陶有多种几何图形，包括平行线、三角形、圆、长方形、菱形等.

随着人们社会实践活动的不断扩展，经验几何知识的实践来源方向，在不同的地区表现出不同程度的差异性.

古埃及几何学产生于尼罗河泛滥后土地的重新丈量.埃及是世界上文化发达最早的几个地区之一，位于尼罗河两岸，公元前 3200 年左右，逐渐形成了一个统一的国家.由于尼罗河定期泛滥，淹没全部谷地，水退位后，要重新丈量居民的耕地面积.在这种需要下，多年积累起来的测地知识便逐渐发展成为几何学.

现今对古埃及数学的认识，主要根据两卷用僧侣文写成的纸草书：一卷藏在伦敦，叫莱因德纸草书；一卷藏在莫斯科.两卷纸草书的年代在公元前 1850— 前 1650 年，相当于中国的夏代.纸草书给出圆面积的计算方法、正四棱台体积的计算方法.

古巴比伦几何学是与实际测量有密切联系的.据文献记载，巴比伦人在公元前 2000— 前 1600 年，就已熟悉了计算长方形面积、直角三角形和等腰三角形（也许还不知道一般三角形）面积，有一边垂直于平行边的梯形面积、长方形的体积，以及以特殊梯形为底的直棱柱体积的一般规则.

古代印度几何学的起源则与宗教实践密切相关，公元前 8 世纪 — 前 5 世纪就有对祭坛与寺庙建造中几何问题及其求解法则的记载.

在古代中国，几何学的起源更多地与天文观测相联系.至晚成书于公元前 2 世纪的中国数学经典《周髀（bi）算经》[①]，就是一部讨论西周初年

---

① 《周髀算经》原名《周髀》，是算经的十书之一.中国最古老的天文学和数学著作，约成书于公元前 1 世纪，主要阐明当时的盖天说和四分历法.唐初规定它为国子监明算科的教材之一，故改名《周髀算经》.

（公元前 1100 年左右）天文测量中所用数学方法的著作.不过在此之前,即夏禹治水之初,规矩准绳（伏羲规矩）之用在中国已相当普遍.这一时期,算数与几何尚未分开,但已经建立起了自然数的概念,并认识了简单的几何图形.

2　数论的发展

数论,通俗地说就是关于数的理论,它是古代数学与现代数学的一个重要分支,它最初是从研究整数开始的,所以叫整数论.人类从结绳计数开始,就一直和自然数打交道,随着物质的需要和生活实践的不断发展,数的概念从正整数、零、负整数、自然数、有理数、无理数、实数、复数 … 被进行了扩充,就叫数论了.公元前 1000 年,古希腊人就熟悉了整数的特性,已经把整数分为奇数与偶数两大类了.奇数为 $1,3,5,7,9,\cdots$；偶数为 $0,2,4,6,8,\cdots$.同时,人们在对整数进行运算的应用和研究中,逐步熟悉了整数的一些特性.如按任意两个或两个以上的整数相加、相减、相乘,其和、差、积 3 种运算后的结果仍是一个整数,但是如果相除,其运算结果却不一定是整数.整数特性的魅力吸引着古往今来的许多数学家,继往开来,前赴后继,利用整数的一些基本性质,探索了许多有趣的数学问题和复杂的数学规律.因此,数论是研究整数性质的一门学科,在数学领域起着不可或缺的作用.

数论,在发展早期,称为算术.“算术”一词,表示“基本的运算”.在西方,算术具体是指有关数的运算方法和技巧,不包含代数、几何、三角、向量等内容.在中国,算术泛指全部数学,两者意义不同.20 世纪初,才开始使用数论这个名称.不过在 20 世纪后半叶,仍有部分数学家沿用“算术”一词来表示数论.如数学家 Haro Ld Davenport 在 1952 年写的《高等算术》,就是以“算术”来表示数论.对整数的探索与研究,中外数学家十分重视,从未间断过.一直可追溯到 19 世纪,关于数论的研究成果还零散地记载在各个时期的算术著作中,也就是说还没有形成一个完整的学科.

在整数性质的研究中,人们发现素数（Prime Number,又称质数,只能被 1 与自身整除的整数）是构成正整数的基本“材料”,要深入研究整数的性质必须研究素数的性质. 因此, 关于素数的有关性质, 一直受到许多数学家的广泛关注.

数学的发展史一般分为 4 个时期(有很多分法), 即数学的萌芽时期、古代数学时期、近代数学时期和现代数学时期.

第一阶段是数学的萌芽时期(公元前 6 世纪以前).

这一时期大体上从远古到公元前 6 世纪. 根据目前考古学的成果, 可以追溯到几十万年以前. 这一时期可以分为两段: 一是史前时期, 从几十万年前到公元前大约 5000 年; 二是从公元前 5000 年到公元前 6 世纪.

数学萌芽时期的特点, 是人类在长期的生产实践中, 逐步形成了数的概念, 并初步掌握了数的运算方法, 积累了一些数学知识. 由于土地丈量和天文观测的需要, 几何知识初步兴起, 但是这些知识是片段和零碎的, 缺乏逻辑因素, 基本上看不到命题的证明. 这个时期的数学还未形成演绎的科学. 这是人类建立的最基本数学概念的重要时期, 即数学形成的萌芽时期, 相当于现代数学的中小学初等数学阶段的主要内容.

这一时期对数学的发展做出贡献的主要是古中国、埃及、巴比伦和印度. 在漫长的萌芽时期中, 数学迈出了十分重要的一步, 形成了最初的数学概念, 如自然数、分数; 最简单的几何图形, 如正方形、矩形、三角形、圆形等. 一些简单的数学计算知识也开始产生了, 如数的符号、记数方法、计算方法等. 在这个时期, 算术与几何还没有直接分开.

第二阶段是初等数学时期(公元前 6 世纪 — 公元 16 世纪末).

从公元前 6 世纪到公元 17 世纪初, 是数学发展的第二个时期, 通常称为常量数学或初等数学时期, 即古典数学时期, 相当于现代数学的初中初等数学阶段的主要内容. 数学研究的主要对象是常数、常量和不变的图形.

公元前 6 世纪, 希腊几何学的出现成为第一个转折点, 数学从此由具体的、实验的阶段, 过渡到抽象的、理论的阶段, 开始创立初等数学. 这一时期从公元前 6 世纪开始, 也许更早一些时候, 直到 17 世纪, 大约持续了 2000 年左右, 此后又经过不断的发展和交流, 最后形成了中学初等数学的几何、算术、代数、三角等独立学科.

同时, 中国的南北朝时期, 即公元 420—589 年, 我国数学家在一次同余方程求解方面取得了许多重要成就, 如 "物不知其数" "韩信点兵" 等问题.当然,还产生了许多重要的数学思想与方法,如"大衍求一术""孙子定理"(也称中国剩余定理).

这个时期的特点是初等数学的主体部分(算术、代数与几何)已全部形成,并且发展成熟了.例如在算术方面,除了继承原有的计算技术之外,还发明了对数.在代数方面,也有很大的发展,韦达建立了符号代数.在三角学方面,雷琼蒙塔努斯(J・Regiomontanus,1436—1476)著了《三角全书》,其中包括平面三角和球面三角.在几何方面,透视法、投影法相继产生.

第三阶段是变量数学时期(17 世纪初 —19 世纪末).

17 世纪初 —19 世纪末,是数学发展的第三个时期,通常称为变量数学时期或近代数学时期,即分析数学的时期,相当于现代数学的初高中高等数学阶段的主要内容.其中 17 世纪初 —18 世纪末是近代数学的创立与发展阶段,19 世纪是近代数学的成熟阶段.

这个时期的起点是笛卡尔(R・Descartes,1596—1650)的著作,他引入了变量的概念,恩格斯对此给予很高的评价:"数学中的转折点是笛卡尔的变数.有了变数,运动进入了数学,有了变数,辩证法进入了数学,有了变数,微分和积分也就立刻成为必要的了,而它们也就立刻产生,并且是由牛顿和莱布尼茨大体上完成的,但不是由他们发明的."

数论从早期到中期跨越了 1000—2000 年,在接近 2000 年的时间里,数论几乎是一片空白.在中世纪时,除了 1175—1200 年住在北非和君士坦丁堡的契波那契有关等差数列的研究外,西欧在数论上几乎没有什么进展.

最早的发展是在文艺复兴的末期,对于古希腊著作的重新研究,主要的成因是因为丢番图的《算术》一书的校正及翻译为拉丁文,早在 1575 年曾试图翻译,但不成功,后来在 1621 年才翻译完成.

17 世纪开始出现变量数学,并产生了两类重大数学:一是解析几何;二是微积分,即高等数学中研究函数的微分、积分,以及有关概念和应用的数学分支,内容主要包括极限、微分学、积分学及其应用.微分学包括求导数的运算,是一套关于变化率的理论.它使得函数、速度、加速度和曲线的斜率等均可用一套通用的符号进行讨论.积分学包括求积分的运算,为定义和计算面积、体积等提供一套通用的方法.

17 世纪是数学发展史上一个开创性的世纪,创立了一系列影响很大的新领域:解析几何、微积分、概率论、射影几何和数论等.每一个领域都使古希腊人的成就相形见绌.这一世纪的数学还出现了代数化的趋势,代数比几何占有更重要的位置,它进一步向符号代数转化,几何问题常常反过来用代数方法解决.随着数学新分支的创立,新的概念层出不穷,如无理数、虚数、导数、积分等,它们都不是经验事实的直接反映,而是数学认识进一步抽象的结果.

到了 18 世纪末,历代数学家积累的关于整数性质零散的知识已经十分丰富了,把它们整理加工成为一门系统的学科的条件已经完全成熟了.德国数学家高斯集前人的大成,写了一本数学著作叫《算术探讨》,1800年寄给了法国科学院,但是法国科学院拒绝了高斯的这部杰作,高斯只好在 1801 年自己自费出版了这部著作.这部数学著作开创了现代数论的新纪元.

在《算术探讨》中,高斯把过去研究整数性质所用的符号标准化了,把当时现存的定理系统化并进行了推广,把要研究的问题和方法进行了分类,还引进了新的数学方法.高斯在这一著作中主要提出了同余理论①,并发现了著名的二次互反律,被其誉之为"数论之酵母".

18 世纪是数学蓬勃发展的时期.以微积分为基础发展出一门宽广的数学领域 —— 数学分析(包括无穷级数论、微分方程、微分几何、变分法等学科),它后来成为数学发展的一个主流.数学方法也发生了完全的转变,主要是欧拉、拉格朗日(Lagrange,1736—1813)和拉普拉斯(Laplace,1749—1827)完成了从几何方法向解析方法的转变.这个世纪数学发展的动力,除了来自物质生产之外,一个直接的动力来自物理学,特别是来自力学、天文学的需要.

19 世纪是数学发展史上一个伟大转折的世纪,它突出地表现在两个方面.一方面是近代数学的主体部分发展成熟了,经过一个多世纪数学家们的努力,它的 3 个组成部分取得了极为重要的成就:牛顿和莱布尼茨的

---

① 同余理论是数论中的一个重要概念,在外国称"模剩余理论".即给定一个正整数 m,如果两个整数 a 和 b 满足($a-b$)能够整除 m,即($a-b$)/m 得到一个整数,那么就称整数 a 与 b 对模 m 同余,记作 $a \equiv b(\bmod m)$.对模 m 同余是整数的一个等价关系.

微积分发展成为数学分析,方程论发展成为高等代数,解析几何发展成为高等几何.这就为近代数学向现代数学转变准备了充分的条件.另一方面,近代数学的基本思想和基本概念在这一时期中发生了根本的变化:在分析学中,傅立叶(J·Fourier,1768—1830)级数论的产生和建立,使得函数概念有了重大突破;在代数学中,伽罗瓦(E·Galois,1811—1832)群论的产生,使得代数运算的概念发生了重大的突破;在几何学中,非欧几何的诞生在空间概念方面发生了重大突破.这3项突破促使近代数学迅速向现代数学转变.

19世纪还有一个独特的贡献,就是数学基础的研究形成了3个理论:实数理论、集合论和数理逻辑.这3个理论的建立为即将到来的现代数学准备了更为深厚的基础.

第四阶段是现代数学时期(19世纪20年代 — 至今).

从19世纪末至现在的时期,是现代数学时期,其中主要是20世纪.这个时期是科学技术飞速发展的时期,不断出现震撼世界的重大创造与发明.20世纪前80年的历史表明,数学已经发生了空前巨大的飞跃,其规模之宏伟,影响之深远,都远非前几个世纪可比,目前发展还有加速的趋势,最后20年大概还要超过前80年.这一时期主要由希尔伯特(代数数论)、哈代(Hardy)(解析数论)、黎曼(解析数论)、华罗庚(解析数论)、陈景润(哥德巴赫猜想)、厄多斯(Erdos)(解析数论)等数学家发展起来的,即现代数学发展的重要时期.数学发展的现代阶段的开端,以其所有的基础——代数、几何、分析中的深刻变化为特征.

黎曼在研究 ζ 函数时[①],发现了复变函数的解析性质和素数分布之间的深刻联系,由此将数论领进了分析的领域.这方面主要的代表人物还有李特伍德、拉马努金等.在国内,还有华罗庚、陈景润、王元等.

另一方面,由于此前人们一直关注费马大定理的证明,所以又发展出了代数数论的研究课题.比如库默尔提出了理想数的概念(可惜他当时忽略了代数扩环的唯一分解定理不一定成立);高斯研究了复整数环的理论 —— 即高斯整数,他在3次情形的费马猜想中也用了扩环的代数数论

---

① ζ 函数是黎曼在1859年提出的,即 $\zeta(s) = 1 + \dfrac{1}{2^s} + \dfrac{1}{3^s} + \dfrac{1}{4^s} + \cdots$.

性质.代数数论发展的一个里程碑,则是希尔伯特的《数论报告》,在报告中他列举了数学前沿最具有代表性的 23 个问题,其中第 8 个问题就是有关素数的几个难题.这一时期,虽然不到 200 年时间,研究内容却非常丰富,远远超过了过去所有数学的总和.主要数学成就有:

（1）康托的"集合论";

（2）柯西、维尔斯特拉斯等人的"数学分析";

（3）希尔伯特的"公理化体系";

（4）高斯、罗巴切夫斯基、波约尔、黎曼的"非欧几何";

（5）伽罗瓦创立的"抽象代数";

（6）黎曼开创的"现代微分几何";

（7）庞加莱创立的"拓扑学";

（8）其他:数论、随机过程、数理逻辑、组合数学、计算数学、分形与混沌等.

随着数学工具的不断深化,数论开始与代数、几何深刻联系起来了,最终发展称为当今最深刻的数学理论,诸如算术、代数、几何,它们将许多此前的研究方法和研究观点最终统一起来,从更加高度的观点出发,进行研究和探讨.

当然,在中国古代的许多著名数学著作中都有关于数论内容的论述,比如求最大公约数、勾股数组、某些不定方程整数解的问题等.在我国近代,数论也是发展最早的数学分支之一.从 20 世纪 30 代开始,我国在解析数论、丢番图方程、概率一致分布等方面都有过重大贡献,出现了华罗庚、闵嗣鹤、柯召、潘承洞等第一流的数论专家.其中华罗庚教授在三角和估值、堆砌素数论,陈景润、王元等在"筛选法"和"哥德巴赫猜想"方面的研究,已取得世界领先的优秀成绩;周海中在著名数论难题 —— 梅森素数分布的研究中取得了世界领先的卓著成就.

数论形成了一门独立的学科后,随着数学其他分支的发展,研究数论的方法也在不断发展.如果按照研究方法来说,可以分成初等数论、解析数论、代数数论、几何数论、计算数论、超越数论、组合数论等部分.

初等数论是指使用不超过高中程度的初等代数处理的数论问题,最主要的工具包括整数的整除性与同余,重要的结论包括中国剩余定理、费马小定理、二次互逆律等.

解析数论是指借助微积分及复分析的技术来研究关于整数的问题，主要分为积性数论与加性数论两类．积性数论由研究积性生成函数的性质来探讨素数分布的问题，其中素数定理与狄利克雷定理为这个领域中最著名的古典成果．加性数论则是研究整数的加法分解之可能性与表示的问题，华林问题是该领域最著名的课题．

代数数论是把整数的概念推广到代数整数的一个分支．数关于代数整数的研究，主要目标是研究更一般的不定方程问题．为此，数学家把整数概念推广到一般代数数域上去，相继建立了素整数、可除性等概念．

几何数论主要由德国数学家、物理学家闵可夫斯基等人开创．几何数论主要在于透过几何观点研究整数的分布情形，最著名的定理为Minkowski 定理．

计算数论主要借助计算机的算法解决有关数论的问题，如素数测试和因数分解等数学问题．

超越数论主要研究数的超越性，如对 e^e、e^π 等超越数的研究．

组合数论是利用组合和概率的有关理论，证明某些无法用初等方式解决的数学问题．这是由艾狄胥开创的数学思路．

3　数论的进展

数论是一门高度抽象的数学学科，长期以来，它的发展处于纯理论的研究状态，它对数学理论的发展起到了积极的推动作用，但对于大多数人来讲并不清楚它的实际意义．

数论在数学中的地位是独特的，数学家高斯曾经说过"数学是自然科学的皇后，数论是数学中的皇冠"．因此，数学家都喜欢把数论中一些悬而未决的疑难问题，叫"皇冠上的明珠"，以鼓励人们去"摘取"．

3.1　数论的进展

下面简要摘出几颗"明珠"，如费马大定理、哥德巴赫猜想、孪生素数问题、梅森素数问题、华林问题等．

数论猜想与名题之一 —— 费马大定理

若 $n \geqslant 3, x, y, z \in \mathrm{N}$,则 $x^n + y^n = z^n$ 没有正整数解.

这是法国数学家费马在 1637 年左右,研究 $x^2 + y^2 = z^2$ 一般解的问题时提出的,是数学史上最著名的一个数学猜想.历时 350 年以来,没有人给出一个正确满意的证明,但是却推动了数论向解析数论大步前进.困难挫折没有吓倒数学家们,他们不畏艰难险阻,直到 1995 年,才有英国的数学家安德鲁·怀尔斯利用模椭圆曲线理论解决了此难题,历时 350 年.

数论猜想与名题之二 —— 哥德巴赫猜想

是否每个大于 2 的偶数都可写成两个素数之和?

1742 年 6 月 7 日,哥德巴赫写信给欧拉,提出了著名的哥德巴赫猜想:

任一大于 2 的整数都可以表示为两个素数之和.

由于当今数学界不使用"1 是素数"这个约定,现将哥德巴赫猜想叙述为:

任一大于 5 的整数都可以表示成三个素数之和.

虽然哥德巴赫提出了这个著名的猜想,但是他本人无法证明它.因为定理反过来一叙述,就变成了必要条件的命题,很难下手,给数学界就惹来了麻烦.于是他便请教赫赫有名的大数学家欧拉帮忙,欧拉在回信中声称:"我不能证明它,但是我相信这是一条正确的定理."虽然欧拉一直到死也没有证明它,却重新表述了哥德巴赫猜想:

任一充分大的偶数都可以表示成一个素因子个数不超过 a 个的数与另一个素因子不超过 b 个的数之和(b 称为殆素数①),记作"$a + b$"问题.

其后的 150 多年中,几乎无人能攻克它.于是,1900 年数学界的领军人物希尔伯特在数学世界大会上面向 20 世纪的数学家,提出了尚未解决的 23 个著名数学问题,其中把哥德巴赫猜想列为第 8 个问题.

现在多采用欧氏版本的哥德巴赫猜想,即任一大于 2 的偶数都可以表示为两个素数之和,亦称"强哥德巴赫猜想或关于偶数的哥德巴

---

① 所谓"殆素数"就是素数因子(包括相同的与不同的)的个数不超过某一固定常数的奇整数.例如,$15 = 3 \times 5$ 有 2 个素因子,19 有 1 个素因子,$27 = 3 \times 3 \times 3$ 有 3 个素因子,$45 = 3 \times 3 \times 5$ 有 3 个素因子.可以说它们都是素因子数不超过 3 的殆素数.

赫猜想".

若偶数的哥德巴赫猜想成立,则可以推出奇数的哥德巴赫猜想,亦称"弱哥德巴赫猜想",并把猜想叙述如下:

任一大于 7 的奇数都可以表示为三个素数之和.

迄今为止,偶数的哥德巴赫猜想证明的最好结果是中国的陈景润,他在 1966 年证明了"1+2"问题,即"任一充分大的偶数都可以表示为二个素数之和,或是一个素数和一个殆素数的和".如果关于偶数的哥德巴赫猜想是正确的,那么关于奇数的哥德巴赫猜想也是正确的.虽然弱哥德巴赫猜想还没有解决,但是苏联的维诺格拉多夫在 1937 年证明了"充分大的奇质数都可以表示成三个质数之和",也称"哥德巴赫 —— 维诺格拉多夫定理"或"三素数定理".

数论猜想与名题之三 —— 孪生素数猜想

若 $p,p+2$ 同时为素数,则称素数对 $(p,p+2)$ 为孪生素数.如 $(3,5)$,$(5,7)$,$(11,13)$,$(17,19)$,….

孪生素数猜想,由希尔伯特在 1900 年的世界数学大会上提出:存在无穷多个素数 p,使得 $p+2$ 也是素数.

在 1849 年,阿尔方·德·波得尼亚克就提出了一个更一般的猜想:对所有自然数 k,存在无穷多个素数对 $(p,p+2k)$.当 $k=1$ 时,就是孪生素数猜想.而 k 为其他自然数,称为弱孪生素数猜想.

目前,在孪生素数猜想研究方面进展取得突破性最好结果的是中国的张益唐 —— 他在 2013 年证明了孪生素数猜想的一个弱化形式.在他的最新研究中,不依赖未经证明推论的前提下,发现存在无穷多个之差小于 7000 万的素数对,从而为孪生素数猜想的证明迈出了一大步.据有关数据统计,截至 2014 年 2 月,张益唐的 7000 万对已经被缩小到 246 对.

在这里,形如孪生素数,我们给出三生素数的定义:若 $p,p+2,p+4$ 同时为素数,则称素数对 $(p,p+2,p+4)$ 为三生素数.由此提出如 5,7,11,这样的三生素数是否也存在无穷多组?分布规律如何?

数论猜想与名题之四 —— 黎曼猜想

黎曼猜想是黎曼本人在 1859 年提出的:ζ 函数.

$$\zeta(s) = 1 + \frac{1}{2^s} + \frac{1}{3^s} + \frac{1}{4^s} + \cdots$$

的零点,除了平凡零点即负整数$(-2,-4)$外,全部都落在直线 $Rez = 1/2$ 上.黎曼猜想涉及素数分布的情形,是一个纯数学问题,但却开创了代数数论的先河.自从黎曼提出这个猜想之后,在长达 200 多年的时间里,几乎寸步难行,没有取得实质性的进展.虽然黎曼猜想没有最终得到解决,但它是证明其他素论问题的一个强有力工具.因为大约 1000 个素数的结论或命题都直接或间接要用到黎曼猜想.

著名的哥德巴赫猜想、孪生素数猜想以及黎曼猜想统称为希尔伯特 23 个数学问题的第 8 个问题"素(质)数问题".

数论猜想与名题之五 ——$3x + 1$ 问题

在第二次世界大战前后,在国际数学界流传着一个数学游戏,后来被传到欧洲,一度风靡一时;随后,被日本的数学家角谷带回日本,俗称"$3x + 1$"游戏问题或"角谷猜想":

任给一个自然数 x,如果是偶数,则将它除以 2 即变换成 $x/2$;如果是奇数,则将它乘以 3 后再加 1,即变换成 $3x + 1$,… 如此下去,经过有限次迭代之后,其结果得到循环$(4,2,1)$或者结果为 1.

这个貌似简单的数学游戏问题,难倒了许许多多中外数学家们.虽然有数学家验证了 11 000 亿以下的自然数都是对的,但还是找不到一个严格的证明,于是有人称"$3x + 1$ 问题"是下一个费马难题.

数论猜想与名题之六 —— 契波那契数列内是否存在无穷多的素数?其分布规律如何?

数论猜想与名题之七 —— 是否存在无穷多的梅森数?梅森素数?梅森合数?其分布规律如何?

(梅森数指形如 $2^p - 1$ 的正整数,其中指数 p 是素数,常记为 M_p.若 M_p 是素数,则称为梅森素数)

数论猜想与名题之八 —— 是否存在无穷多的偶完全数?偶完全数分布规律如何?是否存在无穷多的奇完全数?奇完全数分布规律如何?

数论猜想与名题之九 —— 华林问题(Waring's problem)

1770 年,华林(E·Waring)在《代数沉思录》一书中提出:自然数可用 4 个平方和、9 个立方数和、19 个 4 次方和 … 表示.这便是著名的"华林问题".推而广之,即:

自然数至多可用多少个整数 k 次方和表示?

但具体地最多要用几个 k 次方和表示,这个问题尚未解决.为方便记这个最小的个数为 $g(k)$.也就是说,他认为对任意给定的正整数 $k \geqslant 2$,必有一个正整数 $g(k)$ 存在,使得每个正整数 n 都可以表示为至多 $g(k)$ 个 k 次序数(即正整数的次方之积).即

$$\sum x_i^k = n(i \leqslant g(k)).$$

因此,华林问题可用一个简单的式子表示,即 $g(k) = n$.

目前,最小的 k 是多少?无法确定.但根据欧拉在 1772 年证得的一个式子:$g(k) \geqslant 2^k + \left[\left(\dfrac{3}{2}\right)^k\right] - 2$,关于 $g(k)$ 的估计至今最好的结果是 $g(2) = 4, g(3) = 9, g(4) = 19, g(5) = 31, g(6) = 73$ 等.

数论难题,大多涉及的是素数问题.数论难题,又大多采用实数的加法来定义的,而素数是用实数的乘法来定义的,两者无法调和.目前的数学方法、数学手段、数学工具,无法克服素数定义这个瓶颈与障碍,导致许多数论难题一时无法解决,办法是首先构建一种新的数学运算,把实数的加法与乘法统一起来,否则难以解决素数中的许多难题.

3.2　数论的最新进展

数论是纯粹数学的分支之一,主要研究整数的性质.而整数的基本元素是素数,所以数论的本质是对素数性质的研究.数论被高斯誉为"数学中的皇冠".近年来数论研究取得了多项突破性进展,这让数学界感到万分惊喜.

发现已知的最大素数.

在本书截稿之际,喜人的消息是来自北京市科学技术协会在 2019 年 1 月 3 日的《一个意外,程序员发现了迄今最大素数》的一篇报道:来自美国佛罗里达州的一位 35 岁的程序员 Patrick Laroche,利用互联网梅森素数大搜索 GIMPS(Mersenne Prime Search)项目官方提供的软件,于 2018 年 12 月 7 日发现了人类已知的最大素数 $M_{82\,589\,933}$,该素数是已知的第 51 个梅森素数(即 2 的 82 589 933 次方减 1).

$$M_{82\,589\,933} = 2^{82\,589\,933} - 1$$

而最新发现的梅森素数 $M_{82\,589\,933}$,拥有 24 862 048 位,这比田纳西州的电气工程师 Jonathan Pace 在 2017 年 12 月底发现的第 50 个梅森素数

$M_{77\,232\,917}$，要多 150 万位。虽然 $M_{82\,589\,933}$ 是个很大的数无疑，但它仅是第 51 个被发现的梅森素数。事实上按照数值大小排序，它有可能并不是第 51 个，中间可能有遗漏。

寻找梅森素数已成为发现最大素数的有效途径. 如今世界上有 180 多个国家和地区近 28 万人参加了 GLmps 项目，并动用超过 79 万台计算机联网来寻找新的梅森素数. 梅森素数是否有无穷多个?这是一个尚未破解的著名数学谜题.

梅森素数，在一定程度上反映了一个国家科技水平的高低. 迄今为止，人们通过 GIMPS 项目已经找到了 17 个梅森素数，其发现者来自美国（11 个）、德国（2 个）、英国（1 个）、法国（1 个）、挪威（1 个）和加拿大（1 个）.

梅森素数的研究成果，对计算技术、密码技术、程序设计技术和计算机检测技术的促进发展，已经不言而喻. 正如英国数学协会主席马科斯·索托伊强调所说，梅森素数的研究进展不但是人类智力发展在数学上的一种标志，也是整个科技发展的里程碑之一（目前是梅森素数一条道，走在素数研究的科技前端）.

证明"弱孪生素数猜想".

美国新罕布什尔大学数学家张益唐经过多年努力，在不依赖未经证明推论的前提下，率先证明了一个"弱孪生素数猜想"，即"存在无穷多个之差小于 7000 万的素数对". 2013 年 4 月 17 日，他将论文投稿给世界顶级期刊《数学年刊》. 美国数学家、审稿人之一亨里克·艾温尼科评价说："这是一流的数学工作." 他相信不久会有很多人把"7000 万"这个数字"变小".

尽管从证明弱孪生素数猜想到证明孪生素数猜想还有相当的距离，英国《自然》杂志在线报道还是称张益唐的证明为一个"重要的里程碑". 由于孪生素数猜想与哥德巴赫猜想密切相关（姐妹问题），很多数学家希望通过解决这个猜想，进而攻克哥德巴赫猜想.

值得一提的是，英国数学家戈弗雷·哈代和约翰·李特尔伍德曾提出一个"强孪生素数猜想". 这一猜想不仅提出孪生素数有无穷多对，而且还给出其渐近分布形式. 中国数学家周海中指出，要证明强孪生素数猜想，人们仍要面对许多巨大的困难.

解开"弱哥德巴赫猜想".

2013 年 5 月 13 日,秘鲁数学家哈拉尔德·赫尔弗戈特在巴黎高等师范学院宣称:他证明了一个"弱哥德巴赫猜想",即"任何一个大于 7 的奇数都能被表示成 3 个奇素数之和".他将论文投稿给全球最大的预印本网站(arxiv),有专家认为这是哥德巴赫猜想研究的一项重大成果.不过,其证明是否成立,还有待进一步考证.

赫尔弗戈特在论证技术上主要使用了哈代—李特伍德—维诺格拉多夫圆法.在这一圆法中,数学家创造了一个周期函数,其范围包括所有素数.1923 年,哈代和李特伍德证明,假设广义黎曼猜想成立,三元哥德巴赫猜想对充分大的奇数是正确的.1937 年,苏联数学家伊万·维诺格拉多夫更进一步,在没有使用广义黎曼猜想的情形下,直接证明了充分大的奇数可表示为 3 个素数之和.

英国数学家安德鲁·格兰维尔称,不幸的是,由于技术原因,赫尔弗戈特的方法很难证明"强哥德巴赫猜想",即"关于偶数的哥德巴赫猜想".如今数学界的主流意见认为,要证明强哥德巴赫猜想,还需要新的思路和工具,或者在现有的方法上要进行重大的实质上改进和突破.

4　认识素数

4.1　素数的定义

素数,又叫质数,有无限多个,是指一个大于 1 的自然数,除了 1 和它本身外,不能被其他自然数整除的数称为素数.两者的区别是:素数是数学的专业用语;质数是书面口语.根据算术基本定理,每一个比 1 大的整数,要么本身是一个质数,要么可以写成一系列质数的乘积;而且如果不考虑这些质数在乘积中的顺序,那么写出来的形式是唯一的.最小的质数是 2.

简单地说,素数就是只有 1 和它本身两个因数的自然数.如整数 2,只有 1 和它本身 2 这两个约数,所以 2 就是素数.否则,称为合数,即除了 1 和它本身两个因数外,还有其他因数的数.如整数 4,有 1,2,4 这 3 个因数,所以 4 是合数.因此,正整数集按照正因数的多少,分为 3 类:

第一类是由自然数 1 构成的集合{1}.

第二类是素数类.如 $2,3,5,7,11,13,17,19,23,29,31,37,41,43,47,$ $53,59,61,67,71,73,79,83,89,97,$是 100 以内的素数,共有 25 个.在素数范围内,只有 2 是正偶数,也叫偶素数,其余素数都是奇数,也叫奇素数.

第三类是合数类.如 $4,6,8,9,10,12,14,15,16,18,20,21,22,24,25,$ $26,27,28,30,32,33,34,35,36,38,39,40,42,44,45,46,48,49,50,$是 50 以内的合数,共 34 个.

因此,1 既不是素数,也不是合数.大于 1 的奇数,只有两种情形,不是素数就是合数.

4.2   素数的性质

素数具有许多独特的性质:

(1) 2 是唯一的偶素数;

(2) 没有比 5 大的素数能够以 5 结尾;

(3) 在素数 $2,3,5,7$ 之后,其他的素数必须以 $1,3,7,9$ 为结尾;

(4) 两个素数的积绝不会是一个完全平方数;

(5) 如果将 2 和 3 以外的素数加上 1 或减去 1,其结果必有一个被 6 整除;

(6) 素数 p 的约数只有两个:1 和 p;

(7) 大于 1 的整数 n 的大于 1 的最小因数是素数,也称素因数;

(8) 素数的个数是无限的;

(9) 若 n 是合数,则 n 有平方不大于 n 的素因数;

(10) 素数的个数公式 $\pi(n)$ 是不减函数;

(11) 若 n 为正整数,在 n^2 到 $(n+1)^2$ 之间至少有一个素数;

(12) 若 n 为大于或等于 2 的正整数,在 n 到 $n!$ 之间至少有一个素数;

(13) 任何一个大于 3 的素数可用为 $6n+1$ 与 $6n-1(n \in \mathbb{N}_+)$ 表示;

(14) 若素数 p 为不超过 $n(n \geqslant 4)$ 的最大素数,则 $p > \dfrac{n}{2}$.

4.3   有关素数的定理

初等数学基本定理:

任一大于 1 的整数 n,要么本身是素数.否则,都可以分解为素数的乘

积,且这种分解是唯一的.即

$$n = p_1 p_2 \cdots p_m$$

式中,$p_1, p_2, \cdots, p_m$ 为被 n 唯一确定的素数.

推论　大于1的整数可以唯一地分解成:

$$a = p_1^{a_1} p_2^{a_2} \cdots p_m^{a_m}$$

式中,$p_1, p_2, \cdots, p_m$ 是相异素数,$a_1 \in \mathrm{N}, i = 1, 2, \cdots, m$.

例1　求不大于50的所有素数.

解:平方不大于50的素数是2,3,5,7,因此在 $2,3,4,5,6,7,\cdots,49,50$ 中的合数一定能被2,3,5,7中的一个整除.因此,留下2,3,5,7,并按照由小到大划去它们的倍数,余下来的就是不大于50的所有素数,共有15个,即 2,3,5,7,11,13,17,19,23,29,31,37,41,43,47.这里的素数 2,3,5,7 好像一个个筛子,用它们把 $8 \sim 50$ 之间的所有素数都筛出来了.同样,用不大于50之内的15个素数再作为筛子,就可以筛出整数 $50 \sim 2500$ 之间的所有素数了.这种寻找素数的方法是由古希腊时代的埃拉托斯特尼 (Eratosthenes) 发现的,所以叫埃拉托斯特尼筛选法.世界上第一张素数表就是埃拉托斯特尼建造的1000以内的素数表.现在的素数表也是由这张表演变而来的.特别强调的是自从20世纪人类有了计算机以来,就可以造出更大的素数表了,现在已经确定最大的素数是2018年12月7日发现的第51个梅林素数 $M_{82\,589\,933}$,它的位数有 24 862 048 位.所以,编制一张大素数表已不是问题.虽然尚不能确定梅林素数的第 44 到第 51 之间还有没有其他素数.但是随着计算机的更新换代和升级,相信更大的素数也可以搜寻发现到,比这再大一些范围内的素数表编制出来也是有可能的.

虽然尚不能确定梅森素数第44至第51之间还有没有其他素数.但是随着计算机的更新换代和升级,相信,更大的素数也可以搜寻发现到,比这再大一些范围内的素数表编制出来也是有可能的.

威尔逊定理(又叫素数判别法):

若 $p(p \geqslant 2)$ 为素数,则 p 可整除 $(p-1)! + 1$;若 p 为合数,则 p 不能整除 $(p-1)! + 1$.威尔逊定理给出了初等数论里判定一个自然数是否是素数的充分必要条件,即若 $p(p \geqslant 2)$ 为素数,当且仅当 $(p-1)! + 1$ 能被 p 整除.

这个素数定理是莱布尼茨第一个发现的,后来被拉格朗日所证明,似乎与威尔逊一点关系也没有.威尔逊(Wilson)是英国的一位法官,他有一位朋友叫沃润(Waring),喜欢溜须拍马、阿谀奉承,总之是个马屁精.1770年,在他写的一本书里说威尔逊发现了此定理,并扬言这个定理不能被世人所证明.这话传到了大数学家高斯面前,高斯站在黑板面前思考了5分钟,就给出了严格的证明.事后,他才知道拉格朗日已经给出了证明.所以后来有关数论的教科书或文献,一律统称这个定理为威尔逊定理,并沿用至今.其实,威尔逊定理用威尔逊来命名是名不副实.

例2　判定9是否是素数?判定13是否是素数?

解:由 $p=9$,得 $(p-1)!+1=8!+1=40\,321=9\times4480.1111\cdots$,所以9不是素数.

由 $p=13$,得 $(p-1)!+1=12!+1=479\,001\,601=36\,846\,277\times13$,所以11是素数.

对于较大的整数,应用威尔逊定理很容易判定是否是素数,但是第44个梅森素数 $M_{44}=32\,582\,657$,由于 $(p-1)!+1$ 实在太庞大导致无法判别.因此,威尔逊定理只有理论价值,没有实用价值.

费马小定理:

若 a 是整数,p 是素数,$(a,p)=1$,则

$$a^{p-1}\equiv1(\bmod\ p).$$

即如果 a 是整数,p 是素数,且 a 与 p 互质,那么 a 的 $p-1$ 次方除以 p 的余数恒等于1.

这是大数学家费马在1640年10月18日的一封信中使用的形式,其实他在1636年就发现了这个定理.

下面是瑞士数学家欧拉在1736年写的"一些与素数有关的定理"的论文中,第一次给出了这个定理的证明.可是,1683年德国数学家莱布尼茨在未出版的手稿中就已经给出了几乎相同的证明.

下面将证明过程赘述如下:

构造素数 p 的即约剩余系:$p=\{1,2,3,\cdots,p-1\}$

由 $(a,p)=1$,也可构造素数 p 的一个即约剩余系:

$$p=\{a,2a,3a,\cdots,(p-1)a\}$$

即约剩余系的性质,得

$$1 \times 2 \times 3 \times \cdots \times (p-1) = a \cdot 2a \cdot 3a \cdot \cdots \cdot (p-1)a \pmod{p}$$

即 $(p-1)! = (p-1)!a^{p-1} \pmod{p}$.

因为 $((p-1)!, p) = 1$，两边约去 $(p-1)!$，则得：

$$a^{p-1} \equiv 1 \pmod{p}.$$

因为 $221 = 13 \times 17$，不是一个素数，是一个伪素数，所以费马小定理的逆定理不成立.

5　与素数有关的几类数

在这里，为方便将与素数有关的一些数简明扼要地列举如下：

5.1　欧几里得素数

设 $p_1, p_2, \cdots, p_n$ 是前 n 个素数，则称形如 $P_n = p_1 p_2 \cdots p_{n+1}$，$E_n = p_1 p_2 \cdots p_{n-1}$ 形式的素数叫欧几里得素数. $p_1 p_2 \cdots p_n$ 是任一整数 n 的素数分解形式，被欧几里得发现，所以后来这两种形式统称为欧几里得素数. 这类素数到底有多少，目前尚不能确定. 肯定的是在 $p_n < 3500$ 的正整数范围内，已发现 18 个这样的 p_n：2，3，5，7，11，31，379，1019，1021，2657，3229，4547，4787，11 549，13 649，18 523，23 801，24 029，可使得 E_n 为素数. 也发现存在 17 个 p_n：3，5，11，41，89，317，337，991，1873，2053，2377，4093，4297，4583，6569，13 033，15 877，可使 E_n 为素数.

5.2　勾股数

把构成一个直角三角形三边的一组正整数，称为勾股数. 因毕达哥拉斯发现勾股定理，即三边满足方程 $x^2 + y^2 = z^2$，故勾股数又称为毕氏数. 勾股定理，在西方称为毕达哥拉斯勾股定理. 在中国的数学名著中《周髀算经》记载："勾三，股四，弦五."（古人把较短的直角边称为勾，较长直角边称为股，而斜边称为弦），又由中国人赵高提出，故勾股定理在中国又称为"商高定理".

寻找勾股数的 4 条途径：

第一种方法是把 a 的平方数拆成 2 个连续自然数,即构造 3 边为:$a = 2n+1, b = 2n^2+2n, c = 2n^2+2n+1 (n \in N)$,如 $(3,4,5), (5,12,13), (7, 24,25), (9,40,41)$ 等.

第二种方法是 a 的一半的平方加上或减去,即构造 3 边为:$a = 2n, b = n^2-1, c = n^2+1$,如 $(6,8,10), (8,15,17), (10,24,26), (12,35,37)$.

第三种方法是利用勾股定理的通解 $(m^2-n^2, 2mn, m^2+n^2)$ 构造 3 边为 $(3,4,5), (7,24,25)$ 等.

第四种方法利用加倍法构造勾股数组.如利用 $(3,4,5)$ 构造的勾股数组是:$(6,8,10), (3n,4n,5n) (n \in N_+)$.又由于,任何一个勾股数组 (a, b,c) 的 3 个数同时乘以一个整数 n 得到的新数组 (na, nb, nc) 仍然是勾股数,所以一般想找的是 a, b, c 互质的勾股数组.所以,在勾股定理中存在 3 个问题有待解决:

第一个问题是否存在无穷多组 x, y, z,使得 $x+y, x-y$ 均为素数.如勾股数组 $(12,5,13)$ 有 $12-5=7, 12+5=17$. $(24,7,25)$ 有 $24-7=17, 24+7=31$.

第二个问题能否构造一个直角三角形,使得 $x+y$ 与 z 均为平方数.费马用无穷递降法找到了一个最小的解,但每条边都大于或等于 13 位数,如果以英寸为单位,将超过银河系的直径.

第三个问题是斜边是一个素数,另一直角边也是素数.如 $(3,4,5)$, $(5,12,13), (41,840,841)$,这样的三角形是否有无穷多个?

5.3　梅森素数

梅森素数是由梅森数而来.所谓梅森数,形如 2^p-1(p 为素数)型的数,称为梅森数,借数学家梅森姓氏的第一个字母 M,用符号 M_p 来表示.若梅森数 M_p 是素数,称为梅森素数.

马林·梅森(Marin Mersenne,1588 年 9 月 8 日—1648 年 9 月 1 日)是 17 世纪法国著名的数学家和修道士,也是当时欧洲科学界一位独特的中心人物.他与大科学家伽利略、笛卡尔、费马、帕斯卡、罗伯瓦、迈多治等是密友.虽然梅森致力于宗教,但他却是科学的热心拥护者,在教会中为了保卫科学事业做了很多工作.

梅森对科学所做的主要贡献是他起了一个极不平常的思想通道作

用.17 世纪时,科学刊物和国际会议等还远远没有出现,甚至连科学研究机构都没有创立,交往广泛、热情诚挚和德高望重的梅森就成了欧洲科学家之间联系的桥梁.许多科学家都乐于将成果寄给他,然后再由他转告给更多的人.因此,他被人们誉为"有定期学术刊物之前的科学信息交换站".梅森和巴黎数学家笛卡尔、费马、罗伯瓦、迈多治等每周一次在梅森住所聚会,轮流讨论数学、物理等问题,这种民间学术组织被誉为"梅森学院",它就是法兰西科学院的前身.

由于梅森学识渊博,才华横溢,又是法兰西科学院的奠基人,数学界就把形如 2^p-1 型的数,称为梅森数,以表示人们对他的纪念和敬仰.但是第一个提出并研究梅森数的却不是梅森本人,而是要一直追溯到公元前 300 多年的古希腊时代.那时,数学家欧几里得用反证法证明了素数有无限多个,并提出了少量素数可用 2^p-1(p 为素数)的形式来表示.

可用因式分解法证明:若 M_p 是素数,则指数 p 必为素数;反之则不然,即当 p 是素数时,M_p 未必是素数.比如当 $p=2,3,5,7$ 时,M_p 都是素数,但 $M_{11}=2047=23\times89$ 却不是素数.前几个较小的梅森数大都是素数,然而梅森数越大,梅森素数也就越难出现.梅森在欧几里得、费马等人研究的基础上对 2^p-1(p 为素数)作了大量的验证计算工作,于 1644 年在他的《物理数学随感》一书中断言:当 $p=2,3,5,7,13,17,19,31,67,$ $127,257$ 时,M_p 都是素数,而其他所有小于 257 的数时,M_p 全都是合数.前面 7 个数(即 2,3,5,7,13,17,19)是在整理前人的工作中得到的,对应的梅森数是素数,被证实是正确的.而后面 4 个数(即 31,67,127,257),由于猜测成分较多,断言就武断多了——其中判断错误 2 个(M_{67},M_{257} 不是素数,是合数),遗漏 3 个(M_{61},M_{89},M_{107} 都是素数).当时,人们对梅森的猜测断言深信不疑,甚至大数学家莱布尼兹和哥德巴赫都认为是正确的.虽然,梅森的断言不严谨、太武断,却激发了数学家和数学爱好者研究 2^p -1 型素数的狂热,并把它与完美数(其定义见本章第 24 页 5 中的 5.4.1 完美数)独立分隔开来研究,其意义是空前的,是素数研究的转折点和里程碑.

后来,数学大师欧拉在双目失明的情况下,于 1772 年靠心算验证了梅森数 $M_{31}=2^{31}-1=2^{13}2^{17}-1=2\,147\,483\,648-1=2\,147\,483\,647$ 是素数,位数长达 10 位数字,堪称当时世界上已知最大的素数.欧拉的精神、毅力与技巧极大地鼓舞了数学家和数学爱好者,把研究 2^p-1 型素数推向了新的高度,因此他本人获得了"数学英雄"的称号.

1903 年,对数学家来说是不平凡的一年.数学家柯尔在美国数学年会上,做了一个无言的报告,在黑板上他用短短的几分钟时间,计算并验证 M_{67} 是一个合数,第一次彻底否定 M_{67} 是素数的论断,第一次破天荒打破了"梅森关于梅森素数的断言".据说,在作报告之前,他已经花费了 3 年全部的星期天时间.

$$M_{67} = 2^{67} - 1 = 193\ 707\ 721 \times 761\ 838\ 257\ 287$$
$$= 170\ 141\ 183\ 460\ 469\ 231\ 731\ 687\ 303\ 715\ 884\ 105\ 727.$$

相隔 20 年后,数学家莱克契克在 1922 年验证了 M_{257} 不是素数,是合数,但遗憾的是他没有给出因式分解.这个问题直到 20 世纪 80 年代,找到了合数 M_{257} 的 3 个因子,才得到了完全解决.

目前依靠大型计算机发现并找到 51 个梅森素数,最大的是 $2^{82\ 589\ 933}-1$(即 2 的 82 589 933 次方减 1),有 24 862 048 位数.相信,随着超大型计算机的开发与研发,更大的梅森素数也会发现找到.当然是否存在无穷多个梅森素数就成了数论中未解决的著名难题之一.

5.4　完美数

与梅森素数联系紧密的是完美数.其实,早在公元前 300 多年,古希腊的数学家欧几里得就开创了研究 2^p-1 型素数的先河,他在其名著《几何原本》第九章就论述了完美数:如果 2^p-1 是素数,则 $2^{p-1}(2^p-1)$ 是完美数(p 是素数).

5.4.1　完美数的定义

什么是完美数(Perfect Number)?完美数,又称完全数或完备数,是指一个数恰好等于它的各约数(但要除去它本身)之和.例如:第一个完美数是 6,它有约数 1、2、3、6,除去它本身 6 外,其余 3 个数相加,1+2+3=6.第二个完美数是 28,它有约数 1、2、4、7、14、28,除去它本身 28 外,其余 5 个数相加,1+2+4+7+14=28.第三个完美数是 496,有约数 1、2、4、8、16、31、62、124、248、496,除去其本身 496 外,其余 9 个数相加,1+2+4+8+16+31+62+124+248=496.后面的完美数还有 8128,130 816,

2 096 128,33 550 336 等.

5.4.2 完美数的历史

公元前 6 世纪的毕达哥拉斯是最早研究完美数的人,他已经知道 6 和 28 是完美数.毕达哥拉斯曾说:"6 象征着完满的婚姻以及健康和美丽,因为它的部分是完整的,并且其和等于自身."在《圣经》中认为 6 和 28 是上帝创造世界时所用的基本数字,因为上帝创造世界花了 6 天,28 天则是月亮绕地球一周的日数.圣·奥古斯丁说:6 这个数本身就是完全的,并不因为上帝造物用了 6 天;事实上,因为这个数是一个完美数,所以上帝在 6 天之内把一切事物都造好了.

中国古文化特别崇拜的数是 6 和 9,再加上天上有 28 宿等.6 和 28,在中国历史长河中,熠熠生辉,是因为它是一个完美数.因此有学者说,中国发现完美数比西方还要早.

完美数诞生后,吸引着众多数学家与数学业余爱好者像淘金一样去寻找.第三个完美数是毕达哥拉斯学派的成员尼克马修斯在公元 1 世纪发现的,正如他在其著作《数论》有一段话:也许是这样,正如美的、卓绝的东西是罕有的,是容易计数的,而丑的、坏的东西却滋蔓不已;是以盈数和亏数非常之多,杂乱无章,它们的发现也毫无系统.但是完美数则易于计数,而且又顺理成章:因为在个位数里只有一个 6;十位数里也只有一个 28;第三个在百位数的深处,是 496;第四个却在千位数的尾巴颈部上,是 8128.它们具有一致的特性:尾数都是 6 或 8,而且永远是偶数.但在茫茫数海中,第七个完美数要大得多,居然藏在千万位数的深处!它是 33 550 336,它的寻求之路也更加扑朔迷离,直到 15 世纪才由一位无名氏给出.

完美数不多,在前 8000 多个正整数中才有 4 个,物以稀为贵,完美数稀罕.在 1—40 000 000 这么多数里,只有 7 个完美数,它们是:6,28,496,8128,130 816,2 096 128,33 550 336.可见完美数是非常稀少的.

从第四个完美数 8128 到第七个完美数 33 550 336 的发现过程经过了1000 多年,这是因为第七个完美数要比第四个完美数大了 4100 多倍.这可能是历经 1000 多年才艰难跨出一步的原因.用完美来形容 6,28,496,… 这一类数很恰当.这种数一方面表现在它稀罕、奇妙,一方面表现在它的完满,各因数的和不多不少正好等于它自身.

数学家和数学业余爱好者寻找完美数的努力从来没有停止过.自电子计算机问世以来,人们借助这一有力的工具继续努力探索.数学家笛卡尔曾公开预言:"能找出完美数是不会多的,好比人类一样,要找一个完美人亦非易事."迄今为止,人们一直没有发现有奇完美数的存在.因此,探讨是否存在奇完美数成了数论中的一大难题.只知道即便有,这个数也是非常之大,并且需要满足一系列苛刻的条件.

5.4.3　完美数的特点与规律

完美数还有一些令人感到神奇的鲜为人知的有趣事实,π 数值取小数点后面 3 位相加恰是第一个完美数 6($=1+4+1$),小数点后 7 位相加正好等于第 2 个完美数 28($=1+4+1+5+9+2+6$).居然能有如此的联系,难道不足以令人惊讶吗?具体地说,完美数还具有以下的特点与规律:

(1) 所有的完美数都是三角形数.

古希腊著名数学家毕达哥拉斯,把数 1,3,6,10,15,21,…,这些数量的(石子),都可以排成三角形,像这样的数称为三角形数.把 1,4,9,16,… 数量的(石子),都可以排成正方形,像这样的数称为正方形数.开始的前 18 个三角形数是 1,3,6,10,15,21,28,36,45,55,66,78,91,105,120,136,153,171.例如:

$6=1+2+3$;

$28=1+2+3+4+5+6+7$;

$496=1+2+3+\cdots+30+31$;

$8128=1+2+3+\cdots+126+127.$

(2) 所有的完美数的倒数都是调和数.

若一个正整数 n 的所有因子的调和平均是整数,n 便称为调和数(Harmonic number).它又称欧尔数(Ore number),因为它最先出现在一篇奥斯丁·欧尔在 1948 年发表的论文内.前几个调和数是:1,6,28,140,270,496,672,1638,2970,6200,8128,8190.所有完全数都是调和数.目前,发现的完美数,除了 1 之外,并没有发现奇调和数.例如:

$1/1+1/2+1/3+1/6=2$;

$1/1+1/2+1/4+1/7+1/14+1/28=2$；

$1/1+1/2+1/4+1/8+1/16+1/31+1/62+1/124+1/248+1/496$
$=2$.

（3）所有的完美数可以表示成连续奇立方数之和.

除 6 以外的完美数，都可以表示成连续奇立方数之和，并按以下规律增加.例如：

$28=1^3+3^3$；

$496=1^3+3^3+5^3+7^3$；

$8128=1^3+3^3+5^3+\cdots+15^3$；

$33550336=1^3+3^3+5^3+\cdots+125^3+127^3$.

（4）所有的完美数都可以表达为 2 的一些连续正整数次幂之和.

所有完美数，都可以表示为 2 的连续正整数次幂之和，并规律式增加.例如：

$6=2^1+2^2$；

$28=2^2+2^3+2^4$；

$496=2^4+2^5+2^6+2^7+2^8$；

$8128=2^6+2^7+2^8+2^9+2^{10}+2^{11}+2^{12}$；

$33550336=2^{12}+2^{13}+\cdots+2^{24}$.

（5）完美数都是以 6 或 8 结尾.

如果以 8 结尾，那么就肯定是以 28 结尾.（数学家仍未发现由其他数字结尾的完美数）

（6）各位数字辗转式相加个位数是 1.

除 6 以外的完美数，把它的各位数字相加，直到变成个位数，那么这个个位数一定是 1.例如：

28：$2+8=10,1+0=1$；

496：$4+9+6=19,1+9=10,1+0=1$；

8128：$8+1+2+8=19,1+9=10,1+0=1$；

33550336：$3+3+5+5+0+3+3+6=28,2+8=10,1+0=1$.

（7）它们被 3 除余 1、被 9 除余 1、被 27 除余 1.

除 6 以外的完美数，它们被 3 除余 1、被 9 除余 1、还有被 27 除余 1.例如：

28/3 商 9,余 1;

28/9 商 3,余 1;

28/27 商 1,余 1;

496/3 商 165,余 1;

496/9 商 55,余 1;

8128/3 商 2709,余 1;

8128/9 商 903,余 1;

8128/27 商 301,余 1.

(8) 迄今为止,发现的完美数都具有以下的形式:

$$2^{p-1}(2^p-1) \qquad (p \text{ 是素数})$$

如:

$6 = 2^{2-1}(2^2-1)$	素数 $p = 2$
$28 = 2^{3-1}(2^3-1)$	素数 $p = 3$
$496 = 2^{5-1}(2^5-1)$	素数 $p = 5$
$8128 = 2^{7-1}(2^7-1)$	素数 $p = 7$
$33\ 550\ 336 = 1024 \times 2047 = 2^{11-1}(2^{11}-1)$	素数 $p = 11$

5.5 婚约数与亲和数

与完美数相联系的还有婚约数、亲和数.

婚约数,指两个正整数中,彼此除了 1 和本身的其余所有因子的和与另一方的相等.婚约数又称准亲和数.

最小的一对婚约数是(48,75).

48 的除了 1 和本身的其余所有因子相加是:2＋3＋4＋6＋8＋12＋16＋24 = 75.

75 的除了 1 和本身的其余所有因子相加的和是:3＋5＋15＋25 = 48.

最小的 10 组婚约数:(48,75)、(140,195)、(1050,1925)、(1575,1648)、(2024,2295)、(5775,6128)、(8892,16587)、(9504,20735)、(62744,75495)、(186615,206504).

是否存在无限多对婚约数?是否存在都是偶数或都是奇数的一对婚约数?

亲和数,又称相亲数、友爱数、友好数,指两个正整数中,彼此的全部约数之和(本身除外)与另一方的相等.大约公元320年左右,古希腊毕达哥拉斯发现了第一对亲和数(220,284).

例如220与284:

220的全部约数(去掉本身)相加是:$1+2+4+5+10+11+20+22+44+55+110=284$,284的全部约数(去掉本身)相加的和是:$1+2+4+71+142=220$.

换句话说,亲和数又可以说成是两个正整数中,一方的全部约数之和与另一方的全部约数之和相等.

220的全部约数之和是:$1+2+4+5+10+11+20+22+44+55+110+220=284+220=504$,284的全部约数之和是:$1+2+4+71+142+284=220+284=504$.

虽然220与284不是完美数,但是相互补缺,两全其美.正如毕达哥拉斯所说:"朋友是你灵魂的情影,要像220与284一样亲密."

16世纪,已经有人认为自然数里就仅有一对亲和数:220和284.有一些无聊之士,甚至给亲和数抹上迷信色彩或者增添神秘感,杜撰出许许多多神话故事,还宣传这对亲和数在魔术、法术、占星术和占卦上都有重要作用等.

距离第一对亲和数诞生2500多年以后,在1636年,法国"业余数学家之王"费马找到了第二对亲和数17296和18416,重新点燃寻找亲和数的火炬,在黑暗中找到了光明.两年之后,"解析几何之父"——法国数学家笛卡尔于1638年3月31日也宣布找到了第三对亲和数9 437 056和9 363 584.费马和笛卡尔在两年的时间里,打破了2000多年的沉寂,激起了数学界重新寻找亲和数的波涛.

5.6 费马数

5.6.1 费马简介

费马(Pierrede Fermat,1601—1665)法国著名数学家,被誉为"业余数学家之王".费马不是一个专业数学家,但是他对数学的贡献却是相当大的. 正如一位数学家史专家评价说,费马是一个第一流的数学家,一个无可指摘的诚实的人,一个历史上无与伦比的算术学家.

1601 年 8 月 17,费马出生于法国一个皮革商家中,年轻时当过律师,后来一直担任图卢兹议会议员. 他通晓法语、意大利语、西班牙语、拉丁语、希腊语等多国语言,可谓博学多才. 但他性格内向,不善于推销自己,不善于展示自我.

费马大约 30 岁左右,开始业余研究数学,成绩硕果累累,他在数论、几何学、概率论、光学和微积分等众多领域都做出了杰出的贡献. 可以说,近代数论是从费马真正开始的,他是数论上一个承前启后的人物,奠定了近代数论的基础,因此人们形象地称他为"近代数论之父". 其实,在高斯出版《算术研究》名著之前,数论的发展始终是跟费马的推动联系在一起的.

1640 年,费马思考了这样一个数学问题:$2^{2^n}+1$(n 为素数)是否是一个素数?当 n 取 0、1、2、3、4 时,对应的值分别为 3、5、17、257、65537,费马发现这 5 个数都是素数,于是他便大胆猜想:形如 $2^{2^n}+1$(n 为素数)的数一定都是素数. 后来,他在给一位朋友的信中说:"我已经发现形如 $2^{2^n}+1$(n 为素数)的数都是素数,很久以前我就指出这个结果是正确的." 但是费马自己却不能给出一个完全严格的证明. 用简洁的话来概括费马信中所强调的结论,就是说:所有费马数都一定是素数. 也称之为费马猜想. 很显然,后面的费马数,费马本人没有验证也无法验证,不要说证明了,只能是靠他的主观猜想臆断罢了,其猜想结论的正确性也就可想而知了.

5.6.2 费马数

费马研究的形如 $2^{2^n}+1$(n 为素数)的数,后人称为费马数,并用 F_n 表示. 随着 n 的不断增大,F_n 也迅速增大,在费马的那个时代,没有计算机,很难验证 F_n 是否是素数.

1729 年 12 月 1 日,哥德巴赫在写给欧拉的一封信中问道:"费马认为所有形如 $2^{2^n}+1$ 的数都是素数,你知道这个问题吗?他说他不能做出证明,据我所知,其他任何人对这个问题也不能做出证明."

这个问题吸引了欧拉,1732 年,年仅 23 岁的欧拉在费马死后 67 年,得出 $F_5 = 4\,294\,967\,297 = 641 \times 6\,700\,417$,其中 $641 = 5 \times 27 + 1$. 这一

结果意味着 F_5 是一个合数，因此费马的猜想是错误的. 另一个因子
$6\,700\,417 = 52\,347 \times 27 + 1$，却是素数.

在对费马数的研究上，费马这位伟大的数论天才过分轻信自己的直
觉，草率地做出了他一生中唯一的一次错误猜测. 随着电子计算机的飞速
发展，计算机成了研究费马数十分强有力的工具，但是迄今为止除了费马
本人发现的 5 个费马数都是素数外，再也没有发现一个费马素数. 于是人
们又猜测从 $n = 5$ 开始起，是不是其他费马数都是合数. 现在基本通过证
明并验证都是合数，其因子尚需等待分解. 目前尚未判定是素数还是合数
的最小费马数是 F_{33}.

5.6.3　广义费马数

形如 $a^{2^m} + b^{2^n}$（m,n 都为正整数）称为广义费马数，$a^{2^n} + 1$ 是一个特
例. 当 $a = 2, b = 1$，广义费马数就是费马数. 2004 年 5 月 30 日，发现了最
大的广义费马数是 $1\,372\,930^{131\,072} + 1$，这个数位竟然长达 804 474 位.

5.7　谢尔宾斯基数

形如 $N = k \cdot 2m + 1$（k,m 都为正整数）的形式叫普罗斯数
（Proth Numbers）.

如果对于一个特定的 k 值，取任意 n 都可以使 n 成为一个合数，那么
这个 k 值就可以称为一个谢尔宾斯基数.

在分解费马数 $F_n = 2^{2^n} + 1$（k,m 都为正整数）的因子常常会遇到 $k \cdot 2^m + 1$，但不知道这种形式的素数究竟有多少个？如果 m 固定，则 $k \cdot 2^m + 1$ 是以 $2m$ 为公差的等差数列，并知道这个等差数列中有无穷多个素数.

现在知道 $k = 78\,557$ 是一个谢尔宾斯基数，已被约翰·塞尔弗里奇证
明，但不知道是不是最小的谢尔宾斯基数，大多数数学家相信它是最小
的，却还未被证明.

5.8　陈素数

假设 p 是一个素数，如果 $p + 2$ 是一个素数或两个素数的积，则 p 是
陈素数. 如 2,3,5,7,11,13,17,19,23,29,31,37,41,47,53,59,67,71,83,

89,101,107,109,113,127,131,137,139,149,157,167,179,181,191,
197,199,211,227,233,239,251,257,263,269,281,293,307,311,317,
337,347,353,….

陈素数无穷多,这是陈景润在证明"哥德巴赫猜想"的过程中被证明应用的素数.陈素数比普通素数少一些,如 43 是普通素数,但不是陈素数.因为 $p+2=45$,而 $45=3\times 3\times 5$ 是 3 个素数的积.如 73 是普通素数,但不是陈素数.因为 $p+2=75$,而 $75=3\times 5\times 5$ 是 3 个素数的积.

6　重新认识自然数

人类对数的认识经历了漫长的历史过程:从一个人、一棵树、一株草、一只鸡、一条鱼、一头猪、一座山、一潭水、一把椅子、一张席子、一片森林 … 抽象出自然数"1",标志着人类的文字记录、文明时代开始于对数的概念认识.从两只眼睛、两双手、两只胳膊、两条腿、两只脚 … 抽象出自然数"2",使人类第一次认识到狩猎数量的增加与数的概念上数量增加是一致的对等的,从而使人类开始脱离于物质计数器(如贝壳、树枝、石子、竹片、结绳等),以纯粹的数字来计量计数.男女双方因喜悦组建家庭,女人分娩生产小孩,导致家庭的人口数量增加到 3 个,随着人口数量的进一步增加,形成了一个大家庭,同姓氏人口融合群居构成一个大家族,再由血缘关系、地域关系进而组成氏族、部落、公社或氏族联盟、部落联盟,最后形成独立于其他种族的一个个民族、一个个国家.一朵花、两朵花不能成为花园,三朵花以上便组成一个大花园;一棵树、两棵树不能成为一座森林,三棵树以上便可以组成一个大森林.所以独花不能开放,独木不能成林.人类便从物体的数量累加,抽象出自然数"3".通过类比、延伸抽象出其他自然数:4,5,6,7,8,….那便是顺理成章的事.因此,老子在《道德经》第42 章所言:"一生二,二生三,三生万物." 通过对自然数的重新认识,使我们知道自然数遵循物质的 4 个自然属性:

第一种属性是数量属性.

这是自然数最本质的自然属性.自然数是一个抽象概念,独立于自然物质,有别于自然物质,具体体现在两点:一是任何一个自然数都是由单位累积起来的;二是每一个自然数都有一个后继者.因此,1889年数学家皮亚诺以自然数的数量属性为基础,建立起了自然数的5条公理:

(1)1是一个自然数;

(2)1不是任何其他自然数的后继者(规定0是自然数,所以0是1的后继);

(3)每一个自然数都有一个后继者;

(4)如果说a与b的后继者相等,则a与b也相等;

(5)若一个自然数组成的集合n含有1,同时当n含有任一数时,它也一定含有后继者,则n就是所有自然数所组成的集合.

自然数的数量属性,使物质集合(野兽、石子、种子等)与数量集合建立起了一一对应的对等关系,标志着人类认识走向了数量化的认识之路,即数学之路.

自然数是人类认识事物、认识世界的一大进步.正因为有了自然数的这个数量属性(即与物体的数量对等性),使人类开始大面积地从宏观上把握认识事物、认识世界、认识宇宙.由于狩猎数量的增多、物品的剩余,人类开始思考如何按人进行分配物品,引发了"分数"的概念.古希腊毕达哥拉斯学派的成员希帕索斯(Hippias)发现了边长为1的正方形(单位正方形)的对角线与边长的不可公度性,被毕达哥拉斯学派集体封杀,据说把希帕索斯抛入大海葬身鱼腹,但他的伟大认识和发现,没有被淹没,却载入了史册.后来,人们在解方程的问题上,提出了"负数"的概念,完成了无理数到实数再到复数的数的扩充,再由复数把数扩充到多元数、向量、矩阵、张量 … 体现了人类由有限到无限的认识过程.但是不符合唯物辩证法的认识过程:有限 → 无限 → 有限.也就是说数扩充后没有从无限认识回到有限认识中来,仅仅是向无穷方向层层推进.与复数有联系的多元数、向量、矩阵、张量等不是数,但是有运算,也是层层向无穷延伸逐步推进.

下面罗列归结为:

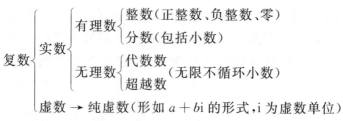

从多元数 → 向量 → 矩阵 → 张量 → …

数的扩充以及到实数公理系统的确立,人类对数的认识缺少了把数由无限认识再回到有限认识的一个环节,这是数学认识与哲学认识共同缺失的链节.我们要做的就是建立一种新的数论来弥补上这个缺失,即在后面提出并建立的一门新的数学 —— 众数学.这门新的数学可以完成数学由有限到无限的认识,再由无限到有限的认识.这与哲学上经常讲的"从实践中来,再到实践中去",是一脉相承的.所以,数学老师以及数学书籍常常强调数学,"来源于生活,用之于生活",是有着深刻的道理的.

第二种属性是占位属性.

原始社会是狩猎、捕鱼、种植的农耕时代.每天打下的野兽、捕到的鱼、采摘的果实不仅有物品之分、数量之分,还要进行分配.否则,剩余的要进行仓储管理、占据一定空间.其实,自然数在形成之初就具备了这种天然基因 —— 自然占有空间位置.如 243 个人、243 只鸡、243 条鱼,抽象出数量"243",如何再分配给每一个人呢?笔者通过认识思考发现:如果把每一个位置上的数字从整体上考虑,你就会发现把 243 各位数字相加得到一个新的数量结果,即 $2+4+3=9$.

当然,你把 243 这个数字轮换就变成了 234,324,342,423,432.

234 的各位数字相加得到的结果是:$2+3+4=9$.

324 的各位数字相加得到的结果是:$3+2+4=9$.

342 的各位数字相加得到的结果是:$3+4+2=9$.

423 的各位数字相加得到的结果是:$4+2+3=9$.

432 的各位数字相加得到的结果是:$4+3+2=9$.

但是,不考虑 234,243,324,342,423,432 这 6 个数占据的个位、十位、百位 3 个位置空间,各位数字相加得到的结果都是"9",这是巧合吗?这是偶然吗?显然,抛开这 6 组数字的形式,我们发现这 6 组数只是与 2、3、4 三个数有关.因为这 3 个数相加的结果就是:$2+3+4=9$.

再如把 17265 棵树、17265 头羊、17265 朵花如何分配呢?抽象出数量"17265",我们也发现有类似的现象.

17265 的各位数字相加得到的结果是:$1+7+2+6+5=21$,再把 21 的各位数字相加得到的结果是:$2+1=3$.

若把 17265 这个数字轮换变成 12567、56127、61257 也一样.

12567 的各位数字相加得到的结果是:$1+2+5+6+7=21$,再把 21 的各位数字相加得到的结果是:$2+1=3$.

56127 的各位数字相加得到的结果是:$5+6+1+2+7=21$,再把 21 的各位数字相加得到的结果是:$2+1=3$.

61257 的各位数字相加得到的结果是:$6+1+2+5+7=21$,再把 21 的各位数字相加得到的结果是:$2+1=3$.

2	4	3
百位	十位	个位

1	7	2	6	5
万位	千位	百位	十位	个位

在本书第二章把 243、17265 的各位数字相加得到的结果的运算,称为"众数和"运算.

234 的各位数字相减得到的结果是:$-2-3-4=-9$;把 243 这个数字轮换变成 234、324、342、423、432,这 5 组数字的各位数字相减得到的结果也是:$-2-3-4=-9$.同样,17265、12567、56127、61257 这几组数字的每一数字的各位数字相减得到的结果都是:$-1-7-2-6-5=-21$;再把 -21 的各位数字相减得到的结果是:$-2-1=-3$.

在本书第二章把 243、17265 的各位数字相减得到的结果的运算,称为"众数差"运算.

234 的各位数字相乘得到的结果是:$2×3×4=24$,再把 24 的各位数字相加得到的结果是:$2+4=6$;24 的各位数字相减得到的结果是:$-2-4=-6$;24 的各位数字相乘得到的结果是:$2×4=8$.把 243 这个数字轮换变成 234、324、342、423、432,这 5 组数字的各位数字相加、相减、相乘得到的结果与 234 一样.同样,17265、12567、56127、61257 这几组数字的每一数字的各位数字相乘得到的结果都是:$1×7×2×6×5=420$;再把 420 的各位数字相加得到的结果是:$4+2+0=6$,420 的各位数字相减得到的结果是:$-4-2-0=-6$,420 的各位数字相乘得到的结果是:$4×2×0=0$.

在本书第二章把 243、17265 的各位数字相乘得到的结果的运算,称为"众数积"运算. 把各位数字相除得到的结果的运算,称为"众数商"运算. 在这里,把众数和、众数差、众数积、众数商的几种运算,统称为"众运算",其建立的数学统称为"众数学".

第三种属性是进位属性.

在原始社会随着社会分工的不断分化,打下的野兽、捕到的鱼、采摘的果实等物品累积的数量逐级增加,对应的数字的数量也要累积逐渐增加,这就产生了记数与进位. 对任何一个数,都可以用不同的进位制来表示同一个数. 进位制是一种记数方法,也称进位记数法或位置记数法. 一种进位制中使用的数字符号的数,称为这种进位制的基数或底数. 如果一个进位制的基数为 p,即可称为 p 进位制,简称 p 进制. 对于任何一种进位制,就表示某一位置上的数逢 p 进一位. 二进制就是逢二进一,三进制就是逢三进一,八进制就是逢八进一,十进制就是逢十进一,十二进制就是逢十二进一,十六进制就是逢十六进一,以此类推,p 进制就是逢 p 进一. 最常用的进位制是十进制. 若 p 进制的数表示为数 $x_{n-1}\cdots x_1 x_0$(x_0、x_1、$\cdots$、x_{n-1} 为 10 进制数),则 p 进制的数为 S,则 $x_{n-1}\cdots x_1 x_0$ 都可以转化为 p 进制的数,用一个表达表示为:

$$S_{(p)} = \overbrace{x_{n-1} \cdot p^{n-1} + x_{n-2} \cdot p^{n-2} + \cdots + x_2 \cdot p^2 + x_1 \cdot p + x_0 \cdot p^0}^{n\ 位数}$$

如果 $p = 10$,则数 $x_{n-1}\cdots x_1 x_0$ 就可以转化为十进制的数了,表示如下:

$$S_{(10)} = \overbrace{x_{n-1} \cdot 10^{n-1} + x_{n-2} \cdot 10^{n-2} + \cdots + x_2 \cdot 10^2 + x_1 \cdot 10 + x_0 \cdot 10^0}^{n\ 位数}$$

如果 $p = 2$,则数 $x_{n-1}\cdots x_1 x_0$ 就可以转化为二进制的数了,表示如下:

$$S_{(2)} = \overbrace{x_{n-1} \cdot 2^{n-1} + x_{n-2} \cdot 2^{n-2} + \cdots + x_2 \cdot 2^2 + x_1 \cdot 2 + x_0 \cdot 2^0}^{n\ 位数}$$

同一个数可以用不同的进位制来表示. 如:十进数 $35_{(10)}$,可以用二进制表示为 $100011_{(2)}$,可以用三进制表示为 $1022_{(3)}$,可以用五进制表示为 $120_{(5)}$,可以用八进制表示为 $43_{(8)}$,可以用十六进制表示为 $23_{(16)}$.

一个十进制整数转换为二进制整数通常采用"除 2 取余法",即用 2 连续去除十进制数,直到商为 0,逆序排列余数即可得到.

将 35 转换为二进制数的过程如下:

解：$35 \div 2 = 17 \cdots\cdots 1$；

$17 \div 2 = 8 \cdots\cdots 1$；

$8 \div 2 = 4 \cdots\cdots 0$；

$4 \div 2 = 2 \cdots\cdots 0$；

$2 \div 2 = 1 \cdots\cdots 0$；

$1 \div 2 = 0 \cdots\cdots 1$.

所以，十进制数 35 转化为二进制数是 100011，即 $35_{(10)} = 100011_{(2)}$.

　　一般情况下，整数运算的加减乘除是十进制运算，而对整数进行众数和运算，发现整数又是遵循严格的精准"九进制①"运算，不重复、不遗漏. 如观察整数 $1 \sim 45$ 的众数和是 1、2、3、4、5、6、7、8、9，这里是指最小的众数和，其中"9"相当于十进制中的"0"，只起占位和进位意义.

　　不同的进位制在不同的领域有着不同的用途. 如二进制广泛应用在计算机方面；三进制主要用在军队编制方面；八进制广泛应用在计算机方面；十进制最为常用，主要应用在人们的日常生活中；十二进制主要应用在计算月份、时辰、天干地支；二十进制被玛雅文明使用过；六十进制主要应用在计算时间上（秒、分）.

整 数	众数和	整 数	众数和	整 数	众数和	整 数	众数和	整 数	众数和
1	1	10	1	19	1	28	1	37	1
2	2	11	2	20	2	29	2	38	2
3	3	12	3	21	3	30	3	39	3
4	4	13	4	22	4	31	4	40	4
5	5	14	5	23	5	32	5	41	5
6	6	15	6	24	6	33	6	42	6
7	7	16	7	25	7	34	7	43	7
8	8	17	8	26	8	35	8	44	8
9	9	18	9	27	9	36	9	45	9

　　第四种属性是种属属性.

---

　　① "九进制"有二种：第一种是"上古九进制"，由 1、2、3、4、5、6、7、8、9 组成，9 是占位或进位. 第二种是"现代九进制"，由 0、1、2、3、4、5、6、7、8 组成，0 是占位或进位. 本书的众数学运算遵循"上古九进制"规律. 因九进制算术系统，不出现重复、遗漏数字，所以又称为"精准九进制". 均见第二章各小节内容.

不同民族不同国家曾使用过不同的进位制,但目前几乎所有国家均采用十进制.原始社会由于人们的认识水平低,对事物的划分比较肤浅.如按照性别把人分为男人与女人;按照事物的数量分为多与少;按照拥有物品把财产分为有与无财产;按照天气的温度分为冷与热;按照人的品格把人分为好人与坏人;按照数的奇偶性把整数分为奇数与偶数;按照数的大小性把整数分为正数与负数 ……

人类社会早期,人们认识到同一事物内部存在着相互对立的两个方面.如有无、多少、大小、方圆、曲直、繁简、聚散、长短、疏密、动静、虚实、刚柔、正负、高低 … 在一定范围内也存在着相互对立的事物或势力.如男与女、宾与主、敌与我、好人与坏人 … 无论多么复杂的物质或现象这种普适规律 —— 对立统一关系都存在.这种认识是朴素的、简单的、直接的,是一分为二的,这种既对立又统一的观点,在中国古代用阴阳二字来概括,称为阴阳学说;在西方称为对立统一规律.一分为二的阴阳概念抽象为集合概念,能分析揭示出自然界对立事物的根本变化原因及其根本规律.同样,用阴阳关系来代替对立事物的关系以及矛盾双方的相互关系,似乎很有概括性,一直沿用了中国上下几千年,并影响左右着中国传统文化以及世界文化.故《类经阴阳类》说:"阴阳者,一分为二也."哲学上的"阴阳观""一分为二"的观点,与数学上的二进制算术系统相对应相联系,是哲学系统与数学系统的相互联系与统一.

7　重新认识素数

素数,是一类特殊的自然数,对素数的认识与发展,推动了数论的认识与发展,也推动了数学向其他领域或分支向前认识与发展.因此,素数也遵循自然数的几个自然属性:数量属性、占位属性、进位属性、种属属性.

在前文已提到自然数满足九进制运算规律,因此素数也应该满足此规律.为此,我们验证前 100 个素数是否满足,但由于前 5 个素数 2、3、5、7 均为一位数,验证从二位素数 11 开始.为方便验证,素数的众数和最后结果都取最小的众数和.

11 的各位数字之和是:$1 + 1 = 2$.即素数 11 的众数和是"2".

13 的各位数字之和是：$1+3=4$. 即素数 13 的众数和是"4".

17 的各位数字之和是：$1+7=8$. 即素数 17 的众数和是"8".

19 的各位数字之和是：$1+9=10,1+0=1$. 即素数 19 的众数和是"1".

23 的各位数字之和是：$2+3=5$. 即素数 23 的众数和是"5".

29 的各位数字之和是：$2+9=11,1+1=2$. 即素数 29 的众数和是"2".

31 的各位数字之和是：$3+1=4$. 即素数 31 的众数和是"4".

37 的各位数字之和是：$3+7=10,1+0=1$. 即素数 37 的众数和是"1".

41 的各位数字之和是：$4+1=5$. 即素数 41 的众数和是"5".

43 的各位数字之和是：$4+3=7$. 即素数 43 的众数和是"7".

47 的各位数字之和是：$4+7=11,1+1=2$. 即素数 47 的众数和是"2".

53 的各位数字之和是：$5+3=8$. 即素数 53 的众数和是"8".

59 的各位数字之和是：$5+9=14,1+4=5$. 即素数 59 的众数和是"5".

61 的各位数字之和是：$6+1=7$. 即素数 61 的众数和是"7".

67 的各位数字之和是：$6+7=13,1+3=4$. 即素数 67 的众数和是"4".

71 的各位数字之和是：$7+1=8$. 即素数 71 的众数和是"8".

73 的各位数字之和是：$7+3=10,1+0=1$. 即素数 73 的众数和是"1".

79 的各位数字之和是：$7+9=16,1+6=7$. 即素数 79 的众数和是"7".

83 的各位数字之和是：$8+3=11,1+1=2$. 即素数 83 的众数和是"2".

89 的各位数字之和是：$8+9=17,1+7=8$. 即素数 89 的众数和是"8".

97 的各位数字之和是：$9+7=16,1+6=7$. 即素数 97 的众数和是"7".

从前 25 个素数的验证中发现：

似乎所有素数（两位数以上）的各位数字之和都是 $1,2,4,5,7,8$.

似乎所有素数（两位数以上）的各位数字之和不可能出现 $3,6,9$. 因此，素数 3 是孤素数. 即把"3"表示为两位数"03"，其个位与十位数字之和为 $0+3=3$. 若有即把 3 分解为：$1+1+1=3$. 所以，由 111 组合成的任一个整数，有可能是素数. 如 111 是一个合数，因为分解为质因数 3 与 37，即 $111=3\times37$.

各位数字均为 1 的数叫"重一数"，记为 R_k（k 表示位数），在数学上称"重一数猜想". 从确定 R_{23} 是素数到确定 R_{317} 是素数整整花了 20 年时间，到目前为止，基本确定了当 $k=2,19,23,317,1031,49081,86453,109239$ 时，R_k 是素数.

所有素数(两位数以上)的各位数字之和分为 3 类:第一类是各位数字之和的众数和都是 1、5、7;第二类是各位数字之和的众数和都是 2、4、8;第三类是孤素数 3,唯一一个.

所有素数(两位数以上)的各位数字之和都遵循九进制运算规律与法则,如素数 7、79、97.

79 与 97 的各位数字之和是:$7+9=16, 1+6=7; 9+7=16, 1+6=7$.

79 与 97 的各位数字之差是:$-7-9=-16, -1-6=-7$;
$$-9-7=-16, -1-6=-7.$$

79 与 97 的各位数字之积是:$7 \times 9=63, 6+3=9$;
$$9 \times 7=63, 6+3=9.$$

所有素数(两位数以上)的各位数字之和遵循众数之和、众数之差、众数之积运算. 如素数 37 与 73.

37 与 73 的众数之和是:$3+7=10, 1+0=1; 7+3=10, 1+0=1$.

37 与 73 的众数之差是:$-3-7=-10, -1-0=-1$;
$$-7-3=-10, -1-0=-1.$$

37 与 73 的众数之积都是:$3 \times 7=21$. 但是 21 的众数之和是:$2+1=3$;众数之差是 $-2-1=-3$;众数之积是:$2 \times 1=2$.

8　二进制、九进制与数学系统

提到二进制,不能回避的两个问题是:一是二进制是谁发明的?是德国的莱布尼茨发明的,还是中国的圣贤伏羲发明的?二是八卦是最早的二进制吗?

目前基本解决了这两个问题的分歧焦点,西方学术界达成一致共识:八卦与二进制没有直接的联系. 一是因为中国的数字算术系统是十进制的;二是根据现有史料表明,中国先秦以前,还没有莱布尼茨二进制意义上的"零"的概念.

8.1　二进制是德国的莱布尼兹发明的

"1 与 0,一切数字的神奇渊源. 这是造物的秘密美妙的典范,因为,一切无非都来自上帝. "这是德国天才大师莱布尼茨(1646—1716)保存在德国图灵根州著名的郭塔王宫图书馆的珍贵手迹,即《二进制的数字运算规则及规律》.1679 年 3 月 15 日,莱布尼茨不仅发明了二进制算术原理,而且还发明了数字计算器,并且赋予了更深刻更丰富的宗教内涵.

他在写给当时在中国传教的法国耶稣士会牧师布维(Joachim Bouvet,1662—1732)的信中说:"第一天的伊始是 1,也就是上帝.第二天的伊始是 2,…,到了第 7 天,一切都有了.所以,这最后的一天也是最完美的.因为,此时世间的一切都已经被创造出来了.因此它被写作'7',也就是'111'(二进制中的 111 等于十进制的 7),而且不包含 0.只有当我们仅仅用 0 和 1 来表达这个数字时,才能理解,为什么第 7 天才最完美,为什么 7 是神圣的数字.特别值得注意的是第 7 天的特征写作二进制,是三位一体关联的'111'."

布维是莱布尼茨的好朋友,也是一位汉学大师,他把中国的先进文化、文明成果,介绍给 17、18 世纪的欧洲学术界.与莱布尼茨频繁的通信,布维把中国的《周易》、八卦介绍给了他,并阐释了《周易》在中国文化传统中的权威地位.

八卦,中国最古老的占卜预测系统,是用阴阳二爻(读作 yáo)排列组合形成"乾、兑、离、震、巽、坎、艮、坤"8 个符号,并进一步推演天下万事万物的运行发展变化的.据此,有人说二进制是古老八卦的中国翻版,是欠妥的.实际上,莱布尼茨是受中国阴阳太极的启发与影响,发明发现二进制的.只不过古老中国的八卦系统与他的二进制有着千丝万缕的必然联系.因为八卦是中国古老文化的阴阳哲学系统,莱布尼茨的二进制是数学系统中的数学算术运算系统罢了,两者是同源同宗不同系统.

另一种说法是莱布尼茨的另一好朋友坦泽尔(Wilhelm Ernst Tentzel).在他担任图灵根大公爵硬币珍藏室的领导时,他主管并珍藏着一枚印有八卦符号的硬币,莱布尼茨是否受此影响或启发,现在无法考证.

1701 年,莱布尼茨写信给在北京的神父 Grimaldi(中文名字闵明我)和 Bouvet(中文名字白晋)告知自己的新发明新发现,并由此激发清朝康熙皇帝对数学爱好、算术爱好的浓厚兴趣.

白晋很吃惊,因为莱布尼茨发明的"二进制算术"与中国最古老的学术书籍《周易》的核心部分 —— 八卦占筮预测系统,存在着某种本质上的相似,是巧合还是偶然,莱布尼茨着实很吃惊,他们俩肯定了《周易》对数学的发展起着不可磨灭的作用,同时深信古老的中国人已经掌握了二进制运算规律与技术,并在科学某些方面远远超越了现代的中国人.

由于,莱布尼茨发明的二进制算术指的不是古老的中国,而是未来.据文献考证,《周易》成书于殷末周初.两者形成时间相差太远.因此,把二进制与《周易》硬扯在一起的说法是站不住脚的,是经不起推敲的.所以,二进制算术运算与计时器是莱布尼茨发明的.

8.2　八卦是最早的二进制符号系统与哲学系统

相传,八卦是上古时代的圣贤伏羲所创.伏羲时代,中国古代正从渔猎社会向原始农业社会过渡.由于狩猎、捕鱼、放牧、采摘等生产上的需要,中国上古先民和其他民族,开始了对野兽、果实、鱼种、牛羊 … 等物体集合的数量计算与统计,对相对立事物进行划分与归属,对同一事物内部两种对立的方面进行属性归类.于是对野兽、果实、鱼种、牛羊 … 等数量多少、大小、高低、有无、雌雄、男女、远近 … 的归纳总结,抽象出用"阴阳"概念来表示替代,这是中国古先民对自然界、社会与宇宙的高度概括与认识.

"阴阳"两个概念不确指,都是称代作用的代词,具有泛指或宽泛意义.中国古代先民普遍认为宇宙间万事万物具有既对立又统一的阴阳两个方面,而且认为宇宙间万事万物的发展、变化、消亡都是阴阳两个事物不断影响、不断作用、不断转化的最后结果.把阴阳事物之间不断发展、转化、变化、对抗、消亡之间的关系称为"阴阳学说"."阴阳学说",也就顺理成章自然成了人类认识世界、发现世界、改造世界,掌握自然界规律最重要的一种思想认识方法与手段,并逐渐延伸、拓展、应用到五行、相生相克、人体、生理、病理、诊治、婚庆嫁娶、风水、建筑、中医学等其他分支或领域.

"阴阳"观点,是中国古代最朴素的一种唯物主义宇宙认识观、自然观、世界观.

对于人体而言,上为阳下为阴;外为阳内为阴;背为阳腹为阴;头在上为阳,足在下为阴.

对于动物而言,外露的皮毛为阳,内在的脏腑为阴;生命活动为阳,物质肉体为阴;向上的背为阳,向下的腹为阴.

对于自然界而言,男为阳,女为阴;日为阳,月为阴;火为阳,水为阴;天为阳,地为阴;白天为阳,黑夜为阴.

因此,"阴阳"是不确知的两个代词,"阳"代表事物具有动的、活跃的、刚强的等属性的一方面.如动、刚强、活跃、兴奋、积极、光亮、无形的、机能的、上升的、外露的、轻的、热的、增长、生命活动等."阴"代表事物的具有静的、不活跃、柔和的等属性的另一方面.如静、柔和、不活跃、抑制、消极、晦暗、有形的、物质的、下降的、在内的、重的、冷的、减少、肉体等.

由以上例子说明,阴阳学说,把宇宙间的万事万物,归纳为阴与阳两大类,是一种最朴素的唯物论和辩证思想,是最基本最高度最抽象的概括与总结.

阴阳,俗称"二仪"."阳"用阳爻符号来代替"一",其对应的数是"1"."阴"用阴爻符号来代替"--",其对应的数是"0".在《周易·易经》里,阴阳二爻又叫作"象",是指人类观察、认识事物在大脑意识中所形成的形象,这个形象已经不是具体的物象,而是带有高度归纳总结抽象性的形象,很类似文学作品中常常提到的"意象".因此,《周易·易经》里的"象",称为"意象"更贴切更妥当.

按照阴阳论,宇宙间的万事万物都有阴阳二象.两者再两两组合生成四象:大阴"⚏",其对应的数是"0";少阴"⚎",其对应的数是"1";少阳"⚍",其对应的数是"2";大阳"⚌",其对应的数是"3".

名称	大阴	少阴	少阳	大阳
符号	⚏	⚎	⚍	⚌
二进制数	00	01	10	11
十进制数	0	1	2	3

四象与阴阳两爻组合又生成八卦:乾、兑、离、震、巽、坎、艮、坤.相传,八卦是中国上古时候的圣贤明君伏羲创造发明.八卦代表 8 种事物:乾代表天,兑代表泽,离代表火,震代表雷,巽代表风,坎代表水,艮(读作 gèn)代表山,坤代表地.伏羲时代,我国正处于渔猎社会向农业社会过渡,由于打猎、耕种、捕鱼、放牧等社会生产上的需要 —— 计数计物,八卦就应运产生了.

		大阳 ⚌	大阴 ⚏	少阳 ⚍	少阴 ⚎
阳爻	一	乾 ☰	震 ☳	离 ☲	兑 ☱
阴爻	--	巽 ☴	坤 ☷	艮 ☶	坎 ☵

八卦中的每一卦都有上、中、下三画组成,又叫"三爻".上面一画叫

"上爻",中间一划叫"中爻",下面一划叫"初爻".初爻看作第一位上的数字,中爻看作第二位上的数字,上爻看作第三位上的数字.如果把阳爻"▬"当把阿拉伯数字中的"1",把阴爻"--"当把阿拉伯数字中的"0",那么就可以把八卦代表的二进制数表示如下:

名称	坤	震	坎	兑	艮	离	巽	乾
符号	☷	☳	☵	☱	☶	☲	☴	☰
二进制数	000	001	010	011	100	101	110	111
十进制数	0	1	2	3	4	5	6	7

坤:$000 = 0 \times 2^2 + 0 \times 2^1 + 0 \times 2^0$;

震:$001 = 0 \times 2^2 + 0 \times 2^1 + 1 \times 2^0$;

坎:$010 = 0 \times 2^2 + 1 \times 2^1 + 0 \times 2^0$;

兑:$011 = 0 \times 2^2 + 1 \times 2^1 + 1 \times 2^0$;

艮:$100 = 1 \times 2^2 + 0 \times 2^1 + 0 \times 2^0$;

离:$101 = 1 \times 2^2 + 0 \times 2^1 + 1 \times 2^0$;

巽:$110 = 1 \times 2^2 + 1 \times 2^1 + 0 \times 2^0$;

乾:$111 = 1 \times 2^2 + 1 \times 2^1 + 1 \times 2^0$.

所以,八卦实际上是最早的二进制.据后人推测,古人最早传入后世的易经雏形就是八卦,只有符号,没有数字,也没有文字.严格来说,组成八卦的符号系统与哲学系统是二进制的.据此,从阴阳学说对人们认识观、自然观、价值观、世界观的几千年的改变,旨在表明是中国上古时代的圣贤伏羲创造发明了二进制的符号系统与哲学系统,但是二进制的算术运算系统却是莱布尼茨发明的.

8.3 莱布尼茨发明了二进制数学算术系统

关于莱布尼茨的二进制数学算术系统,在他的数学手稿中言语异常简洁、精炼,简单描述解释为:$2^0 = 1, 2^1 = 2, 2^2 = 4, 2^3 = 8, 2^4 = 16, 2^5 = 32, 2^6 = 64, 2^7 = 128, 2^8 = 256, \cdots$,以此类推.

把等号右边的数字相加,就可以获得任意一个自然数.我们只需要说明:采用了2的几次方,而舍掉了2的几次方.二进制的表述序列都从右边开始,第一位是2的0次方,第二位是2的1次方,第三位是2的2次方,$\cdots$,

以此类推.一切采用2的乘方的位置,我们就用"1"来标志,一切舍掉2的乘方的位,我们就用"0"来标志.

8.3.1 二进制的数学算术系统

为方便现将二进制的数学算术系统统一列表如下:

加法运算			减法运算			乘法运算			除法运算		
+	0	1	−	0	1	×	0	1	÷	0	1
0	0	1	0	0	1	0	0	0	0	0	0
1	1	10	1	1	0	1	0	1	1	无	1

任何一个二进制的数 $a_1 a_2 \cdots a_{n-1} a_n$ 都可以转换为十进制的数(规律是2的指数幂:个位上的数字是0次,十位上的数字是1次,百位上的数字是2次,$\cdots$,依次增大),其数学转换表达式为:

$$a_1 a_2 \cdots a_{n-1} a_n = a_1 \times 2^{n-1} + a_2 \times 2^{n-2} + \cdots + a_{n-1} \times 2^1 + a_n \times 2^0 \quad (n \in \mathbb{N})$$

如二进制的数 11001 转换为十进制数 25.即

$$(11001)_2 = 1 \times 2^4 + 1 \times 2^3 + 0 \times 2^2 + 0 \times 2^1 + 1 \times 2^0 = (25)_{10}$$

任何一个十进制的整数都可以转换为二进制的数,其规律是"除以2取余,逆序排列",即除二取余法.

如十进制的数 123 转换为二进制数 1101111.即

$$(123)_{10} = (1101111)_2.$$

转换步骤是:

$123 \div 2 = 61 \cdots\cdots 1;$

$61 \div 2 = 30 \cdots\cdots 1;$

$30 \div 2 = 15 \cdots\cdots 0;$

$15 \div 2 = 7 \cdots\cdots 1;$

$7 \div 2 = 3 \cdots\cdots 1;$

$3 \div 2 = 1 \cdots\cdots 1.$

但是任何一个十进制的小数不一定可以转化有限位的二进制数,其规律却是"乘以2取整,顺序排列",即乘2取整法.

如十进制的数 0.75 转换为二进制的数 11.即

$$(0.75)_{10} = (11)_2.$$

转换步骤是:

$0.75 \times 2 = 1.50\cdots$ 取整为 1;

$0.5 \times 2 = 1.00\cdots$ 取整为 1.

再如十进制的数 0.618 不能转换为二进制的数:

$0.618 \times 2 = 1.236\cdots$ 取整为 1;

$0.236 \times 2 = 0.472\cdots$ 取整为 0;

$0.472 \times 2 = 0.944\cdots$ 取整为 0;

$0.944 \times 2 = 1.888\cdots$ 取整为 1;

$1.888 \times 2 = 3.766\cdots$ 取整为 3.

因为二进制的数字只有 0 与 1,没有数字 3,所以十进制的数 0.618 不能转换为二进制数.

8.3.2　计算机中的二进制逻辑运算

二进制,自从 18 世纪被德国的数理哲学大师莱布尼兹发现以来,被广泛地应用在现代计算机技术应用当中.二进制数学算术系统是用 0 和 1 两个数码来表示任意的数,其进位规则是"逢二进一",借位规则是"借一当二".这与十进制的进位有点相似 —— 进位规则是逢十进一,借位规则是"借一当十".所以,计算机的发明与应用被当作 20 世纪第三次科技革命的重要标志之一.因为数字计算机只能识别和处理由 0 与 1 符号串组成的代码,所使用的运算模式正是二进制系统,其数据在计算机中主要是以补码的形式存储的.

计算机中的二进制,是一个非常微小的开关,用"开"来表示 1,"关"来表示 0,使用二进制就可以进行逻辑运算了.这功劳要归功于 19 世纪的爱尔兰逻辑学家乔治布尔,他在对逻辑命题的思考过程中,发现计算机的逻辑关系是一种二值逻辑,二值逻辑可以用二进制的 1 或 0 来表示.例如: 1 表示"成立""是"或"真";0 表示"不成立""否"或"假"等.这样计算机的逻辑运算就转化为对符号 0 与 1 的二进制数学算术运算.因为它只使用 0、1 两个数字符号,非常简单方便,易于用电子方式实现.因此,乔治布尔基本解决了代数、逻辑、计算机三者在二进制之间的转换关系,也实现了"一分为二"的观点在数学、哲学、逻辑、计算机等各个领域系统间的统一认识.

8.4 八卦的代数运算系统是 —— 九进制

8.4.1 九进制的提出

中国古老的八卦是用乾、兑、离、震、巽、坎、艮、坤 8 个符号来诠释人世、诠释社会、诠释世界,对应着数字 1—8,若加上进位或占位数字 0,正好是九进制,所以八卦是九进制代数运算系统. 在数字"0"没有产生之前,进(占)位的数字是 9,不是数字 0. 所以,上古时代的八卦、河图、洛书,使用的九进制均采用的进(占)位数字是 9.

九进制是以 9 为基数的记数系统,在现代使用数字 0 ～ 8,在古代使用数字 1 ～ 9,在天文、地理、气象、地震、历法、时空等方面有着广泛的应用,但由于数学老师和数学书籍很少提及,使人们体会领略不到九进制的神奇性.

除了 3 以外,任何素数的个位数都不能是 0、3 或 6,否则就能被 3 整除. 一个九进制的数能被 2、4 或 8 整除,当且仅当各位数字之和能被 2、4 或 8 整除.

九进制的最初几个数为:

九进制	1	2	3	4	5	6	7	8	10	11	12	13	14	15	16
十进制	1	2	3	4	5	6	7	8	9	10	11	12	13	14	15
九进制	17	18	20	21	22	23	24	25	26	27	28	30	31	32	33
十进制	16	17	18	19	20	21	22	23	24	25	26	27	28	29	30

8.4.2 九进制的数学算术系统

九进制的加法表:

+	1	2	3	4	5	6	7	8
1	2	3	4	5	6	7	8	10
2	3	4	5	6	7	8	10	11
3	4	5	6	7	8	10	11	12
4	5	6	7	8	10	11	12	13
5	6	7	8	10	11	12	13	14
6	7	8	10	11	12	13	14	15
7	8	10	11	12	13	14	15	16
8	10	11	12	13	14	15	16	17

九进制的减法表：

－	1	2	3	4	5	6	7	8
1	0	－1	－2	－3	－4	－5	－6	－7
2	1	0	－1	－2	－3	－4	－5	－6
3	2	1	0	－1	－2	－3	－4	－5
4	3	2	1	0	－1	－2	－3	－4
5	4	3	2	1	0	－1	－2	－3
6	5	4	3	2	1	0	－1	－2
7	6	5	4	3	2	1	0	－1
8	7	6	5	4	3	2	1	0

九进制的乘法表：

×	1	2	3	4	5	6	7	8
1	1	2	3	4	5	6	7	8
2	2	4	6	8	11	13	15	17
3	3	6	10	13	16	20	23	26
4	4	8	13	17	22	26	31	35
5	5	11	16	22	27	33	38	44
6	6	13	20	26	33	40	46	53
7	7	15	23	31	38	46	54	62
8	8	17	26	35	44	53	62	71

九进制的除法表：

÷	1	2	3	4	5	6	7	8
1	1							
2	2	1						
3	3		1					
4	4	2		1				
5	5				1			
6	6	3	2			1		
7	7						1	
8	8	2		2				1

任何一个九进制的 $a_1 a_2 \cdots a_{n-1} a_n$ 都可以转换为十进制的数（规律是 9

的指数幂:个位上的数字是 0 次,十位上的数字是 1 次,百位上的数字是 2 次,…,依次增大),其数学转换表达式为:

$$a_1 a_2 \cdots a_{n-1} a_n = a_1 \times 9^{n-1} + a_2 \times 9^{n-2} \cdots a_{n-1} \times 9^1 + a_n \times 9^0 \qquad (n \in \mathrm{N})$$

如九进制的数 1234 转化为十进制的数是 922,即:

$$(1234)_9 = 1 \times 9^3 + 2 \times 9^2 + 3 \times 9^1 + 4 \times 9^0 = (922)_{10}.$$

任何一个十进制的整数都可以转换为九进制的数,其规律是整数部分一般使用连除法.用 9 除待转换数或上一步的商,求得余数,直至最后的商为零.将各次余数从后往前逆序排列,即为九进制下的整数部分.

如把三进制的数 2202122 转化为九进制的数是 2678.

解:分两步.第一步先把三进制的数 2202122 转化为十进制的数;第二步再把十进制的数转化为九进制的数.

第一步先把三进制的数 2202122 转化为十进制的数.

$$(2202122)_3 = 2 \times 3^6 + 2 \times 3^5 + 0 \times 3^3 + 1 \times 3^2 + 2 \times 3^1 + 2 \times 3^0$$
$$= 1458 + 486 + 0 + 54 + 9 + 6 + 2 = (2015)_{10}$$

第二步再把十进制的数 2015 转化为九进制的数.如十进制的数 2015 转化为九进制的数是 2678.

$$2015 \div 9 = 223 \cdots\cdots 8$$
$$223 \div 9 = 24 \cdots\cdots 7$$
$$24 \div 9 = 2 \cdots\cdots 6$$
$$2 \div 9 = 0 \cdots\cdots 2$$

三进制的数 2202122 转化为九进制的数是 2678,即

$$(2202122)_3 = (2015)_{10} = (2678)_9.$$

9　三进制、十进制与数学系统

三进制,和二进制一样,是以 3 为基数的进制.通常情况下,三进制使用 0,1,2 三个数字.但在逻辑运算的平衡三进制中,则使用 1,0,−1(记作 T) 来表示.如十进制的 12 在三进制中可表示为 110,即

$$(110)_3 = 1 \times 3^2 + 1 \times 3^1 + 0 \times 3^0 = (12)_{10}.$$

如十进制的 24 在三进制中可表示为 220,即

$$(220)_3 = 2 \times 3^2 + 2 \times 2^1 + 0 \times 2^0 = (24)_{10}.$$

如十进制的 365 在二进制中可表示为 101101101,在三进制中可表示为 111112,即

$$(101101101)_2 = 1 \times 2^8 + 0 \times 2^7 + 1 \times 2^6 + 1 \times 2^5 + 0 \times 2^4 + 1 \times 2^3$$
$$+ 1 \times 2^2 + 0 \times 2^1 + 1 \times 2^0 = (365)_{10}.$$

$$(111112)_3 = 1 \times 3^5 + 1 \times 3^4 + 1 \times 3^3 + 1 \times 3^2 + 1 \times 3^1 + 2 \times 3^0$$
$$= (365)_{10}$$

整数的三进制表示法不如二进制那样冗长,但仍然比十进制要长.例如,365 在二进制中的写法是 101101101(9 个数字),在三进制中的写法是 111112(6 个数字).

9.1 三进制的数学算术系统

为方便起见,现将三进制的数学算术系统统一列表如下:

加法运算				减法运算				乘法运算				除法运算			
+	0	1	2	−	0	1	2	×	0	1	2	÷	0	1	2
0	0	1	2	0	0	−1	−2	0	0	0	0	0	/	0	0
1	1	2	10	1	1	0	−1	1	0	1	2	1	/	1	0.1
2	2	10	11	2	2	1	0	2	0	2	11	2	/	2	1

任何一个三进制的数 $a_1 a_2 \cdots a_{n-1} a_n$ 都可以转换为十进制的数(规律是 3 的指数幂:个位上的数字是 0 次,十位上的数字是 1 次,百位上的数字是 2 次 $\cdots$,依次增大),其数学转换表达式为:

$$a_1 a_2 \cdots a_{n-1} a_n = a_1 \times 3^{n-1} + a_2 \times 3^{n-2} + \cdots + a_{n-1} \times 3^1 + a_n \times 3^0 \quad (n \in N)$$

任何一个十进制的整数都可以转换为三进制的数,其规律是整数部分一般使用连除法.用 3 除待转换数或上一步的商,求得余数,直至最后的商为零.将各次余数从后往前逆序排列,即为三进制下的整数部分.

例如十进制的 24 在三进制中可表示为 220,即:

$$(24)_{10} = (220)_3$$

步骤如下:

$$24 \div 3 = 8 \cdots\cdots 0;$$
$$8 \div 3 = 2 \cdots\cdots 2;$$

$2 \div 3 = 0 \cdots \cdots 2.$

例如十进制的 365 在三进制中可表示为 111112，即：

$$(365)_{10} = (111112)_3$$

步骤如下：

$365 \div 3 = 121 \cdots \cdots 2;$

$121 \div 3 = 40 \cdots \cdots 1;$

$40 \div 3 = 13 \cdots \cdots 1;$

$13 \div 3 = 4 \cdots \cdots 1;$

$4 \div 3 = 1 \cdots \cdots 1;$

$1 \div 3 = 0 \cdots \cdots 1.$

一个十进制的小数（或分数）可以转换为三进制的数，其规律是小数部分一般使用连乘法.用 3 乘待转换数或上一步的积，求得整数部分，将整数部分从前往后排列，即为三进制下的小数部分.但是任何一个十进制的小数不一定可以转化为有限位的三进制数.

例如十进制的 1.75 在三进制中可表示为 1.20，即

$$(1.75)_{10} = (1.20)_3.$$

步骤如下：

1.75 　　　　　　　　向下取整数为 1… 余数为 0.75；

$0.75 \times 3 = 2.25$ 　　向下取整数为 2… 余数为 0.25；

$0.25 \times 3 = 0.75$ 　　向下取整数为 0… 余数为 0.75，进入循环.

例如十进制的 1.618 在三进制中可表示为 1.12120，即：

$$(1.618)_{10} = (1.12120)_3$$

步骤如下：

1.618 　　　　　　　　向下取整数为 1… 余数为 0.618；

$0.618 \times 3 = 1.854$ 　　向下取整数为 1… 余数为 0.854；

$0.854 \times 3 = 2.562$ 　　向下取整数为 2… 余数为 0.562；

$0.562 \times 3 = 1.686$ 　　向下取整数为 1… 余数为 0.686；

$0.686 \times 3 = 2.058$ 　　向下取整数为 2… 余数为 0.058；

$0.058 \times 3 = 0.174$ 　　向下取整数为 0… 余数为 0.174，进入循环.

9.2 三进制计算机

三进制是一种以 $-1,0,1$ 为基本字符的表现形式. 例如, 365 在这种表示形式中的写法是 $1FFFFFF$（我们用 F 表示 -1）. 这种表示法也被称作对称三进制或平衡三进制.

三进制计算机, 是以三进制算术运算系统为基础发展起来的计算机. 三进制逻辑相比较现今的计算机使用二进制数字系统, 更接近人类大脑的思维方式. 二进制算术运算规则非常简单, 不能完全表达人类的想法. 在一般情况下, 命题不一定为真或假, 还可能为未知. 在三进制逻辑学中, 符号 1 代表真; 符号 -1 代表假; 符号 0 代表未知. 这种逻辑表达方式, 更符合计算机在人工智能方面的发展趋势. 它为计算机的逻辑运算、模糊运算和自主学习提供了可能, 但目前电子工程师对这种非二进制的研究大都停留在表面或形式上, 没有真正深入到实际应用中去.

由于电压存在着 3 种状态: 正电压（1）、零电压（0）和负电压（-1）. 三进制逻辑电路不但比二进制逻辑电路速度更快、可靠性更高, 而且需要的设备和电能也更少. 这些原因促成了三进制计算机 Cetyhb 的诞生.

其实, 早在 20 世纪五六十年代, 苏联莫斯科国立大学的研究人员就设计出了人类历史上第一批三进制计算机"Cetyhb"和"Cetyhb70"（"Cetyhb"是莫大附近一条流入莫斯科河的小河的名字）.

但由于苏联官僚对这个不属于经济计划一部分的"科幻产物——Cetyhb 计算机"持否定的态度, 最终使这个科研项目不得不无限期停顿下来. 虽然, "Cetyhb70"成了莫斯科国立大学三进制计算机的绝唱, 但是为荷兰计算机科学家艾兹格·W·迪科斯彻日后提出"结构化程序设计"思想打下了坚实的基础.

如果三进制使用逻辑运算的平衡三进制 $1,0,-1$（记作 F）来表示, 那么 $1,0,T$ 两两组合就可以构成进位制的十进制. 十进制在日常生活中应用比较广泛, 这里再不重复阐述.

10　我所理解的众数学

什么是"众"?众,是多的意思,与寡相对.大千世界,万事万物,有众数、众图、众形、众人、众物、众相、众生等千姿百态.众,本义是众人、大家.在《说文解字》中解释为:"众,从三人.""三"表示众多."众",表示众人站立起来.众,是品字形结构的字,如品、磊、晶、鑫、森、淼、焱等.

什么是"数学"?数学发展到今天,数学家很难给出一个统一的解释或下一个准确的定义.数学有两层意思:一是指学习、学问、科学之意;二是指狭隘且技术性的意义 ——"数学研究".即使在其语源内,其形容词意义和与学习有关的,也会被用来指数学的.中国古代把数学叫算术,又称算学,最后才改为数学.数学分为两部分,一部分是几何,另一部分是代数.

数学是利用符号语言研究数量、结构、变化及空间模型等概念的一门学科.数学,作为人类思维的表达形式,反映了人们积极进取的意志、缜密周详的逻辑推理及对完美境界的追求.虽然不同的传统学派可以强调不同的侧面,然而正是这些互相对立的力量的相互作用,以及它们综合起来的努力,才构成了数学科学的生命力、可用性和它的崇高价值.

不同时代、不同国家、不同民族的数学家,对数学的定义与本质认识,"仁者见仁、智者见智",其解释千差万别、各不相同.

关于数学的本质,言语论述比较精辟的首推恩格斯,他说:在纯数学中理性所涉及的只是自身创造和想象的产物,那是完全不对的.数和形的概念不是任何地方得来,而仅仅是从现实世界中得来的.数学是反映现实世界的,它产生于人们的实际需要,它的初始概念和原理的建立是以经验为基础的长期历史发展的结果.数学以确定的完全现实的材料作为自己的对象,不过它考察对象时完全舍弃其具体内容和质的特点.用简单的一句话总结,恩格斯认为数学是研究现实世界的数量关系和空间形式.[①]所以,恩格斯明确把数学从自然科学中划分出来.数学的本质特征在于其抽

---

① 见第 2 页注释 ①.

象性和概括性,独特的"公式语言",应用的广泛,数学结论的脱离实验的特征及它们逻辑的必然性和令人信服.

在苏联 A. D. 亚历山大洛夫等数学家为普及数学知识共同撰写的数学名著《数学:它的内容、方法和意义》①中强调数学的意义时说:数学不是先验的,而是从经验中产生的,不但数学概念本身,而且它的结论、方法都是反映现实世界的.抽象绝对不是数学所特有的,但是其他科学感兴趣的首先是自己的抽象公式同某个完全确定的现象领域的对应问题、研究已经形成的概念系统对给定现象领域的运用界限问题和所采用的抽象系统的相应更换问题,并把这作为最重要的任务之一.相反地,数学完全舍弃了具体现象去研究一般性质,在抽象的共性中考察这些抽象系统本身,而不管它们对个别具体现象的应用界限.可以说,数学抽象的绝对化才是数学所特有的.

从古希腊的柏拉图开始,许多人认为数学是研究模式的学问,著名数学家、逻辑学家怀特海(A. N. Whitehead,1861—1947)在《数学与善》的文章中说,"数学的本质特征就是:在从模式化的个体作抽象的过程中对模式进行研究,数学对于理解模式和分析模式之间的关系,是最强有力的技术."

1931 年,歌德尔(K,Godel,1906—1978)不完备性定理②的证明,宣告了公理化逻辑演绎系统中存在的缺憾,这样,人们又想到了数学是经验科学的观点,著名数学家冯·诺伊曼就认为,数学兼有演绎科学和经验科学两种特性.

美国数学家斯蒂恩认为:"数学是模式的科学,数学家们在寻找存在于数量空间、科学、计算机乃至想象的模式."

美籍匈牙利数学家波利亚(G. Poliva,1888—1985)认为:"数学有两个侧面,它是欧几里得式的严谨科学,但也是别的什么东西.由欧几里得方法提出来的数学看来像是一门系统的演绎科学,但在创造过程中的数

---

① [俄]A. D. 亚历山大洛夫等.数学:它的内容、方法和意义[M].孙小礼、赵孟养、裘光明译.湖南:科学出版社,2012,2

② 歌德尔第一不完备性定理:任意一个包含一阶谓词逻辑与初等数论的形式系统,都存在一个命题,它在这个系统中既不能被证明为真,也不能被证明为否.歌德尔第二不完备性定理:如果系统 S 含有初等数论,当 S 无矛盾时,它的无矛盾性不可能在 S 内证明.

学看来却像是一门实验性的归纳科学."

菲茨拜因(Efraim Fischbein)说:"数学家的理想是要获得严谨的、条理清楚的、具有逻辑结构的知识实体,这一事实并不排除必须将数学看成是个创造性过程 —— 数学本质上是人类活动,数学是由人类发明的."数学活动由形式的、算法的与直觉的等 3 个基本成分之间的相互作用构成.

库朗和罗宾逊(Courani Robbins)也说:"数学是人类意志的表达,反映积极的意愿、深思熟虑的推理,以及精美而完善的愿望,它的基本要素是逻辑与直觉、分析与构造、一般性与个别性.虽然不同的传统可能强调不同的侧面,但只有这些对立势力的相互作用,以及为它们的综合所做的奋斗,才构成数学科学的生命、效用与高度的价值."

伟大的数学家波利亚在他的《数学与猜想》①中强调指出:"数学被人看作是一门论证科学.然而这仅仅是它的一个方面,以最后确定的形式出现的定型的数学,好像是仅含证明的纯论证性的材料.然而,数学的创造过程是与任何其他知识的创造过程一样的,在证明一个数学定理之前,你先得猜测这个定理的内容,在你完全做出详细证明之前,你先得推测证明的思路,你先得把观察到的结果加以综合然后加以类比.你得一次又一次地进行尝试.数学家的创造性工作成果是论证推理,即证明.但是这个证明是通过合情推理,通过猜想而发现的.只要数学的学习过程稍微能反映出数学的发明过程的话,那么就应当让猜测、合情推理占有适当的位置."正是从这个角度,我们说数学的确定性是相对的,有条件的,对数学的形象性、似真性、拟经验性、"可证伪性"特点的强调,实际上是突出了数学研究中观察、实验、分析、比较、类比、归纳、联想等思维过程的重要性.

大数学家康托说:"数学的本质是自由".

如果没有数学,这个世界会怎么样?这句话强调的是数学的本质是什么?

在 18 世纪,数学史的先驱作家蒙托克莱(Montucl)说,他已听说了关于古希腊人首先称数学为"一般知识",这一事实有两种解释:一种解释是,数学本身优于其他知识领域;而另一种解释是,作为一般知识性的学

---

① [美]G.波利亚.数学与猜想[M].李心灿,王日爽,李志尧译.北京:科学出版社,1984.

科,数学在修辞学、辩证法、语法和伦理学等之前就结构完整了.蒙托克莱接受了第二种解释.他不同意第一种解释,因为在普罗克洛斯关于欧几里得的评注中,或在任何古代资料中,都没有发现适合这种解释的佐证.然而19世纪的语源学家却倾向于第一种解释,而20世纪的古典学者却又偏向第二种解释.但我们发现这两种解释并不矛盾,即很早就有了数学且数学的优越性是无与伦比的.

罗吉尔·培根(Bacon. Roger,英国自然科学、哲学家,1214—1294)说:"数学是科学大门的钥匙,忽视数学必将伤害所有的知识,因为忽视数学的人是无法了解任何其他科学乃至世界上任何其他事物的.更为严重的是,忽视数学的人不能理解他自己这一疏忽,最终将导致无法寻求任何补救的措施."

皮尔士·本杰明(Peirce. Benjamin,1809—1880)说:"数学不是规律的发现者,因为它不是归纳.数学也不是理论的缔造者,因为它不是假说.但数学却是规律和理论的裁判和主宰者,因为规律和假说都要向数学表明自己的主张,然后等待数学的裁判.如果没有数学上的认可,则规律不能起作用,理论也不能解释."

弗朗西斯·培根(Bacon. Francis,英国作家、哲学家、政治家和法理学家,1561—1626)却说:"历史使人聪明,诗歌使人机智,数学使人精细,哲学使人深邃,道德使人严肃,逻辑与修辞使人善辩."

Chancellor. W. E. 说:"学习数学是为了探索宇宙的奥秘.如所知星球与地层、热与电、变异与存在的规律,无不涉及数学真理.如果说语言反映和揭示了造物主的心声,那么数学就反映和揭示了造物主的智慧,并且反复地重复着事物如何变异为存在的故事.数学集中并引导我们的精力、自尊和愿望去认识真理,并由此而生活在上帝的大家庭中.正如文学诱导人们的情感与了解一样,数学则启发人们的想象与推理."

Butler. Nicholas Murray(1931年诺贝尔和平奖获得者)说:"笛卡尔的解析几何与牛顿、莱布尼茨的微积分已被扩张到罗巴切夫斯基、黎曼、高斯和塞尔维斯托的奇异的数学方法中(这种扩张比哲学史上所记载的任何一门学科的扩张更大胆).事实上,数学不仅是各门学科所必不可少的工具,而且它从不顾及直观感觉的约束而自由地飞翔着.历史地看,数学还从没有像今天那样表现出对于纯粹推理的至高无上."

B. Demollins 说："没有数学，我们无法看透哲学的深度；没有哲学，人们也无法看透数学的深度；而没有两者，人们什么也看不透."

日本数学教育家米山国藏说："学生在学校学的数学知识，毕业后若没什么机会去用，不到一两年，很快就忘掉了.然而，不管他们从事什么工作，唯有深深铭刻在头脑中的数学精神、数学的思维方法、研究方法、推理方法和看问题的着眼点等却随时随地发生作用，使他们终身受益."

从数量关系上看，众数、众图、众形、众物，蕴含着众数之和、之差、之积、之商、之幂的众运算关系，统一称为"众数学"；从知性或智慧上看，众人、众相，有人们认识自然创造自然改造自然的世界观、方法论，简称为"众哲学".

什么是众数学?众数学是以众集合体（简称"众"）为组成单位，利用符号（数、字母、图形、图像等）语言研究数量、结构、变化、空间模型以及系统、领域等概念的一门统一学科或综合性学科.

"众"是所有事物的客观存在，只是人们在日常生活中认识不够，忽视了这个发现罢了，它绝不是个人的主观臆想，不以个人的意志为转移，它早在人类产生之前就存在于自然界中.当把"众"这个最小组成单位从客观事物中科学地抽象出来时，就剥离了它的物质属性，保留了数量特征、数量形式、空间结构的共性罢了.

如人类社会是以家庭这个小集合单位构成的，家庭由男女以感情基础结合组成，爱情的结晶形成新的生命，组合成最小的社会单位，众集合体的元素个数是 3 个.一般情况下，有生命形成的群体，其组成的众集合体的最小单位的元素个数基本上是 3 个.

如军队是以"班"组织这个最小集合体单位构成的，没有班这个建制，军队无法壮大生存.我国军队班建制在满编情况下是由 8 个士兵组成，即班组织的众集合体的元素个数是 8 个.当然，关于军队里众集合体组成单位，用形象的一句话概括就是：三人一队，五人成伍；十人一班，百人成连；千人一军，万人成阵.

如中国目前大班化教学的班级，学生人数大约是 45 人左右；小班化教学的班级，学生人数大约是 25 人.所以学校的班级组织的众集合体的元素个数是 25 或 45 个.

……

众数学,与传统数论有着一定的关联,但是有它独立的数学运算系统、数学规律,并自成体系,因此把它归属于非传统数论.在这里,传统数论不能解决的诸如完美数、婚姻数、亲和数、梅森数、费马数、哥德巴赫猜想、费马大定理、$3x\pm1$问题等数论难题,都可以用众数学的运算规律给予解释.稍微具体一点,梅森数与梅森素数、费马数与费马素数、$3x\pm1$问题等数论难题都与二进制(即幂的2^n,n为自然数)有关;完美数、婚姻数、亲和数、哥德巴赫猜想与众数和有关;费马大定理与众数幂有关.在本书后面相关章节,给予了充分的阐述.

众数学,把各数学分支、各数学学科、各数学系统联结统一了起来.众数学,建立了众数和、众数差、众数积、众数商、众数幂代数运算系统并有其运算规律与法则.我们已经发现并应用的实数的加、减、乘、除四则运算及规律是众数学运算规律的特殊形式,即实数系数包含在众数学系统之中.众数学,把诸如完美数、婚姻数、亲和数、梅森数、费马数、哥德巴赫猜想、费马大定理、$3x\pm1$问题等传统数论中好像不相关联的一些问题、难题都联系了起来,并有可能实现统一解决.

众数学,把数学系统按进位关系分为两部分:内部系统与外部系统.按河图、洛书的大数理运算关系,内部系统,即符号系统或自身系统,是按2的各种形式的幂次方2^0、2^1、2^2、2^3、$\cdots$、2^n、$\cdots$(n为自然数)构建系统,与二进制、四进制、八进制、十六进制 $\cdots$ 有关;外部系统,是按3的各种形式的幂次方3^0、3^1、3^2、3^3、$\cdots$、3^n、$\cdots$(n为自然数)构建系统,与三进制、九进制、二十七进制、八十一进制 $\cdots$ 有关.因此,众数学可以利用神奇的九进制,把计数系统、计时系统统一起来,打破我们在常规生活中使用的,如在计数上使用的十进制、在时间上使用的十二进制、六十进制,在平衡逻辑上使用的二进制等.

11　建立众数学的目的与意义

众数学是本书试图要建立的一门数学学科.建立众数学,是为了克服数学在素数方面无法突破的技术障碍与思想壁垒.因此,建立众数学有其数学上的目的与意义,至少一点可以推动数学自身发展向前迈出一小步.

第一个意义是利用众数学突破了素数的数学技术瓶颈. 因为数论的大部分问题是用实数的加法来定义的, 而素数却是用乘法来定义的, 以往的数学认识、数学方法、数学手段无法克服这个技术瓶颈 —— 把加法与乘法两种运算统一起来, 但是众运算可以协调解决好这个无法调和的数学矛盾, 并予以统一. 如素数 79, 把各位数字相加的计算结果是: $7+9=16$, 再对 16 的各位数字相加的计算结果是: $1+6=7$. 这样素数 79 的第一次众数和是 "16", 第二次众数和是 "7", 即最小的众数和.

第二个意义是利用众数学发现了素数的分解规律与分布规律. 通过验证、猜想、不完全归纳法, 寻找到素数存在最小众数和 "1、5、7、2、4、8" 的一般性的性质结论, 因此素数存在 6 种分解规律与分布规律:

众数和 "1_+ 或 10_+" 的分解规律与分布规律;

众数和 "5_+" 的分解规律与分布规律;

众数和 "7_+" 的分解规律与分布规律;

众数和 "2_+" 的分解规律与分布规律;

众数和 "4_+" 的分解规律与分布规律;

众数和 "8_+" 的分解规律与分布规律.

按照素数不存在众数和 "6 或 9" 的性质结论, 即素数的各位数字相加的结果不可能被 "6 或 9" 整除, 亦即素数的最小众数和不可能出现 "6 或 9". 换句话说, 素数都不能被 6 或 9 整除. 如应用这个性质结论验证、筛选各位数字均为 1 的 "重一数", 即 $R_n = \overbrace{11\cdots11}^{n \uparrow 1}$ (n 表示位数) 是否是素数, 不难验证当 $n = 3k$, 即 $n = 3,6,9,12,15,\cdots,3k(k \in \mathrm{N}_+)$, 这些 "重一数" 111, 111111, 111111111, $\cdots$, 都不是素数.

同时, 两位数以上的所有素数按众数和分为 3 类: 第一类是各位数字之和的众数和都是 1、5、7; 第二类是各位数字之和的众数和都是 2、4、8; 第三类是孤素数 3, 唯一一个.

第三个意义是利用众数学发现了分解法与镶嵌法构造素数. 按照素数的众数和的一分为二、一分为三、一分为四、$\cdots$、一分为十的进位制分解规律, 可分为 6 类构造素数:

众数和 "1_+ 或 10_+" 的分解法与镶嵌法构造素数;

众数和 "5_+" 的分解法与镶嵌法构造素数;

众数和"7_+"的分解法与镶嵌法构造素数；

众数和"2_+"的分解法与镶嵌法构造素数；

众数和"4_+"的分解法与镶嵌法构造素数；

众数和"8_+"的分解法与镶嵌法构造素数.

第四个意义是利用众数学发现了素数链、素数圈的分布规律.按照素数存在"$1,5,7,2,4,8$"的一般性结论,素数的分布存在一定的规律性,打破了素数无规律可循的证据.

众数和"1_+ 或 10_+"的素数链与素数圈的分布规律；

众数和"5_+"的素数链与素数圈的分布规律；

众数和"7_+"的素数链与素数圈的分布规律；

众数和"2_+"的素数链与素数圈的分布规律；

众数和"4_+"的素数链与素数圈的分布规律；

众数和"8_+"的素数链与素数圈的分布规律.

第五个意义是利用众数学统一了实数的四则运算.提出和定义众运算的目的就是为了解决素数的加法与乘法运算的不相容不统一问题.众数学,可以建立众数和、众数差、众数积、众数商、众数幂代数运算系统并有其运算规律与法则.我们已经应用的实数的加、减、乘、除四则运算及规律,是众数学运算规律的特殊形式,即实数系统包含在众数学系统之中.很显然,实数的加减乘除四种运算,被众数学的众运算统一了.

众数学,把诸如完美数、婚姻数、亲和数、梅森数、费马数、哥德巴赫猜想、费马大定理、$3x \pm 1$ 问题等传统数论中好像不相关联的一些问题都联系了起来,并有可能实现统一解决.

第六个意义是利用众数学可以依次建构和完善数学自身的系统.

众数学,把数学系统按进位关系分为两部分:内部系统与外部系统.内部系统,即符号系统或自身系统,是按2的各种形式的幂次方 2^0、2^1、2^2、2^3、$\cdots$、2^n、$\cdots$(n 为自然数)构建系统,与二进制、四进制、八进制、十六进制 $\cdots$ 有关,也即数学内部自身的完善问题.外部系统,即应用系统或发展系统,是按 3 的各种形式的幂次方 3^0、3^1、3^2、3^3、$\cdots$、3^n、$\cdots$(n 为自然数)构建系统,与三进制、九进制、二十七进制、八十一进制 $\cdots$ 有关,可以渗透应用到其他学科领域并加以发展、拓展,也即数学自身的发展应用问题.

第七个意义是利用众数学实现了数学认识上有限与无限的相互

转化.

　　没有哲学理论基础支撑的数学认识,只能是肤浅的认识,也许是昙花一现、空中楼阁.传统数论,对数的认识,只完成了从有限到无限的多次扩充,如自然数 → 整数 →(正整数、负整数、零)→ 分数 → 有理数 → 无理数 → 实数 → 虚数 → 复数多元数 → 向量 → 矩阵 → 张量 → ⋯,没有完成从无限到有限的多次收缩.因此,传统数学在自身发展方面,即纯粹数学理论的发展到目前为止,基本上可以说是止步不前的.而众数学的提出与定义,实现了由有限到无限的多次扩充,和由无限到有限的多次收缩,即"有限 → 无限 → 有限"的多次的循环往复的实践认识,从而达到了数学哲学认识的高度,解决了数学自身发展的认识问题.众数和、众数差、众数积、众数商、众数幂的基本数学认识是"大数变小数,小数变大数",也与我们常常讲的"有限到无限,无限到有限"的哲学认识思想是相通的、相符合的.如数 8192,用 2 的方幂表示为 2^{13},即 $8192 = 2^{13}$.在 $3x \pm 1$ 问题上,8192 被称为"灯塔数".8192 的各位数字相加的结果是:$8+1+9+2 = 20$,再对 20 的各位数字相加的结果是:$2+0 = 2$.即最小众数和是 2.而幂 2^{13},利用众数幂计算的结果是:$[2^{13}]_+ = [2^{2 \times 6 + 1}]_+ = 2$.因此两种运算的结果是一致的.通过众数和、众数幂二种运算,实现了大数 8192 向小数 2 的收缩转换,也实现了小数 2 向大数 8192 的扩充转换.

　　众数学,借助众数之和、之差、之积、之商、之幂的众运算数理关系,可以消除数学专门研究化的日趋倾向,使数学家们清醒地认识到数学是一个有机的统一体,不可分割开来去加以认识、研究、应用.同时,我们也不必担心像大数学家希尔伯特在他的《23 个数学问题》著名演讲报告的结束语,强调指出的那么悲观:"我们面临着这样的问题,数学会不会遭到像其他科学那样的厄运 —— 被分割成许多孤立的分支,他们的代表人物很难相互理解,它们的关系变得更松懈了?我不相信也不希望出现这样的情况.我认为,数学科学是一个不可分割的有机整体,它的生命力正是在于各个部分之间的联系!"希尔伯特从统一数学的角度出发,高瞻远瞩地描绘了一幅未来数学发展的整体宏伟蓝图,以增进数学家们的相互理解、相互促进,避免防止数学过度分化的危险.众数学,就是站在这样的高度与视角,建构起来的一座数学大厦,好比一座摩天大楼,等待一批又一批的数学家们去挖掘、去研究、去发现、去应用.

第二章　众运算的法则与规律

本章导读：

众数学不同于以往的数学,有别于实数的加减乘除运算,是一门新的数学.众数学的众数之和、之差、之积、之商、之幂的运算规律与法则,统称为众运算.众运算,是一种新的数学运算,遵循九进制运算规律与法则,即精准"九定律".最后应用众运算阐释河图、洛书,目的是推陈出新、古为今用.

1　众数和

1.1　众数和的定义

任何一个正整数 n 都可以表示为 $a_1a_2\cdots a_n(a_i=0,1,2,3,4,5,6,7,8,$ 9 且 $i\in \mathbf{N}_+)$.如果把正整数 n 每一个位上的数字相加,即

$$a_1+a_2+\cdots +a_n=\sum_{i=1}^{n}a_i$$

则把这个和 $\sum_{i=1}^{n}a_i$,称其为"众数和".如果得到的和大于 10,再把这个和每一个位上的数字继续相加,如果得到的和仍大于 10,再把这个和每一个位上的数字继续相加,…,以此下去,如果得到的和小于 10,则称其为最小的"众数和".显然任何一个正整数 n 的最小的"众数和"都可以归纳为 1,2,3,4,5,6,7,8,9.为方便,各记作 $1_+,2_+,3_+,4_+,5_+,6_+,7_+,8_+,$ 9_+ .如正整数 123456789 的各位数字相加,其众数和为 45,再相加,则最小的"众数和"(the addition of Groupnumber,缩写为" $G()_+$ ")为"9".

$G(123456789)_+ = 1+2+3+4+5+6+7+8+9 = 45.$

$G(45)_+ = 4+5 = 9.$

这里为书写方便,"众数和"的数学符号"$G()_+$"省略"G",则简写为"$()_+$".因此,正整数 123456789 的"众数和"又可简写为:

$(123456789)_+ = 1+2+3+4+5+6+7+8+9 = 45.$

$(45)_+ = 4+5 = 9.$

在这里为认识、归类方便,把 45、123456789 等这样的正整数构成的集合称为"众数和集",记作$[9_+]$,即所有元素的最小"众数和"都是"9".以此类比,所有正整数的最小的"众数和集",共 9 类,各记作:$[1_+]$,$[2_+]$,$[3_+]$,$[4_+]$,$[5_+]$,$[6_+]$,$[7_+]$,$[8_+]$,$[9_+]$.因为$[0_+]$与$[9_+]$同类.同时,把实数"0"的"众数和",记作 0_+,构成的"众数和集"记作$[0_+]$.其中$[0_+] = \{0\}$.如 123456789 与 45 都是众数和集$[9_+]$中的元素,即 $G(123456789)_+ \in [9_+]$,$G(45)_+ \in [9_+]$.

1.2   众数和的加法运算

众数和的加法运算如下:

$+$	1_+	2_+	3_+	4_+	5_+	6_+	7_+	8_+	9_+
1_+	2_+	3_+	4_+	5_+	6_+	7_+	8_+	9_+	1_+
2_+	3_+	4_+	5_+	6_+	7_+	8_+	9_+	1_+	2_+
3_+	4_+	5_+	6_+	7_+	8_+	9_+	1_+	2_+	3_+
4_+	5_+	6_+	7_+	8_+	9_+	1_+	2_+	3_+	4_+
5_+	6_+	7_+	8_+	9_+	1_+	2_+	3_+	4_+	5_+
6_+	7_+	8_+	9_+	1_+	2_+	3_+	4_+	5_+	6_+
7_+	8_+	9_+	1_+	2_+	3_+	4_+	5_+	6_+	7_+
8_+	9_+	1_+	2_+	3_+	4_+	5_+	6_+	7_+	8_+
9_+	1_+	2_+	3_+	4_+	5_+	6_+	7_+	8_+	9_+

上述又称"众数和"运算的"九九"口诀表.如果 1_+、2_+、3_+、4_+、5_+、6_+、7_+、8_+、9_+,分别取数于 1,2,3,4,5,6,7,8,9,那么"众数和"运算的"九九"口诀表,即为实数加法运算的"九九"口诀表,但有别于实数的加法口诀.在这里,笔者采用上古时候的"精准九进制":进位或占位的数字是 9,不是数字 0.而不是现代的"九进制"(进位或占位的数字是 0),是为了避免

数字 0 带来的麻烦,使读者更好地认识众运算. 本节后面其他几种众运算也类同.

1.3 众数和的加法运算规律

"众数和"是一类特殊的实数,所以其加法的运算规律仍然满足实数的加法交换律、结合律和分配律. 若用 a_+、b_+、c_+ 代替 9 个"众数和",则"众数和集"的加法运算规律是:

(1) 交换律:$a_+ + b_+ = b_+ + a_+$

(2) 结合律:$a_+ + b_+ + c_+ = (a_+ + b_+) + c_+ = a_+ + (b_+ + c_+)$

(3) 分配律:$n(a_+ + b_+) = na_+ + nb_+$

$$(a_+ + b_+)n = a_+ n + b_+ n$$

例 1   计算下列各数的众数和.

(1)29   (2)138   (3)3876   (4)74207281

解:(1) 按照众数和的运算法则,29 的众数和是:$2 + 9 = 11$;再对 11 求众数和是:$1 + 1 = 2$.为方便,称"2"是"29"的最小众数和,简称"众数和","11"是"29"的第一级众数和,"2"是"29"的第二级众数和. 以下类同.

(2) 按照众数和的运算法则,138 的众数和是:$1 + 3 + 8 = 12$;再对 12 求众数和是:$1 + 2 = 3$. 所以,"138"的最小众数和是"3",第一级众数和是"12",第二级众数和是"3".

(3) 按照众数和的运算法则,3876 的众数和是:$3 + 8 + 7 + 6 = 24$;再对 24 求众数和是:$2 + 4 = 6$. 所以,"3876"的最小众数和是"6",第一级众数和是"24",第二级众数和是"6".

(4) 按照众数和的运算法则,74207281 的众数和是:$7 + 4 + 2 + 0 + 7 + 2 + 8 + 1 = 31$;再对 31 求众数和是:$3 + 1 = 4$. 所以,"74207281"的最小众数和是"4",第一级众数和是"31",第二级众数和是"4".

例 2   计算下列电话号码与手机号码的众数和.

(1)85794632   (2)85797126

(3)13106789124   (4)13627485327

解:(1) 按照众数和的运算法则,85794632 的众数和是:$8 + 5 + 7 + 9 + 4 + 6 + 3 + 2 = 44$;再对 44 求众数和是:$4 + 4 = 8$. 所以,"85794632"的

最小众数和是"8",第一级众数和是"44",第二级众数和是"8".

(2) 按照众数和的运算法则,85797126 的众数和是:$8+5+7+9+7+1+2+6=45$;再对 45 求众数和是:$4+5=9$. 所以,"85797126" 的最小众数和是"9",第一级众数和是"45",第二级众数和是"9".

(3) 按照众数和的运算法则,13106789124 的众数和是:$1+3+1+0+6+7+8+9+1+2+4=42$;再 42 求众数和是:$4+2=6$. 所以,"13106789124" 的最小众数和是"6",第一级众数和是"42",第二级众数和是"6".

(4) 按照众数和的运算法则,13627485327 的众数和是:$1+3+6+2+7+4+8+5+3+2+7=48$;再对 48 求众数和是:$4+8=12$;再对 12 求众数和是:$1+2=3$. 所以,"13627485324" 的最小众数和是"3",第一级众数和是"48",第二级众数和是"12",第三级众数和是"3".

中国科幻作家高国新在其科幻作品《最后的谜题》中,将各位数字之和出现的规律命名为"众数和定律". 似乎大多数人都发现了这"众数和定律",但是各数字之积、之差、之商、之幂是否也有这样的规律,发现者却寥寥无几. 在本节后面就揭示这些规律.

例 3　计算下列第二代身份证号码的众数和.

(1)642123198507120015　　　　(2)320503197612122516

解:(1) 按照众数和的运算法则,"642123198507120015" 的众数和是:$6+4+2+1+2+3+1+9+8+5+0+7+1+2+0+0+1+5=57$;再对 57 求众数和是:$5+7=12$;再对 12 求众数和是:$1+2=3$. 所以,"642123198507120015" 的最小众数和是"3",第一级众数和是"57",第二级众数和是"12",第三级众数和是"3".

(2) 按照众数和的运算法则,"320503197612122516" 的众数和是:$3+2+0+5+0+3+1+9+7+6+1+2+1+2+2+5+1+6=56$;再对 56 求众数和是:$5+6=11$;再对 11 求众数和是:$1+1=2$. 所以,"320503197612122516" 的最小众数和是"2",第一级众数和是"56",第二级众数和是"11",第三级众数和是"2".

例 4　用众数和解释 2 个黑洞数"6174,495".

美籍华裔物理学家诺贝尔奖获得者杨振宁教授曾钟情于"黑洞数 6174". 这是因为将"6174",由大到小重新排列得到一个新数 7641,再将这个数由小到大排列得到一个新数是 1467,将大数 7641 减去小数 1467,就得到"黑洞数 6174",即 7641 − 1467 = 6174.

其实,任意四位数(最多允许 3 位相同),将其数字由大到小排列减去其由小到大排列的数字,最终都可得到"黑洞数 6174".

如四位数 1386,第一步将这个数由大到小排列是 8631,由小到大排列是 1368,将大数 8631 减去小数 1368,得到 8631 − 1368 = 7263.第二步继续按大小重新排列,得到两个新数,并做差,即 7632 − 2367 = 5262.接着重复上面继续做下去,就有

6522 − 2256 = 4266,6642 − 2466 = 4176,7641 − 1467 = 6174.

在计算到第五步时,就出现了"黑洞数 6174".

有兴趣的读者计算这些四位数(1341,1791,1476,1566,1836,1206,1701,1431,1611,1521,1746,1296,1656,1251,18814),在最多 6 步时也可得到"黑洞数 6174".

同样,207,109,179,137,165,193,151,221,123 等三位数在最多 6 步时,可得到"黑洞数 495".219,216,192,207,165,174,234,142,159,183,150 等三位数在最多 6 步时,可得到"黑洞数 495".

下面用众数和运算来解释这 3 个"黑洞数".

"6174"用众数和解释是:6 + 1 + 7 + 4 = 18,1 + 8 = 9.

"495"用众数和解释是:4 + 9 + 5 = 18,1 + 8 = 9.

因此,2 个"黑洞数"6174、495 的众数和都是"9".聪明的读者,五位数及五位数以上的"黑洞数"你能找出来吗?并验证是否存在众数和"9"的结论.

例 5　相传在公元前大禹治水的时代,在黄河支流洛水中,浮现出一个大乌龟,甲上背有 9 种花点的图案,人们将图案中的花点数了一下,竟惊奇地发现 9 种花点数正巧是 1—9 这 9 个数,各数位置的排列也相当奇妙,横的三行与竖的三列及对角线上各自的数字之和都为 15,后来人们就把这个图案称为"洛书",如图 2-1 所示,后人也称"九宫图".据传说,在远古的伏羲时代,有一种神奇的龙马,背负着一张神奇的图,出现孟河水面上,象征喜庆.这张神奇的图上面也有 9 种花点图案组成,和洛书一样,也正巧是 1—9 这 9 个数,各数位置的排列也相当奇妙,外面的数减去里面相应的一个数等于中心之数.后来人们根据这张图出现在孟河之上,便称

为"河图",如图 2-2 所示.

洛书的三行三列及对角线诸数之和都是 15.

$4+3+8=15, 9+5+1=15, 2+7+6=15, 4+9+2=15,$

$3+5+7=15, 8+1+6=15, 4+5+6=15, 2+5+8=15.$

由于 $1+5=6$. 所以,洛书是用"6"原则. 洛书的数理规律遵循众数之和的大统一数学运算规律.

4	9	2
3	5	7
8	1	6

图 2-1　洛书

		7		
		2		
8	3	5	4	9
		1		
		6		

图 2-2　河图

河图的外格的一个数减去里格相应的一个数等于中心数为"5".

$6-1=5, 7-2=5, 8-3=5, 9-4=5;$

$76521-12567=63954, 98543-34589=63954.$

如果计算"63954"的众数之和得到:$6+3+9+5+4=27$,再进一步对"27"求众数之和得到:$2+7=9$.

$7621-1267=6354, 9843-3489=6354.$

如果计算"6354"的众数之和得到:$6+3+5+4=18$,再进一步对"18"求众数之和得到:$1+8=9$.

所以,河图是用"9"原则. 如果把计算河图的中心数"5"及差值"63954"在下一节统称为"众数之差"的运算,那么河图的数理规律遵循众数之差的大统一数学运算规律.

中国的"洛书",其运算数理是众数"6"的运算规律. 如:$3+7+5=15, 1+5=6$. 中国的"河图",其运算数理是众数"9"的运算规律. 如:$76521-12567=63954, 6+3+9+5+4=27, 2+7=9$.

2　众数差

2.1　众数差的定义

任何一个正整数 n 都可以表示为 $a_1 a_2 \cdots a_n (a_i = 0,1,2,3,4,5,6,7,8,9$ 且 $i \in N_+)$. 如果把正整数 n 每一个位上的数字相减,即:

$$-a_1 - a_2 - \cdots - a_n = -\sum_{i=1}^{n} a_i,$$

则把这个差 $-\sum_{i=1}^{n} a_i$,称其为"众数差". 如果得到的差的绝对值大于10,再把这个差每一个位上的数字继续相减,得到的差的绝对值仍大于10,再把这个差每一个位上的数字继续相减,$\cdots$,如此下去,得到的差的绝对值小于10,则称其为最大的"众数差". 显然任何一个正整数 n 的最大的"众数差"都可以归纳为 $-1, -2, -3, -4, -5, -6, -7, -8, -9$. 为方便,各记作 $1_-, 2_-, 3_-, 4_-, 5_-, 6_-, 7_-, 8_-, 9_-$. 如正整数 123456789 的各位数字相减,其众数差为 -45,再相减,则最大的"众数差"(the subtraction of Groupnumber,缩写为"$G()_-$") 为"-9".

$$G(123456789)_- = -1 - 2 - 3 - 4 - 5 - 6 - 7 - 8 - 9 = -45$$

$$G(45)_- = -4 - 5 = -9$$

在这里为书写方便,"众数差"的数学符号"$G()_-$"省略"G",则简写为"$()_-$". 因此,正整数 123456789 的"众数差"又可简写为:

$$(123456789)_- = -1 - 2 - 3 - 4 - 5 - 6 - 7 - 8 - 9 = -45.$$

$$(45)_- = -4 - 5 = -9.$$

在这里为认识、归类方便,把 45、1234567989 等这样的正整数构成的集合称为"众数差集",记作 $[9_-]$,即所有元素的最大"众数差"都是"-9". 以此类比,所有正整数的最大的"众数差集",共有 9 类,各记作:$[1_-]$、$[2_-]$、$[3_-]$、$[4_-]$、$[5_-]$、$[6_-]$、$[7_-]$、$[8_-]$、$[9_-]$. 因为 $[0_-]$ 与 $[9_-]$ 同类. 同时,把实数"0"的"众数差",记作 0_-,构成的"众数和集"记作 $[0_-]$. 其中 $[0_-] = \{0\}$. 如 123456789 与 45 都是众数和集 $[9_-]$ 中的元素,即

$G(123456789)_- \in 9_-$,$G(45)_- \in 9_-$.

2.2　众数差的运算

众数差的运算法则如下：

—	1_	2_	3_	4_	5_	6_	7_	8_	9_
1_	0_								
2_	1_	0_							
3_	2_	1_	0_						
4_	3_	2_	1_	0_					
5_	4_	3_	2_	1_	0_				
6_	5_	4_	3_	2_	1_	0_			
7_	6_	5_	4_	3_	2_	1_	0_		
8_	7_	6_	5_	4_	3_	2_	1_	0_	
9_	8_	7_	6_	5_	4_	3_	2_	1_	0_

上述又称"众数差"运算的"九九"口诀表.如果1_、2_、3_、4_、5_、6_、7_、8_、9_,分别取数于1、2、3、4、5、6、7、8、9,那么"众数差"运算的"九九"口诀表,即为实数减法运算的"九九"口诀表,但有别于实数的减法口诀.

2.3　众数差的运算规律

"众数差"是一类特殊的实数,所以其减法的运算规律仍然满足实数的减法相反律、结合律和分配律.若用a_+、b_+、c_+代替9个"众数和",则"众数差集"的减法运算规律是：

(1) 相反律：　　　$b_+ = -(-b_+)$

(2) 结合律：　　　$a_+ - b_+ - c_+ = (a_+ - b_+) - c_+ = a_+ - (b_+ + c_+)$

(3) 分配律：　　　$n(a_+ - b_+) = na_+ - nb_+$

　　　　　　　　　$(a_+ - b_+)n = a_+ n - b_+ n$

例1　求下列各数的众数和与众数差.

(1)23　　　　　　(2)354　　　　　　(3)3428

解：(1)23的众数和是：$2+3=5$.23的众数差是：$-2-3=-5$.用众数和、众数差的运算符号表示为：$G(23)_+ = 2+3 = 5$;$G(23)_- = -2-3$

$= -5.$

(2)354 的各位数字相加计算得到的结果是:$3+5+4=12$,再对 12 的各位数字相加计算得到的结果是:$1+2=3$.

所以,354 的众数和是 3.用众数和的运算符号表示为:$G(354)_+=3+5+4=12,G(12)_+=1+2=3$.

354 的各位数字相减计算得到的结果是:$-3-5-4=-12$,再对 12 的各位数字相减计算得到的结果是:$-1-2=-3$.

所以,354 的众数差是 -3.用众数差的运算符号表示为:$G(354)_-=-3-5-4=-12,G(12)_-=-1-2=-3$.

例 2 计算下列两个数的差值的众数和与众数差.

(1)72 与 43   (2)256 与 73

解:(1) 因为 $72-43=29$,所以 29 的众数和是:$2+9=11,1+1=2.29$ 的众数差是:$-2-9=-2$.

另一种解法是: 72 的众数和是:$7+2=9$.

43 的众数和是:$4+3=7$.

29 的众数和是:$2+9=11,1+1=2$.

72 的众数和"9"减去 43 的众数和"7",得到差值的结果是"2".与直接对差值 29 求众数和"2"的结果相一致.即用众运算表示为:

$G(72)_+ - G(43)_+ = (7+2)-(4+3)=9-7=2.$

因此,$72-43=29$ 的众数和是:$2+9=2$.

$72-43=29$ 的众数差是:$-2-9=-2$.

(9 在众数和与差的运算中,只有占位与进位之义,相当于实数运算的 $2+9=2,-2-9=-2$.在此再强调)

(2) 因为 $256-73=183$,所以先对 183 求众数和的结果是:$1+8+3=12$,再对 12 求众数和的结果是:$1+2=3$,即 183 的众数和是 3.

先 183 求众数差的结果是:$-1-8-3=-12$,再对 12 求众数差的结果是:$-1-2=-3$,即 183 的众数差是 -3.

另一种解法是:

256 的众数和是:$2+5+6=13,1+3=4$.

73 的众数和是:$7+3=10,1+0=1$.

183 的众数和是:$1+8+3=12,1+2=3$.

256 的众数和"4"减去 73 的众数和"1",得到差值的结果是众数和"3".与直接对差值 183 求众数和的结果"3"相一致.即用众运算表示为:

$$G(256)_+ - G(73)_+ = (2+5+6) - (7+3) = 13 - 10 = 3.$$

因此,$256 - 73 = 183$ 的众数之和是 3,$256 - 73 = 183$ 的众数之差是 -3.

【注】　求两个数 A 与 B 差值的众数之差,有两种方法:

第一种方法是先计算差值 $A - B$,再对差值结果,求众数差运算即可得到.即步骤是:(1)先求差值 $A - B = C$;(2)再求差值 C 的众数差运算:$(C)_- = ?$

第二种方法是先对减数 A 与被减数 B 分别求众数和运算,其运算结果的两个众数和相减即得到 A 与 B 差值的众数和,再取相反数,即得到差值的众数差运算结果.即步骤是:(1)先求减数 A 与被减数 B 的众数和:$(A)_+ = ?$ 与 $(B)_+ = ?$(2)再对众数和结果求差运算:$(A)_+ - (B)_+ = ?$(3)取第二步结果的相反数即得到结果.

例 3　请计算如图 2-3 所示,河图(中心数为"5")的众数之和、之差.

中心数为"5"的河图,其列与行存在为"8"与"3"的众数之和规律.

$7 + 1 = 2 + 6 = 8.$

$8 + 4 = 3 + 9 = 12, 1 + 2 = 3.$

		7		
		2		
8	3	5	4	9
		1		
		6		

图 2-3　河图(中心数为"5")

中心数为"5"的河图,其列与行均存在为"5"的众数之差规律.

$7 - 2 = 6 - 1 = 5, 8 - 3 = 9 - 4 = 5.$

中心数为"5"的河图,其行的众数之和运算结果是众数和"2".

$8 + 3 + 5 + 4 + 9 = 29, 2 + 9 = 11, 1 + 1 = 2.$

中心数为"5"的河图,其列的众数之和运算结果都是众数和"3".

$7 + 2 + 5 + 1 + 6 = 21, 2 + 1 = 3.$

中心数为"5"的河图任意一行的数字顺序交换后两两相减,所得众数之差运算结果都是众数和"9".

$83549 - 54938 = 28600, 2 + 8 + 6 + 1 + 1 = 18, 1 + 8 = 9.$

中心数为"5"的河图任意一列的数字顺序交换后两两相减,所得众数之差运算结果都是众数和"9".

$72516 - 26157 = 46359, 4 + 6 + 3 + 5 + 9 = 27, 2 + 7 = 9.$

所以,中心数为"5"的河图 —— 众数和是用"2"或用"3"原则,不均衡;众数差是用"9"原则,均衡.因此,古河图众数和不均衡不和谐.

例 4 按照众数和与差,河图行与列不存在相等或平衡关系.为调整相等或平衡关系构造出新的中心数为"5"的河图,如图 2-4 所示.请根据河图的众数和、众数差计算中心数为"5"的新河图的众数之和、之差.

中心数为"5"的新河图,其列与行均存在为"1"的众数之和规律.

$7 + 3 = 2 + 8 = 10, 6 + 4 = 1 + 9 = 10,$
$1 + 0 = 1.$

中心数为"5"的新河图,其列与行均存在为"5"的众数之差规律.

	7			
	2			
6	1	5	4	9
	3			
	8			

图 2-4 新河图(中心数为"5")

$7 - 2 = 8 - 3 = 5, 6 - 1 = 9 - 4 = 5.$

中心数为"5"的新河图,其行的众数之和运算结果是众数和"7".

$6 + 1 + 5 + 4 + 9 = 25, 2 + 5 = 7.$

中心数为"5"的新河图,其列的众数之和运算结果是众数和"7".

$7 + 2 + 5 + 3 + 8 = 25, 2 + 5 = 7.$

所以,中心数为"5"的河图,即古河图 —— 众数和是用"1"原则,众数差是用"7"原则.因此,古河图众数和不均衡不和谐,新河图众数和均衡、和谐.

例 5 如图 2-5 所示是由古河图构造的中心数为"15"的河图,请根据河图的众数和、众数差计算中心数为"15"的河图的众数之和、之差.

中心数为"15"的河图,其列与行存在为"1"与"5"的众数之和规律.

$17 + 11 = 12 + 16 = 28, 2 + 8 = 10, 1 + 0 = 1.$
$18 + 14 = 13 + 19 = 32, 3 + 2 = 5.$

中心数为"15"的河图,其列与行均存在为"5"的众数之差规律.

	17			
	12			
18	13	15	14	19
	11			
	16			

图 2-5 河图(中心数为"15")

$17 - 12 = 16 - 11 = 5, 18 - 13 = 19 - 14 = 5.$

中心数为"15"的新河图,其行的众数之和运算结果是众数和"7".

$18 + 13 + 15 + 14 + 19 = 79, 7 + 9 = 16, 1 + 6 = 7.$

中心数为"15"的新河图,其列的众数之和运算结果是是众数和"8".

$17+12+15+11+16=71,7+1=8.$

例 6 下面构造的是中心数为"1"的河图,如图 2-6 所示,请计算河图的众数之和、之差.

中心数为"1"的河图,其列与行均存在为"2"的众数之和规律.

$9+2=8+3=11,1+1=2.$

$5+6=4+7=11,1+1=2.$

中心数为"1"的河图,其列与行均存在为"5"的众数之差规律.

		9		
		8		
5	4	1	6	7
		2		
		3		

图 2-6 河图(中心数为"1")

$9-8=3-2=1,5-4=7-6=1.$

中心数为"1"的河图,其行的众数之和运算结果都是众数和"5".

$5+4+1+6+7=23,2+3=5.$

中心数为"1"的河图,其列的众数之和运算结果都是众数和"5".

$9+8+1+2+3=23,2+3=5.$

中心数为"1"的河图任意一行的数字顺序交换后两两相减,所得众数之差运算结果都是众数和"9".

$54167-16475=37692,3+7+6+9+2=27,2+7=9.$

中心数为"1"的河图任意一列的数字顺序交换后两两相减,所得众数之差运算结果都是众数和"9".

$98123-31289=66834,6+6+8+3+4=27,2+7=9.$

所以,中心数为"1"的河图——众数和是用"5"原则,众数差是用"9"原则,即构造的新河图众数和与众数差均衡、和谐.

3 众数积

3.1 众数积的定义

任何一个正整数 n 都可以表示为 $a_1a_2\cdots a_n(a_i=0,1,2,3,4,5,6,7,8,9$ 且 $i\in N_+)$.如果把正整数 n 每一个位上的数字相乘,即

$$a_1 a_2 \cdots a_n = \prod_{i=1}^{n} a_i,$$

则把这个积 $\prod\limits_{i=1}^{n} a_i$，称其为"众数积"。如果得到的积大于 10，再把这个积每一个位上的数字继续相乘，得到的积仍大于 10，再把这个积每一个位上的数字继续相乘，…，以此下去，得到的积小于 10，则称其为最小的"众数积"。显然任何一个正整数 n 的最小的"众数积"都可以归纳为 1，2，3，4，5，6，7，8，9。为方便，各记作 $1_\times$，$2_\times$，$3_\times$，$4_\times$，$5_\times$，$6_\times$，$7_\times$，$8_\times$，$9_\times$。

如正整数 242 的各位数字相乘，其众数积为"16"，"16"的各位数字再相乘，则众数积是"6"，也称"6"是正整数"242"最小的众数积（the multiptication of Groupnumber，缩写为"$G()_\times$"）。

$G(242)_\times = 2 \times 4 \times 2 = 16, G(16)_\times = 1 \times 6 = 6.$

在这里，把"16"称为"242"的第一次众数积，"6"称为"242"的第二次众数积。

如正整数 123456789 的各位数字相乘，其众数积为"362880"，"362880"的各位数字再相乘，其众数积为"0"。

在这里，把"362880"称为"123456789"的第一次众数积，"0"称为"362880"的第二次众数积。"0"为正整数 123456789 的最小"众数积"。

$G(123456789)_\times = 1 \times 2 \times 3 \times 4 \times 5 \times 6 \times 7 \times 8 \times 9 = 362880.$

$G(362880)_\times = 0.$

当然，如果作两次众数积后的各位数字至少出现一个"0"以上，再作众数积一定是"0"。这时，我们不妨作这个众数积的"众数和"运算后，再观察有什么规律特点，这样可以避免一些重复现象。如对正整数 123456789 的第一次众数积"362880"，作两次众数和运算后，得到结果是众数和"9"。

$(362880)_+ = 3 + 6 + 2 + 8 + 8 + 0 = 27, (27)_+ = 2 + 7 = 9.$

在这里为书写方便，"众数积"的数学符号"$G()_\times$"省略"G"，则简写为"$()_\times$"。因此，正整数 123456789 的"众数积"又可简写为：

$(123456789)_\times = 1 \times 2 \times 3 \times 4 \times 5 \times 6 \times 7 \times 8 \times 9 = 362880$

$(326880)_\times = 3 \times 6 \times 2 \times 8 \times 8 \times 0 = 0$

也有 $(362880)_+ = 3 + 6 + 2 + 8 + 8 + 0 = 27, (27)_+ = 2 + 7 = 9.$

在这里为认识、归类方便，把 326880、123456789 等这样的正整数构成的集合称为"众数积集",记作$[0_\times]$或$[9_\times]$,即所有元素的最小"众数积"都是"9".以此类比,所有正整数的最小的"众数积集",共有9类,各记作:$[1_\times]$、$[2_\times]$、$[3_\times]$、$[4_\times]$、$[5_\times]$、$[6_\times]$、$[7_\times]$、$[8_\times]$、$[9_\times]$.因为$[0_\times]$与$[9_\times]$同类.同时,把实数"0"的"众数积",记作$0_\times$,构成的"众数积集"记作$[0_\times]$.其中$[0_\times]=\{0\}$.如123456789与362880都是众数积集$[0_\times]$中的元素,即:

$$(123456789)_\times \in [0_\times],(326880)_\times = 3\times6\times2\times8\times8\times0 \in [0_\times].$$

3.2 "众数积"的运算法则

"众数积"的乘法运算如下:

×	1_+	2_+	3_+	4_+	5_+	6_+	7_+	8_+	9_+
1_+	1_+								
2_+	2_+	4_+							
3_+	3_+	6_+	9_+						
4_+	4_+	8_+	3_+	7_+					
5_+	5_+	1_+	6_+	2_+	7_+				
6_+	6_+	3_+	9_+	6_+	3_+	9_+			
7_+	7_+	5_+	3_+	1_+	8_+	6_+	4_+		
8_+	8_+	7_+	6_+	5_+	4_+	3_+	2_+	1_+	
9_+	9_+	9_+	9_+	9_+	9_+	9_+	9_+	9_+	9_+

上述为"众数积"运算的乘法"九九"口诀.如果1_+、2_+、3_+、4_+、5_+、6_+、7_+、8_+、9_+,分别取数于1、2、3、4、5、6、7、8、9,那么"众数积"运算的"九九"口诀表,即为实数乘法运算的"九九"口诀表,但有别于实数的乘法口诀.

3.3 "众数积"的运算规律

"众数积"是一类特殊的实数,所以其乘法的运算规律仍然满足实数的乘法交换律、结合律和分配律.若用a_+、b_+、c_+代替9个"众数和",则"众数积"的乘法运算规律是:

(1)交换律：$a_+\times b_+ = b_+\times a_+$

(2)结合律：$a_+\times b_+\times c_+ = (a_+\times b_+)\times c_+ = a_+\times(b_+\times c_+)$

（3）分配律：$\qquad (a_+ + b_+) \times c_+ = a_+ \times c_+ + b_+ \times c_+$

$$c_+ \times (a_+ + b_+) = (c_+ \times a_+) + (c_+ \times b_+)$$

例1 求下列各数的众数和.

(1)23×72　　　　　　　　　(2)347×845

解：(1)由实数乘法规律，得 $23 \times 72 = 1656$. 因此，1656 的众数之和是：$1+6+5+6 = 18$，再对 18 求众数和运算，结果得到：$1+8 = 9$. 即 1656 的众数和是 9.

另一种方法是：先对 23 与 72 分别求众数之和：$2+3 = 5, 7+2 = 9$；再对两个众数和进行实数乘法运算：$5 \times 9 = 45$；再对 45 求众数和运算，结果得到：$4+5 = 9$. 即 1656 的众数之和也是 9.

（2）由实数乘法规律，得 $347 \times 845 = 293215$. 因此，293215 的众数之和是：$2+9+3+2+1+5 = 22$，再对 22 求众数和运算，结果得到：$2+2 = 4$. 即 293215 的众数之和是 4.

另一种方法是：先对 347 与 845 分别求众数之和：

347：$3+4+7 = 14, 1+4 = 5$.

845：$8+4+5 = 17, 1+7 = 8$.

再对两个众数和进行实数乘法运算：$5 \times 8 = 40$；再对 40 求众数和运算，结果得到：$4+0 = 4$. 即 293215 的众数之和也是 4.

【注】 求任意两个实数乘积 $A \times B = C$ 的众数和，有两种方法：

（1）先求积，再求众数和即可得到. 即对 C 求众数和得到.

（2）先求 A、B 实数的众数和，再对两个众数和求积，最后对积求众数和便可得到. 即对 A 与 B 分别求众数和，得到结果 $(A)_+$ 与 $(B)_+$，最后对两个众数和 $(A)_+$ 与 $(B)_+$ 求积，便可得到 C 的众数和 $(C)_+$.

求任意三个、四个或四个以上实数乘积的众数积的方法，与求任意两个实数乘积的众数积的方法相类同，不再重述.

例2 算算你本月最应该请谁吃饭. 1—9 让你选一个数字，先乘三，再加三，再乘三，最后把个位和十位相加，所得结果在下面.

（1）前任男友（女友）；（2）现在身边的好朋友；（3）曾经暧昧的人；（4）发小；（5）家里的亲朋好友；（6）现任男友（女友）；（7）父母；（8）同学；（9）随便写一个人的名字；（10）情敌.

知道你很难相信，但事实就是这样，请你真诚地面对你的心.

只要把这个数字取为 a,那么请谁吃饭就可以转化为一个数学问题:

$$3(3a+3)=9a+9=9(a+1) \qquad a=1,2,3,\cdots,10$$

而且还是一个众数积运算:

$$十位数 + 个位数 = 众数"9"$$

验证如下:

$9 \times 2 = 18, 1+8 = 9$

$9 \times 3 = 27, 2+7 = 9$

$9 \times 4 = 36, 3+6 = 9$

$9 \times 5 = 45, 4+5 = 9$

$9 \times 6 = 54, 5+4 = 9$

$9 \times 7 = 63, 6+3 = 9$

$9 \times 8 = 72, 7+2 = 9$

$9 \times 9 = 81, 8+1 = 9$

很显然,这是众数"9"的众数之积运算问题. 查众数积的九九运算法则:

$1_+ \times 9_+ = 9_+, 2_+ \times 9_+ = 9_+, 3_+ \times 9_+ = 9_+, 4_+ \times 9_+ = 9_+, 5_+ \times 9_+ = 9_+,$
$6_+ \times 9_+ = 9_+, 7_+ \times 9_+ = 9_+, 8_+ \times 9_+ = 9_+, 9_+ \times 9_+ = 9_+.$

知道9的任何倍或9乘以任何一个整数,其众数之和的运算结果都是众数"9",即:

$$(9a+9)_+ = [9(a+1)]_+ = 9.$$

虽然,这是一个游戏活动,但揭示了众数积的一个运算规律,并且包含着实数的运算规律,它与众数和、众数差运算规律一样,存在于人们的日常生活之中,只是人们没有把它总结提炼出来罢了.

因此,本问题可以拓展为 $1 \sim n$ 中任选一个数字,得到请客吃饭的总是数字9,或者众数和9. 所以,只要在第9个数字项中,写上任意一个人的名字,这个人就是这个月被请客吃饭的人. 如 $a=220, 9(a+1)=1989, 1+9+8+9=27, 2+7=9$,于是 1989 的众数和是 9,$G(1989)_+ = 9$.

例3 请计算图3河图(中心数为"5")的众数之积.

中心数为"5"的河图的任意一行数字顺序交换后两两相乘,所得的众数之积结果都是众数和"4".

$83549 \times 34958 = 2920705942, 2+9+2+0+7+0+5+9+4+2$

$$= 40,4 + 0 = 4.$$

中心数为"5"的河图的任意一列数字顺序交换后两两相乘,所得的众数之积结果都是众数和"9".

$$72516 \times 25167 = 1825010172, 1+8+2+5+0+1+0+1+7+2$$
$$= 27, 2+7 = 9.$$

中心数为"5"的河图的任意两组数字相乘,所得的众数之积结果都是众数和"6".

$$72516 \times 83549 = 6058639284, 6+0+5+8+6+3+9+2+8+4$$
$$= 51, 5+1 = 6.$$

$$89345 \times 27156 = 2426252820, 2+4+2+6+2+5+2+8+2+0$$
$$= 33, 3+3 = 6.$$

例 4   按照众数和与差,古河图行与列不存在相等或平衡关系.为调整相等或平衡关系构造出新的中心数为"5"的河图,如图 4 中.请根据河图的众数和、众数积计算中心数为"5"的新河图的众数之积.

中心数为"5"的新河图的任意一行数字顺序交换后两两相乘,所得的众数之积结果都是众数和"4".

$$61549 \times 19465 = 1198051285, 1+1+9+8+0+5+1+2+8+5$$
$$= 40, 4+0 = 4.$$

中心数为"5"的新河图的任意一列数字顺序交换后两两相乘,所得的众数之积结果都是众数和"4".

$$72538 \times 25837 = 1874164306, 1+8+7+4+1+6+4+3+0+6$$
$$= 40, 4+0 = 4.$$

中心数为"5"的新河图的任意两组数字相乘,所得的众数之积结果都是众数和"4".

$$61495 \times 28357 = 1743813715, 1+7+4+3+8+1+3+7+1+5$$
$$= 40, 4+0 = 4.$$

另解:$6+1+4+9+5 = 25, 2+5 = 7; 2+8+3+5+7 = 25, 2+5 = 7.$

按众数和运算,新河图第一行列的众数积运算结果是众数和"7",因此有:

$$7 \times 7 = 49, 4+9 = 13, 1+3 = 4.$$

所以，中心数为"5"的新河图，众数积运算的规律是用"4"原则.

例 5　如图 5 中是由古河图（中心数为"5"）构造的中心数为"15"的河图，请根据河图的众数和、众数差、众数积计算中心数为"15"的河图的众数之和、之差、之积.

中心数为"15"的河图的众数之和运算结果是：

$17 + 11 = 12 + 16 = 28, 2 + 8 = 10, 1 + 0 = 1.$

$18 + 14 = 13 + 19 = 32, 3 + 2 = 5.$

中心数为"15"的河图的众数之差运算结果是：

$17 - 12 = 16 - 11 = 5, 18 - 13 = 19 - 14 = 5.$

中心数为"15"的新河图每行的众数之积运算结果都是众数积"9".

$18 \times 13 \times 15 \times 14 \times 19 = 66690, 6 + 6 + 6 + 9 + 0 = 27, 2 + 7 = 9.$

中心数为"15"的新河图每列的众数之积运算结果都是众数和"9".

$17 \times 12 \times 15 \times 11 \times 16 = 538560, 5 + 3 + 8 + 5 + 6 + 0 = 27, 2 + 7 = 9.$

所以，中心数为"15"的新河图，众数积运算的规律是用"9"原则.

例 6　根据图 6（构造的是中心数为"1"的河图），请计算河图的众数之积.

中心数为"1"的河图的任意一行数字顺序交换后两两相乘，所得的众数之积结果都是众数和"7".

$54167 \times 46175 = 2501161225, 2 + 5 + 0 + 1 + 1 + 6 + 1 + 2 + 2 + 5 = 25, 2 + 5 = 7.$

中心数为"1"的河图的任意一列数字顺序交换后两两相乘，所得的众数之积结果都是众数和"7".

$98123 \times 28139 = 2761083097, 2 + 7 + 6 + 1 + 0 + 8 + 3 + 0 + 9 + 7 = 43, 4 + 3 = 7.$

中心数为"1"的河图的任意两组数字相乘，所得的众数之积结果都是众数和"7".

$57461 \times 83129 = 4776675469, 4 + 7 + 7 + 6 + 6 + 7 + 5 + 4 + 6 + 9 = 61, 6 + 1 = 7$

所以，中心数为"1"的新河图，众数积运算的规律是用"7"原则.

4 众数商

4.1 众数商的定义

任何一个正整数 n 都可以表示为 $a_1 a_2 \cdots a_n (a_i = 0, 1, 2, 3, 4, 5, 6, 7, 8, 9$ 且 $i \in N_+)$. 如果把正整数 n 每一个位上的数字相乘, 即:

$$a_1 \div a_2 \div \cdots \div a_n = \overset{n}{\underset{i=1}{D}} a_i,$$

则把这个商 $\overset{n}{\underset{i=1}{D}} a_i$, 称其为"众数商". 很显然, "众数商"均小于 10, 而且都是最小的"众数商"。一般来说, 任何一个正整数 n 的最小的"众数商"都可以归纳为 1, 2, 3, 4, 5, 6, 7, 8, 9. 为方便, 各记作 $1 \div, 2 \div, 3 \div, 4 \div, 5 \div, 6 \div, 7 \div, 8 \div, 9 \div$. 如正整数 82 的各位数字相除, 其众数商为 4, 则最小的"众数商"(the Division of Groupnumbe 缩写为"$G()_\div$") 为"4".

$$G(82)_\div = 8 \div 2 = 4.$$

为书写方便, "众数商"的符号""$G()_\div$"" 省略"G", 则简写为"$()_\div$". 因此, 正整数 82 的"众数商"又可简写为:

$$(82)_\div = 8 \div 2 = 4.$$

在这里为认识、归类方便, 把 4 与 82 等这样的正整数构成的集合称为"众数商集", 记作 $[4_\div]$, 即所有元素的最小"众数商"都是"9". 以此类比, 所有正整数的最小的"众数商集", 共有 9 类, 各记作: $[1_\div]$、$[2_\div]$、$[3_\div]$、$[4_\div]$、$[5_\div]$、$[6_\div]$、$[7_\div]$、$[8_\div]$、$[9_\div]$. 因为 $[0_\div]$ 与 $[9_\div]$ 同类. 同时, 把实数"0"的"众数商", 记作 $0_\div$, 构成的"众数商集"记作 $[0_\div]$. 其中 $[0_\div] = \{0\}$. 如 82 都是众数商集 $[4_\div]$ 中的元素, 即 $(82)_\div \in [4_\div]$.

4.2 众数商的运算法则

众数商的运算法则如下:

÷	1_+	2_+	3_+	4_+	5_+	6_+	7_+	8_+	9_+
1_+	1_+								
2_+	2_+	1_+							
3_+	3_+		1_+						
4_+	4_+	2_+		1_+					
5_+	5_+				1_+				
6_+	6_+	3_+	2_+			1_+			
7_+	7_+						1_+		
8_+	8_+	4_+		2_+				1_+	
9_+	9_+		3_+						1_+

　　上述为"众数商"运算的"九九"口诀表. 如果 1_+、2_+、3_+、4_+、5_+、6_+、7_+、8_+、9_+，分别取数于 $1、2、3、4、5、6、7、8、9$，那么"众数商"运算的"九九"口诀表，即为实数除法运算的"九九"口诀表，但有别于实数的除法口诀.

4.3　众数商的运算规律

　　"众数商"是一类特殊的实数，所以其除法的运算规律仍然满足实数的除法结合律、分配律. 若用 a_+、b_+、c_+ 代替 9 个"众数和"，则"众数商"的除法运算规律是：

　　（1）结合律：　　　$a_+ \div b_+ \div c_+ = (a_+ \div b_+) \div c_+ = a_+ \div (b_+ \div c_+)$

　　（2）分配律：　　　$(a_+ + b_+) \div c_+ = (a_+ \div c_+) + (b_+ \div c_+)$

　　　　　　　　　　　$c_+ \div (a_+ + b_+) = (c_+ \div a_+) + (c_+ \div b_+)$

　　例如　13 世纪法国的数学家法布兰斯在研究埃及金字塔时发现，金字塔的几何形状具有 5 个面、8 个边、总数为 13 个层面，而且金字塔的长度正好是 5（个面）＋8（个边）＋13（个层面）的数字排列即 5813 英寸，而且发现金字塔的高点与底面的百分比率为 0.618，金字塔五角塔面的任何一边长度都等于五角形对角线的 0.618. 最后法布兰斯把这组神奇的数字 1、1、2、3、5、8、13、21、34、55、89、144、233、…，收进他写的一本关于神奇数字组合的书中. 这组神奇的数字后因意大利数学家斐波那契的"兔子繁殖问题" 研究和他的数学书籍《算盘全书》的重要记载，被称为"斐波那契数列"或"兔子数列".

　　这个数列有十分明显的特点，那就是：前面相邻两项之和，构成了后

一项. 如果 $f(n)$ 为该数列的第 n 项 $(n \in N_+)$. 那么这句话可以写成如下形式:

$$f(0) = 0, f(1) = 1, f(n) = f(n-1) + f(n-2)(n \geqslant 2, n \in N).$$

显然这是一个线性递归数列.

在这个神奇的数列中,相邻两个连续的小数除以大数均接近 0.618,如 21/34、34/55、55/89、89/144、144/233. 相反地,如果相邻的两个连续大数除以小数均接近 1.618,如 34/21、55/34、89/55、144/89、233/144.

0.618 与 1.618 便是数学上讲的黄金分割率,而将 1 分割为 0.382 与 0.618 便是黄金分割率的基本公式. 因此,"斐波那契数列"又称为"黄金分割数列".

有趣的是:这样一个完全是自然数的数列,通项公式却是用无理数来表达的:

$$f(n) = \frac{1}{\sqrt{5}} \left[\left(\frac{\sqrt{5}+1}{2} \right)^n - \left(\frac{\sqrt{5}-1}{2} \right)^n \right]$$

在数学上,上式又称为"比内公式".

黄金分割率,实质上是斐波那契数列相邻两项的比值的极限:前一项与后一项之比趋近 0.618,后一项与前一项之比趋近 1.618,即

$$f(n)/f(n+1) \approx 0.618.$$
$$f(n+1)/f(n) \approx 1.618.$$

由通项公式 $f(n) = f(n-1) + f(n-2)$ 知道,斐波那契数列的每一项都是前面两项之和,所以黄金分割率可以看作是众数运算的众数商,也符合众数学的运算规律,是众数商在自然界中的具体应用.

斐波那契数列:$1,1,2,3,5,8,13,21,34,55,89,144,\cdots$,引出自然界最常见的黄金分割数——0.618、1.618 与 2.618. 在长度的测量上常常应用 5 个相关的黄金分割数. 如:

在 0—1 长度上的 5 个黄金分割数是:0.191,0.382,0.5,0.618,0.809.

在 1—2 长度上的 5 个黄金分割数是:1.191,1.382,1.5,1.618,1.809.

在 2—3 长度上的 5 个黄金分割数是:2.191,2.382,2.5,2.618,2.809.

依次类推 ….

黄金分割数,挖掘其数学意义与几何本质,就是黄金分割比,也称"黄金比例分割",是指把一条线段分割为两部分,使其中一部分与全长之比等于另一部分与这部分之比.

由 $\dfrac{x}{1} = \dfrac{1-x}{x}$,得 $x^2 + x - 1 = 0$,$x = \dfrac{\sqrt{5}-1}{2}$.

其比值是一个无理数,取其前 3 位数字的近似值是 0.618.所以 0.382 与 0.618 是线段上的两个黄金分割点.

由于按此比例设计的各种造型十分美丽,因此称为黄金分割,也称为中外比.这是一个十分有趣的数字,以 0.618 来近似,通过简单的计算就可以发现:黄金分割奇妙之处,在于其比例与其倒数是一样的.例如:0.618 的倒数是 1.618,1.618 的倒数是 0.618,而 1.618:1 与 1:0.618 是一样的.即 $0.618 \times 1.618 \approx 1$.

黄金分割,是一种数学上的比例关系,具有严格的比例性、艺术性、和谐性,蕴藏着丰富的美学价值,应用时一般取 1.618.

这个数值的作用不仅仅体现在诸如绘画、雕塑、音乐、建筑等艺术领域,而且在统筹、管理、经济、工农业生产、科学实验、工程设计等方面也有着不可忽视的作用.

最著名的应用就是由美国数学家基弗,于 1953 年首先提出来的(优选学中的)黄金分割法或 0.618 法.20 世纪 70 年代,又被数学大师华罗庚先生在中国范围内大力提倡,并极力推广.

4.4 黄金分割的众数和解释

下面用众数和解释黄金分割数与黄金分割比:

618 的众数和解释为:$6 + 1 + 8 = 15$,$1 + 5 = 6$;

众数和解释为:$6 \times 6 = 36$,$3 + 6 = 9$;

$$6 \times 6 \times 6 = 216,\ 2 + 1 + 6 = 9.$$

$861 - 168 = 693$,$963 - 369 = 594$,$954 - 459 = 495$

861、168 与 693 的众数和解释为:

$$8 + 6 + 1 = 15,\ 1 + 5 = 6;$$

$$1 + 6 + 8 = 15,\ 1 + 5 = 6;$$

$6+9+3=18,1+8=9.$

$861-168=693$ 的众数差解释为:

$6-6=9.$

$963、369$ 与 594 的众数和解释为:

$9+6+3=18,1+8=9;$

$3+6+9=18,1+8=9;$

$5+9+4=18,1+8=9.$

$963-369=594$ 的众数差解释为:

$6-6=9.$

$954、459$ 与 495 的众数和解释为:

$9+5+4=18,1+8=9;$

$4+5+9=18,1+8=9;$

$4+9+5=18,1+8=9.$

$954-459=495$ 的众数差解释为:

$9-9=9.$

$861-168=693,963-369=594,954-459=495$ 的众数差解释为:
$6-6=9,9-9=9.$(9 相当于十进制中的 0,是占位与进位之义.在此再强调.)

382 的众数和解释为:$3+8+2=13,1+3=4.$

$832-238=594,954-459=495$

$832、238$ 与 594 的众数和解释为:

$8+3+2=13,1+3=4;$

$2+3+8=13,1+3=4;$

$5+9+4=18,1+8=9.$

$832-238=594,954-459=495$ 的众数差解释为:

$4-4=9,9-9=9.$

809 的众数和解释为:

$8+0+9=17,1+7=8.$

$980-089=891,981-189=792,972-279=693,963-369=594,$
$954-459=495.$

$980、089$ 与 891 的众数和解释为:

$$9+8+0=17,1+7=8;$$
$$0+8+9=17,1+7=8;$$
$$8+9+1=18,1+8=9.$$

981、189 与 792 的众数和解释为：

$$9+8+1=18,1+8=9;$$
$$1+8+9=18,1+8=9;$$
$$7+9+2=18,1+8=9.$$

972、279 与 693 的众数和解释为：

$$9+7+2=18,1+8=9;$$
$$2+7+9=18,1+8=9;$$
$$6+9+3=18,1+8=9.$$

963、369 与 594 的众数和解释为：

$$9+6+3=18,1+8=9;$$
$$3+6+9=18,1+8=9;$$
$$5+9+4=18,1+8=9.$$

黄金分割数 0.809 与 0.618 中出现的 954、459 与 495 的众数和解释相类同，再不重复.

$980-089=891,981-189=792,972-279=693,963-369=594,$ $954-459=495$ 的众数差解释为：$8-8=9,9-9=9.$（众数差运算相当于实数运算"$9-9=0$".）

可见，黄金分割数 0.191、0.382、0.618、0.809 均满足众数和、众数差以及众数商的运算规律与法则. 那么，试问：黄金分割数 1.191、1.382、1.618、1.809 与黄金分割数 2.191、2.382、2.618、2.809，是否也满足众数和、众数差以及众数商的运算规律与法则？

黄金分割数、黄金分割比，是自然界中最常见的一类数，从另外一个侧面，反映了众运算具有自然法则属性.

5   众数幂

5.1   众数幂的定义

形如:$a^{[n]}(a=1_+,2_+,3_+,4_+,5_+,6_+,7_+,8_+,9_+,$ 且 $n\in N)$ 叫作"众数和"的乘方运算,简称"众数幂".

【注】 ①$0_+^{[n]}=0_+$;②$1_+^{[n]}=1_+$ $(n\in N)$

众数幂是众数积的快捷运算,其运算法则与运算规律遵循众数积的运算法则与运算规律,具体可参阅第二章3"众数积".

5.2   众数幂的运算规律

众数幂运算还有一些运算规律,列举如下:

1."众数和 2_+"的乘方

性质1:"众数和 2_+"的任何幂次方的众数和在 1_+、2_+、4_+、5_+、7_+、8_+中循环出现.

$$2_+^{[6k-5]}=2_+ \qquad\qquad 2_+^{[6k-2]}=7_+$$
$$2_+^{[6k-4]}=4_+ \qquad\qquad 2_+^{[6k-1]}=5_+ \quad (k\in N_+)$$
$$2_+^{[6k-3]}=8_+ \qquad\qquad 2_+^{[6k]}=1_+$$

如:$2_+^{[1]}=2_+,2_+^{[2]}=4_+,2_+^{[3]}=8_+,2_+^{[4]}=7_+,2_+^{[5]}=5_+,2_+^{[6]}=1_+,$
$2_+^{[7]}=2_+,2_+^{[8]}=4_+,2_+^{[9]}=8_+,2_+^{[10]}=7_+,2_+^{[11]}=5_+.$

2."众数和 3_+、6_+、9_+"的乘方

性质2:"众数和 3_+、6_+、9_+"的任何幂次方的众数和都是 9_+.即:

$$3_+^{[k]}=9_+$$
$$6_+^{[k]}=9_+ \qquad (k\in N_+ \text{ 且 } k\geqslant 2)$$
$$9_+^{[k]}=9_+ \qquad (k\in N_+)$$

如:(1) $3_+^{[2]}=9=9_+,\qquad 3_+^{[3]}=27=9_+,\qquad 3_+^{[4]}=81=9_+,$
$3_+^{[5]}=243=9_+,\qquad 3_+^{[6]}=729=(7+2+9)_+=9_+.$

(2) $6_+^{[2]}=9_+,\qquad\qquad 6_+^{[3]}=108=(1+0+8)_+=9_+,$

$$6_+^{[4]} = 648 = (6+4+8)_+ = 18_+ = 9_+,$$

$$6_+^{[5]} = 3888 = (3+8+8+8)_+ = 27_+ = 9_+.$$

（3） $9_+^{[2]} = 9_+,$

$$9_+^{[3]} = 729 = (7+2+9)_+ = 18_+ = 9_+,$$

$$9_+^{[4]} = 6561 = (6+5+6+1)_+ = 18_+ = 9_+,$$

$$9_+^{[5]} = 59049 = (5+9+0+4+9)_+ = 27_+ = 9_+.$$

3."众数和 4_+"的乘方

性质 3："众数和 4_+"的任何幂次方的众数和在 1_+、4_+、7_+ 中循环出现.

即 $4_+^{[3k-2]} = 4_+,$ $4_+^{[3k-1]} = 7_+,$ $4_+^{[3k]} = 1_+$ $(k \in N_+).$

亦即

$$\left. \begin{array}{l} 4_+^{[6k-2]} \\ 4_+^{[6k-5]} \end{array} \right\} = 4_+ \qquad \left. \begin{array}{l} 4_+^{[6k-1]} \\ 4_+^{[6k-4]} \end{array} \right\} = 7_+ \qquad \left. \begin{array}{l} 4_+^{[6k]} \\ 4_+^{[6k-3]} \end{array} \right\} = 1_+$$

如：$4_+^{[2]} = 16 = (1+6)_+ = 7_+;$

$$4_+^{[3]} = 64 = (6+4)_+ = 10_+ = 1_+;$$

$$4_+^{[4]} = 256 = (2+5+6)_+ = 13_+ = 4_+;$$

$$4_+^{[5]} = 1024 = (1+0+2+4)_+ = 7_+;$$

$$4_+^{[6]} = 4096 = (4+0+9+6)_+ = 19_+ = 10_+ = 1_+;$$

$$4_+^{[7]} = 16384 = (1+6+3+8+4)_+ = 22_+ = 4_+;$$

$$4_+^{[8]} = 65536 = (6+5+5+3+6)_+ = 25_+ = 7_+;$$

$$4_+^{[9]} = 262144 = (2+6+2+1+4+4)_+ = 19_+ = 10_+ = 1_+.$$

4."众数和 5_+"的乘方

性质 4："众数和 5_+"的任何幂次方的众数和在 1_+、2_+、4_+、5_+、7_+、8_+ 中循环出现.

$$5_+^{[6k-5]} = 5_+ \qquad\qquad 5_+^{[6k-2]} = 4_+$$

$$5_+^{[6k-4]} = 7_+ \qquad\qquad 5_+^{[6k-1]} = 2_+ \quad (k \in N_+)$$

$$5_+^{[6k-3]} = 8_+ \qquad\qquad 5_+^{[6k]} = 1_+$$

如：

$$5_+^{[1]} = 5_+;$$

$$5_+^{[2]} = 25 = (2+5)_+ = 7_+;$$

$5_+^{[3]} = 125 = (1+2+5)_+ = 8_+$;

$5_+^{[4]} = 625 = (6+2+5)_+ = 13_+ = (1+3)_+ = 4_+$;

$5_+^{[5]} = 3125 = (3+1+2+5)_+ = 11_+ = (1+1)_+ = 2_+$;

$5_+^{[6]} = 15625 = (1+5+6+2+5)_+ = 19_+ = (1+9)_+ = 10_+ = 1_+$;

$5_+^{[7]} = 78125 = (7+8+1+2+5)_+ = 23_+ = (2+3)_+ = 5_+$;

$5_+^{[8]} = 390625 = (3+9+0+6+2+5)_+ = 25_+ = (2+5)_+ = 7_+$;

$5_+^{[9]} = 1953125 = (1+9+5+3+1+2+5)_+ = 26_+ = (2+6)_+ = 8_+$;

$5_+^{[10]} = 9765625 = (9+7+6+5+6+2+5)_+ = 40_+ = (4+0)_+ = 4_+$;

$5_+^{[11]} = 48828125 = (4+8+8+2+8+1+2+5)_+ = 38_+ = (3+8)_+ =$
$\qquad 11_+ = (1+1)_+ = 2_+$;

$5_+^{[12]} = 244140625 = (2+4+4+1+4+0+6+2+5)_+ = 28_+ = 10_+ = 1_+$;

$5_+^{[13]} = 1220703125 = (1+2+2+0+7+0+3+1+2+5)_+ = 23_+ =$
$\qquad (2+3)_+ = 5_+$.

5. "众数和 7_+" 的乘方

性质 5："众数和 7_+" 的任何幂次方的众数和在 1_+、4_+、7_+ 中循环出现.

即 $7_+^{[3k-2]} = 7_+ \qquad 7_+^{[3k-1]} = 4_+ \qquad 7_+^{[3k]} = 1_+ \qquad (k \in \mathrm{N}_+)$

亦即

$$\left.\begin{array}{l} 7_+^{[6k-2]} \\ 7_+^{[6k-5]} \end{array}\right\} = 7_+ \qquad \left.\begin{array}{l} 7_+^{[6k-1]} \\ 7_+^{[6k-4]} \end{array}\right\} = 4_+ \qquad \left.\begin{array}{l} 7_+^{[6k]} \\ 7_+^{[6k-3]} \end{array}\right\} = 1_+$$

如：$7_+^{[1]} = 7_+$,

$\quad 7_+^{[2]} = 49 = (4+9)_+ = 13_+ = (1+3)_+ = 4_+$;

$\quad 7_+^{[3]} = 343 = (3+4+3)_+ = 10_+ = 1_+$;

$\quad 7_+^{[4]} = 2401 = (2+4+0+1)_+ = 7_+$;

$\quad 7_+^{[5]} = 16807 = (1+6+8+0+7)_+ = 22_+ = 4_+$;

$\quad 7_+^{[6]} = 117649 = (1+1+7+6+4+9)_+ = 28_+ = 10_+ = 1_+$;

$\quad 7_+^{[7]} = 823543 = (8+2+3+5+4+3)_+ = 25_+ = (2+5)_+ = 7_+$;

$\quad 7_+^{[8]} = 5764801 = (5+7+6+4+8+0+1)_+ = 31_+ = (3+1)_+ = 4_+$;

$\quad 7_+^{[9]} = 40353607 = (4+0+3+5+3+6+0+7)_+ = 28_+ = (2+8)_+ = 10_+ = 1_+$.

6."众数和 8_+"的乘方

性质 6:"众数和 8_+"的任何幂次方的众数和在 1_+、8_+ 中循环出现.

即 $8_+^{[2k-1]} = 8_+$ $8_+^{[2k]} = 1_+$ $(k \in \mathrm{N}_+)$

亦即

$$\left.\begin{array}{l} 8_+^{[6k-5]} \\ 8_+^{[6k-3]} \\ 8_+^{[6k-1]} \end{array}\right\} = 8_+ \qquad \left.\begin{array}{l} 8_+^{[6k-4]} \\ 8_+^{[6k-2]} \\ 8_+^{[6k]} \end{array}\right\} = 1_+$$

如:$8_+^{[1]} = 8_+$;

　　$8_+^{[2]} = 64 = (6+4)_+ = 1_+$;

　　$8_+^{[3]} = 512 = (5+1+2)_+ = 8_+$;

　　$8_+^{[4]} = 4096 = (4+0+9+6)_+ = 19_+ = (1+9)_+ = 10_+ = 1_+$;

　　$8_+^{[5]} = 32768 = (3+2+7+6+8)_+ = 26_+ = (2+6)_+ = 8_+$;

　　$8_+^{[6]} = 262144 = (2+6+2+1+4+4)_+ = 19_+ = 10_+ = 1_+$;

　　$8_+^{[7]} = 2097152 = (2+0+9+7+1+5+2)_+ = 26_+ = (2+6)_+ = 8_+$;

　　$8_+^{[8]} = 16777216 = (1+6+7+7+7+2+1+6)_+ = 37_+ = (3+7)_+ = 10_+ = 1_+$.

　　例　由 3、4、5 三个数组成的直角三角形叫毕达哥拉斯直角三角形.下面用众数和、众数积、众数幂揭开毕达哥拉斯直角三角形的诸多性质.

$$3+4+5 = 12$$
$$3 \times 4 \times 5 = 60$$
$$3^2 + 4^2 = 5^2$$

　　把 3、4、5 三个数乘以 3,即 9、12、15 也组成一个直角三角形 $3(3,4,5) = (9,12,15)$.

　　$9+12+15 = 36$,众数和运算为:$3+6 = 9$.

　　$9 \times 12 \times 15 = 1620$,众数和运算为:$1+6+2+0 = 9$.

　　因此,$(9,12,15)$ 是一组勾股数,满足 $9^2 + 12^2 = 15^2$.

　　把 9、12、15 三个数乘以 3,即 27、36、45 也组成一个直角三角形 $3^2(3,4,5) = (27,36,45)$.

　　$27+36+45 = 108$,众数和运算为:$1+0+8 = 9$.

　　$27 \times 36 \times 45 = 43740$,众数和运算为:$4+3+7+4+0 = 18,1+8$

$= 9$.

因此，$(27,36,45)$ 是一组勾股数，满足 $27^2 + 36^2 = 45^2$.

出现这样的结果是直角三角形三边 27、36、45 的众数之和都是"9". 即 $2+7=9,3+6=9,4+5=9$.

把 27、36、45 三个数乘以 3，即 81、108、135 也组成一个直角三角形 $3^3(3,4,5) = (81,108,135)$.

$81 + 108 + 135 = 324$，众数和运算为：$3+2+4=9$

$81 \times 108 \times 135 = 1180980$，众数和运算为：$1+1+8+0+9+8+0 = 27, 2+7 = 9$

因此，$(81,108,135)$ 是一组勾股数，满足 $81^2 + 108^2 = 135^2$.

出现这样的结果是直角三角形三边 81、108、135 的众数之和都是"9". 即：

$8+1=9,1+0+8=9,1+3+5=9$.

把 81、108、135 三个数乘以 3，即 243、324、405 也组成一个直角三角形 $3^4(3,4,5) = (243,324,405)$.

$243 + 324 + 405 = 972$，众数和运算为：$9+7+2=18,1+8=9$.

$243 \times 324 \times 405 = 31886460$，众数和运算为：$3+1+8+8+6+4+6+0 = 36, 3+6 = 9$.

因此，$(243,324,405)$ 是一组勾股数，满足 $243^2 + 324^2 = 405^2$.

出现这样的结果是直角三角形三边 243、324、405 的众数之和都是"9". 即 $2+4+3=9,3+2+4=9,4+0+5=9$.

由此，毕达哥拉斯直角三角形，满足众数学运算规律与法则，其众数和、众数积运算的结果基本都是众数和"9".

6　众数学的代数本质

对任何一个数，都可以用不同的进位制来表示同一个数. 进位制是一种记数方法，也称进位记数法或位置记数法. 一种进位制中使用的数字符号的数目称为这种进位制的基数或底数. 如果一个进位制的基数为 p，即可称为 p 进位制，简称 p 进制. 对于任何一种进位制，就表示某一位置上

的数逢 p 进一位. 二进制就是逢二进一, 三进制就是逢三进一, 八进制就是逢八进一, 十进制就是逢十进一, 十二进制就是逢十二进一, 以此类推, p 进制就是逢 p 进一. 最常用的进位制是十进制. 若 p 进制的数表示为数 $x_{n-1}\cdots x_1 x_0$（x_0、x_1、$\cdots$、x_{n-1} 为 10 进制数），则 p 进制的数为 S，则 $x_{n-1}\cdots x_1 x_0$ 都可以转化为 p 进制的数, 用一个表达式表示为：

$$S_{(p)} = \overbrace{x_{n-1}\cdot p^{n-1} + x_{n-2}\cdot p^{n-2} + \cdots + x_2\cdot p^2 + x_1\cdot p + x_0\cdot p^0}^{n\ 位数}$$

下面提纲挈领地概括出众数和、众数差、众数积、众数商、众数幂几种众运算的数学表达式, 重在强调众运算的数学本质, 即众数学的数学本质.

如果 $p = 10$, 则数 $x_{n-1}\cdots x_1 x_0$ 就可以转化为十进制的数了, 表示如下：

$$S_{(p)} = \overbrace{x_{n-1}\cdot 10^{n-1} + x_{n-2}\cdot 10^{n-2} + \cdots + x_2\cdot 10^2 + x_1\cdot 10 + x_0\cdot 10^0}^{n\ 位数}$$

则十进制的众运算实质为：

（1）众数和：

$$A_{(10)} = \sum_{i=0}^{n-1} x_i = x_0 + x_1 + x_2 + \cdots + x_{n-1}$$

（2）众数差：

$$S_{(10)} = -\sum_{i=0}^{n-1} x_i = -x_0 - x_1 - x_2 - \cdots - x_{n-1}$$

（3）众数积：

$$M_{(10)} = \prod_{i=0}^{n-1} x_i = x_0 \cdot x_1 \cdot x_2 \cdot \cdots x_{n-1}$$

（4）众数商：

$$D_{(10)} = \mathop{D}_{i=0}^{n-1} x_i = x_0 \div x_1 \div x_2 \div \cdots \div x_{n-1}$$

（5）众数幂：

$$M_{(10)} = \prod_{i=0}^{n-1} x_i = \overbrace{x \cdot x \cdot x \cdot \cdots \cdot x}^{n\ 项} = x^n$$

如果 $p = 2$, 则数 $x_{n-1}\cdots x_1 x_0$ 就可以转化为二进制的数了, 表示如下：

$$S_{(2)} = \overbrace{x_{n-1}\cdot 2^{n-1} + x_{n-2}\cdot 2^{n-2} + \cdots + x_2\cdot 2^2 + x_1\cdot 2 + x_0\cdot 2^0}^{n\ 位数}$$

则二进制的众运算实质为：

（1）众数和：

$$A_{(2)} = \sum_{i=0}^{n-1} x_i = x_0 + x_1 + x_2 + \cdots + x_{n-1}$$

（2）众数差：

$$S_{(2)} = -\sum_{i=0}^{n-1} x_i = -x_0 - x_1 - x_2 - \cdots - x_{n-1}$$

（3）众数积：

$$M_{(2)} = \prod_{i=0}^{n-1} x_i = x_0 \cdot x_1 \cdot x_2 \cdots \cdot x_{n-1}$$

（4）众数商：

$$D_{(2)} = \overset{n-1}{\underset{i=0}{D}} x_i = x_0 \div x_1 \div x_2 \div \cdots \div x_{n-1}$$

（5）众数幂：

$$M_{(2)} = \prod_{i=0}^{n-1} x_i = \overbrace{x \cdot x \cdot x \cdots \cdot x}^{n \text{ 项}} = x^n$$

如果 $p = 3$，则数 $x_{n-1} \cdots x_1 x_0$ 就可以转化为三进制的数了，表示如下：

$$S_{(3)} = \overbrace{x_{n-1} \cdot 3^{n-1} + x_{n-2} \cdot 3^{n-2} + \cdots + x_2 \cdot 3^2 + x_1 \cdot 3^1 + x_0 \cdot 3^0}^{n \text{ 位数}}$$

则三进制的众运算实质为：

（1）众数和：

$$A_{(3)} = \sum_{i=0}^{n-1} x_i = x_0 + x_1 + x_2 + \cdots + x_{n-1}$$

（2）众数差：

$$S_{(3)} = -\sum_{i=0}^{n-1} x_i = -x_0 - x_1 - x_2 - \cdots - x_{n-1}$$

（3）众数积：

$$M_{(3)} = \prod_{i=0}^{n-1} x_i = x_0 \cdot x_1 \cdot x_2 \cdots \cdot x_{n-1}$$

（4）众数商：

$$D_{(3)} = \overset{n-1}{\underset{i=0}{D}} x_i = x_0 \div x_1 \div x_2 \div \cdots \div x_{n-1}$$

（5）众数幂：

$$M_{(3)} = \prod_{i=0}^{n-1} x_i = \overbrace{x \cdot x \cdot x \cdots \cdot x}^{n \text{ 项}} = x^n$$

如果 $p = 5$，则数 $x_{n-1} \cdots x_1 x_0$ 就可以转化为五进制的数了，表示如下：

$$S_{(5)} = \overbrace{x_{n-1} \cdot 5^{n-1} + x_{n-2} \cdot 5^{n-2} + \cdots + x_2 \cdot 5^2 + x_1 \cdot 5^1 + x_0 \cdot 5^0}^{n \text{ 位数}}$$

则五进制的众运算实质为：

（1）众数和：

$$A_{(5)} = \sum_{i=0}^{n-1} x_i = x_0 + x_1 + x_2 + \cdots + x_{n-1}$$

（2）众数差：

$$S_{(5)} = -\sum_{i=0}^{n-1} x_i = -x_0 - x_1 - x_2 - \cdots - x_{n-1}$$

（3）众数积：

$$M_{(5)} = \prod_{i=0}^{n-1} x_i = x_0 \cdot x_1 \cdot x_2 \cdots \cdot x_{n-1}$$

（4）众数商：

$$D_{(5)} = \mathop{D}_{i=0}^{n-1} x_i = x_0 \div x_1 \div x_2 \div \cdots \div x_{n-1}$$

（5）众数幂：

$$M_{(5)} = \prod_{i=0}^{n-1} x_i = \overbrace{x \cdot x \cdot x \cdots \cdot x}^{n \text{ 项}} = x^n$$

同一个数可以用不同的进位制来表示. 如：十进数 $35_{(10)}$，可以用二进制表示为 $100011_{(2)}$，可以用三进制表示为 $1022_{(3)}$，可以用五进制表示为 $120_{(5)}$，可以用八进制表示为 $43_{(8)}$，可以用十六进制表示为 $23_{(16)}$.

如果 p 进制的数为 s，则 $x_{n-1} \cdots x_1 x_0$ 都可以转化为 p 进制的数，用一个表达式表示为：

$$S_{(p)} = \overbrace{x_{n-1} \cdot p^{n-1} + x_{n-2} \cdot p^{n-2} + \cdots + x_2 \cdot p^2 + x_1 \cdot p^1 + x_0 \cdot p^0}^{n \text{ 位数}}$$

则 p 进制的众运算实质为：

（1）众数和：

$$A_{(p)} = \sum_{i=0}^{n-1} x_i = x_0 + x_1 + x_2 + \cdots + x_{n-1}$$

（2）众数差：

$$S_{(p)} = -\sum_{i=0}^{n-1} x_i = -x_0 - x_1 - x_2 - \cdots - x_{n-1}$$

（3）众数积：

$$M_{(p)} = \prod_{i=0}^{n-1} x_i = x_0 \cdot x_1 \cdot x_2 \cdots \cdot x_{n-1}$$

（4）众数商：

$$D_{(p)} = \underset{i=0}{\overset{n-1}{D}} x_i = x_0 \div x_1 \div x_2 \div \cdots \div x_{n-1}$$

（5）众数幂：

$$M_{(p)} = \prod_{i=0}^{n-1} x_i = \overbrace{x \cdot x \cdot x \cdots \cdot x}^{n \text{ 项}} = x^n$$

众运算、众数学涉及、研究的是数学的大统一问题，即言语、符号、信息、逻辑、编码、系统的大统一问题.实数的加减乘除 4 种运算被众数学的众运算统一了.由此建立起来的众代数、众几何有可能把整个数学领域或各分支也统一了，建立在数学大厦基础之上的物理统一场（重力、万有引力、强相互作用、弱相互作用）问题也可能被解决.

数学、物理一旦完成了统一问题，其他自然学科、社会学科和其他学科完成统一问题，有可能不是一个难题.统一问题是人类、世界、宇宙最后发展走向终极的终极问题，但愿众运算、众数学是大统一问题的敲门砖、垫脚石.

进位符号统一了.

进位制统一了.

加减乘除 4 种运算统一了.

信息、逻辑、编码统一了.

数学各领域各分支统一了.

力相互作用统一了、物理场统一了.

言语统一了.

分裂的民族、国家统一了.

…

人类、世界、宇宙有可能实现真正的大统一.

7　众数学的几何本质

数学的代数本质是认识、观察、研究客观事物的运动变化时间，数学的几何本质是认识、观察、研究客观事物的运动变化空间,数学的三角(包括向量)本质是认识、观察、研究的是客观事物的运动变化方向.因此,众数学作为数学的一门新分支,它是认识、观察、研究客观事物运动变化的时间、空间以及方向.

一、众数学的时间本质

如果时间当作一把有形的尺子,并标上长度刻度单位,形象地就可以看作是一把能折叠伸缩的时间尺了.如 $2,11,101,1001,10001,100001,$ $\cdots$,组成为众数和"2"的时间片断集合.

时间片断"2",伸长 9 个时间单位长度,就拉长为时间片断"11";时间片断"11",压缩 9 个时间单位长度,就缩短为时间片断"2",而且中间的部分时间链条断裂为一个个的时间碎片.如图 2-7 所示.

时间片断"11",伸长 90 个时间单位长度,就拉长为时间片断"101";时间片断"101",压缩 90 个时间单位长度,就缩短为时间片断"11",而且中间的部分时间链条断裂为一个个的时间碎片.如图 2-8 所示.

时间片断"101",伸长 900 个时间单位长度,就拉长为时间片断"1001";时间片断"1001",压缩 900 个时间单位长度,就缩短为时间片断"101",而且中间的部分时间链条断裂为一个个的时间碎片.如图 2-9所示.

时间片断"1001",伸长 9000 个时间单位长度,就拉长为时间片断"10001";时间片断"10001",压缩 9000 个时间单位长度,就缩短为时间片断"1001",而且中间的部分时间链条断裂为一个个的时间碎片.如图 2-10 所示.

$\cdots$

由此,猜想归纳出:时间片断"$1\overbrace{0\cdots0}^{n-1个0}1$",伸长 $9\overbrace{0\cdots0}^{n个0}$ 个时间单位长度,就拉长为时间片断"$1\overbrace{0\cdots0}^{n个0}1$";时间片断"$1\overbrace{0\cdots0}^{n个0}1$",压缩 $9\overbrace{0\cdots0}^{n个0}$ 个时间单位长度,就缩短为时间片断"$1\overbrace{0\cdots0}^{n-1个0}1$",而且中间的部分时间链条断裂为一个个的时间碎片.如图 2-11 所示"折叠伸缩万能时间尺".当 $n=0$ 为自然时间尺.如图 2-7 所示.

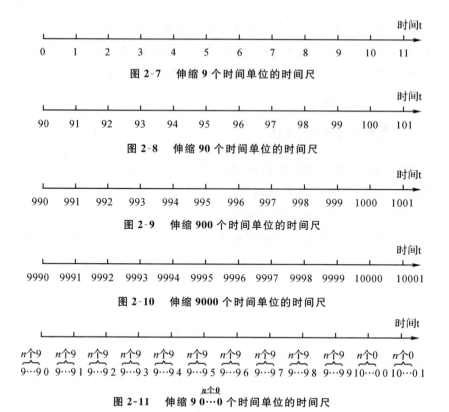

图 2-7　　伸缩 9 个时间单位的时间尺

图 2-8　　伸缩 90 个时间单位的时间尺

图 2-9　　伸缩 900 个时间单位的时间尺

图 2-10　　伸缩 9000 个时间单位的时间尺

图 2-11　　伸缩 9 0…0 个时间单位的时间尺

　　众运算就是把时间当作一把能伸缩的折叠尺,对小时间与小时间、小时间与大时间、大时间与大时间连接起来进行时间片断的对接与转换.

　　如果把时间分为正时间与反时间,那么众数和的运算法则与规律就是正时间的时间运算法则与规律,如 $2 = (11)_+ = (101)_+ = (1001)_+ = (10001)_+ = \cdots$.众数差的运算法则与规律就是反时间的时间运算法则与规律,如 $-2 = (-11)_+ = (-101)_+ = (-1001)_+ = (-10001)_+ = \cdots$.

二、众数学的空间本质

　　如果空间当作一把有形的尺子,并标上空间长度刻度单位,形象地就可以看作是一把能折叠伸缩的空间尺了.如 $11,101,1001,10001,100001,$ $\cdots$,组成为众数和"2"的空间片断集合.

　　空间片断"2",伸长 9 个空间单位长度,就拉长为空间片断"11";空间片断"11",压缩 9 个空间单位长度,就缩短为空间片断"2",而且中间的部分空间链条断裂为一个个的空间碎片.如图 2-12 中.

空间片断"11",伸长 90 个空间单位长度,就拉长为空间片断"101";空间片断"101",压缩 90 个空间单位长度,就缩短为空间片断"11",而且中间的部分空间链条断裂为一个个的空间碎片.如图 2-13 中.

空间片断"101",伸长 900 个空间单位长度,就拉长为空间片断"1001";空间片断"1001",压缩 900 个空间单位长度,就缩短为空间片断"101",而且中间的部分空间链条断裂为一个个的空间碎片.如图 2-14 中.

空间片断"1001",伸长 9000 个空间单位长度,就拉长为空间片断"10001";空间片断"10001",压缩 9000 个空间单位长度,就缩短为空间片断"1001",而且中间的部分空间链条断裂为一个个的空间碎片.如图 2-15 中.

……

由此,猜想归纳出:空间片断"1$\overbrace{0\cdots0}^{n-1\text{个}0}$1",伸长 9$\overbrace{0\cdots0}^{n\text{个}0}$ 个空间单位长度,就拉长为空间片断"1$\overbrace{0\cdots0}^{n\text{个}0}$1";空间片断"1$\overbrace{0\cdots0}^{n\text{个}0}$1",压缩 9$\overbrace{0\cdots0}^{n\text{个}0}$ 个空间单位长度,就缩短为空间片断"1$\overbrace{0\cdots0}^{n-1\text{个}0}$1",而且中间的部分空间链条断裂为一个个的空间碎片.如图 2-16 中"折叠伸缩万能空间尺".当 $n=0$ 为自然空间尺.如图 2-12 中.

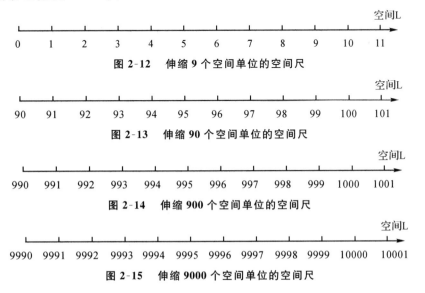

图 2-12 伸缩 9 个空间单位的空间尺

图 2-13 伸缩 90 个空间单位的空间尺

图 2-14 伸缩 900 个空间单位的空间尺

图 2-15 伸缩 9000 个空间单位的空间尺

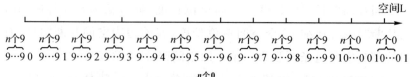

图 2-16　折叠伸缩 9 0 … 0 个空间单位的空间尺

众运算就是把空间当作一把能伸缩的折叠尺,对小空间与小空间、小空间与大空间、大空间与大空间连接起来进行空间片断的对接与转换.

如果把空间分为正空间与反空间,那么众数和的运算法则与规律就是正空间的空间运算法则与规律,如 $2 = (11)_+ = (101)_+ = (1001)_+ = (10001)_+ = \cdots$. 众数差的运算法则与规律就是反空间的空间运算法则与规律. 如 $-2 = (-11)_+ = (-101)_+ = (-1001)_+ = (-10001)_+ = \cdots$.

按照方向位置关系,可以把时间分为平行时间与交叉时间,空间分为平行空间与交叉空间. 很显然,众数和(差)的运算法则与规律是平行时间或者平行空间的运算法则与规律,众数积(商)的运算法则与规律是交叉时间或者交叉空间的运算法则与规律.

8　众数学的三角与向量本质

在数学上,一分为二,就是把 1 条线段"——"分成 2 条线段"——";再一分为二,第二次就分成 4 条线段"————". 再一分为二,第三次就分成八条线段"————————"… 按照此规律,依次下去. 再一分为二,第 n 次就分成 2^n 条线段. 而且分得的线段与原来的线段都是自相似的.

在数学上,一分为二,就是把 1 个平面 ▭ 分成 2 个半平面 ▭▭(一个日字格),这是数学意义上的几何解释. 再一分为二,第二次就分成 4 个半平面 ▦(2 个日字格、1 个田字格). 再一分为二,第三次就分成 8 个半平面 ▦▦(4 个日字格、2 个田字格). 再一分为二,第四次就分成 16 个半平面 ▦▦(8 个日字格、4 个田字格). …. 按照此规律,依次下去. 再一分为二,第 n 次就分成 2^n 个半平面. …. 而且,分得的平面与原来的平面都是自相似的.

由此,对于一条线段(一维空间)、一个平面(二维空间)、一个正方体(三维空间)来说,一分为二的数学几何分解规律就是:$2^0, 2^1, 2^2, 2^3, \cdots,$ $2^n, \cdots$. 依次下去.(其中 n 为分解的次数.)即满足二进制的进位原则:"1248"法则.如下面表格表示.

如果分得的线段、平面与原来的线段、平面在结构、特征、性质都是自相似的,那么把这最初始的线段、平面,形象地称为"众集合体",简称为"众元".如楼房的建筑单元、学校的班级组织、军队的班级单位、国家的家庭结构等都是"众元".因此,曼德布罗特在分形几何中提出的"分形元"也是"众元".只不过,"分形元"适用在不规则、无秩序、不规范的数学空间与现实世界中.而"众元"的适用范围较广泛,规则与不规则、秩序与不秩序、规范与不规范的数学空间与现实世界都普遍适用.

次数	半平面	矩形	日字格	田字格	方图形	圆图形
第一次	2 个	2 个	1 个	0 个		
第二次	4 个	4 个	2 个	1 个		
第三次	8 个	8 个	4 个	2 个		
第四次	16 个	16 个	8 个	4 个		
⋮	⋮	⋮	⋮	⋮	⋮	⋮
第 n 次	2^n 个	2^n 个	2^{n-1} 个	2^{n-2} 个	⋮	⋮

因此,如果把一个平面当作一个正方形,在直角坐标系下,对角线的交点为圆心,对角线长度的一半为半径,就可以作出一个外接圆了.这就是数学上"方化为圆"的重要思想.当然,如果把一个平面当作一个圆形,在直角坐标系下,取圆内相互垂直的两条直径,与圆有 4 个交点,并把 4 个交点相互连接起来就是一个正方形,这就是数学上"圆化为方"的重要思想.如图 2-17 所示.4 个顶点 A、B、C、D 正好把外接圆分成了均匀的四等份,并对应着东北方向 $45°$、西北方向 $135°$、西南方向 $225°$、东南方向 $315°$,这 4 个角.若取圆为单位圆(即半径为 1),正方形的边长为 $\sqrt{2}$.

不妨取 $\angle XOA = 45°$,$\angle XOB = 135°$,$\angle XOC = 225°$,$\angle XOD = 315°$,且 E、F、G、H 分别为正方形四边 AB、BC、CD、DA 的中点.

在第一象限内,由 $\mathrm{Rt}\triangle AOH$,$\angle AOH = 45°$,得:

向量$\overrightarrow{OH}$ 对应的有向线段$\overrightarrow{OH}$ = (cos45°, 0)

= $\left(\frac{\sqrt{2}}{2}, 0\right)$, 向量$\overrightarrow{HA}$ 对应的有向线段$\overrightarrow{HA}$ = (0,

sin45°) = $\left(0, \frac{\sqrt{2}}{2}\right)$, 即 A 点的坐标为 (cos45°,

sin45°) = $\left(\frac{\sqrt{2}}{2}, \frac{\sqrt{2}}{2}\right)$, 亦即向量$\overrightarrow{OA}$ = (cos45°,

sin45°) = $\left(\frac{\sqrt{2}}{2}, \frac{\sqrt{2}}{2}\right)$.

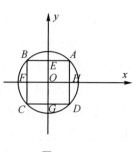

图 2-17

在第二象限内, 由 Rt△OFB, ∠HOB = 135°, 得:

向量$\overrightarrow{OF}$ 对应的有向线段$\overrightarrow{OF}$ = (cos135°, 0) = $\left(-\frac{\sqrt{2}}{2}, 0\right)$, 向量$\overrightarrow{FB}$ 对

应的有向线段$\overrightarrow{FB}$ = (0, sin135°) = $\left(0, \frac{\sqrt{2}}{2}\right)$, 即 B 点的坐标为 (cos135°,

sin135°) = $\left(-\frac{\sqrt{2}}{2}, \frac{\sqrt{2}}{2}\right)$, 亦即向量$\overrightarrow{OB}$ = (cos135°, sin135°) = $\left(-\frac{\sqrt{2}}{2}, \frac{\sqrt{2}}{2}\right)$.

在第三象限内, 由 Rt△OFC, ∠HOC = 225°, 得:

向量$\overrightarrow{OF}$ 对应的有向线段$\overrightarrow{OF}$ = (cos225°, 0) = $\left(-\frac{\sqrt{2}}{2}, 0\right)$, 向量$\overrightarrow{FC}$ 对应的

有向线段$\overrightarrow{FC}$ = (0, sin225°) = $\left(0, -\frac{\sqrt{2}}{2}\right)$, 即 C 点的坐标为 (cos225°, sin225°) =

$\left(-\frac{\sqrt{2}}{2}, -\frac{\sqrt{2}}{2}\right)$, 亦即向量$\overrightarrow{OC}$ = (cos225°, sin225°) = $\left(-\frac{\sqrt{2}}{2}, -\frac{\sqrt{2}}{2}\right)$.

在第四象限内, 由 Rt△OHD, ∠HOD = 315°, 得:

向量$\overrightarrow{OH}$ 对应的有向线段$\overrightarrow{OH}$ = (cos315°, 0) = $\left(\frac{\sqrt{2}}{2}, 0\right)$, 向量$\overrightarrow{HD}$ 对

应的有向线段$\overrightarrow{HD}$ = (0, sin315°) = $\left(0, -\frac{\sqrt{2}}{2}\right)$, 即 D 点的坐标为

(cos315°, sin315°) = $\left(\frac{\sqrt{2}}{2}, -\frac{\sqrt{2}}{2}\right)$, 亦即向量$\overrightarrow{OD}$ = (cos315°, sin315°)

= $\left(\frac{\sqrt{2}}{2}, -\frac{\sqrt{2}}{2}\right)$.

如果把一个平面当作一个圆平面, 通过 3 次"一分为二"后就可以得

到 8 个半平面. 其分割线与圆平面的交点正好构成了如图 2-18 所示的正八边形. 正八边形的 8 个顶点, 正好把圆平面分成了均匀的 8 等份. 若取圆平面为单位圆, 即半径为 1, 那么正八边形的这 8 个顶点对应的坐标以及对应的向量分别为:

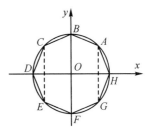

图 2-18

A 点的坐标为 $(\cos45°,\sin45°)=(\frac{\sqrt{2}}{2},\frac{\sqrt{2}}{2})$,

亦即向量 $\overrightarrow{OA}=(\cos45°,\sin45°)=(\frac{\sqrt{2}}{2},\frac{\sqrt{2}}{2})$.

B 点的坐标为 $(\cos90°,\sin90°)=(0,1)$, 亦即向量 $\overrightarrow{OB}=(\cos90°,\sin90°)=(0,1)$.

C 点的坐标为 $(\cos135°,\sin135°)=(-\frac{\sqrt{2}}{2},\frac{\sqrt{2}}{2})$, 亦即向量 $\overrightarrow{OC}=(\cos135°,\sin135°)=(-\frac{\sqrt{2}}{2},\frac{\sqrt{2}}{2})$.

D 点的坐标为 $(\cos180°,\sin180°)=(-1,0)$, 亦即向量 $\overrightarrow{OD}=(\cos180°,\sin180°)=(-1,0)$.

E 点的坐标为 $(\cos225°,\sin225°)=(-\frac{\sqrt{2}}{2},-\frac{\sqrt{2}}{2})$, 亦即向量 $\overrightarrow{OE}=(\cos225°,\sin225°)=(-\frac{\sqrt{2}}{2},-\frac{\sqrt{2}}{2})$.

F 点的坐标为 $(\cos270°,\sin270°)=(0,-1)$, 亦即向量 $\overrightarrow{OF}=(\cos270°,\sin270°)=(0,-1)$.

G 点的坐标为 $(\cos315°,\sin315°)=(\frac{\sqrt{2}}{2},-\frac{\sqrt{2}}{2})$, 亦即向量 $\overrightarrow{OG}=(\cos315°,\sin315°)=(\frac{\sqrt{2}}{2},-\frac{\sqrt{2}}{2})$.

H 点的坐标为 $(\cos360°,\sin360°)=(1,0)$, 亦即向量 $\overrightarrow{OH}=(\cos360°,\sin360°)=(1,0)$.

本节主要阐述了众数学在"一分为二"方面的三角本质与向量本质.

第三章 素数的构造规律和分布规律

本章导读：

认清素数的本质是数论中的一大难题.本章第一次提出了构造素数的两种新方法、新技术.同时,利用"众数和"重新认识素数,发现了素数的分解规律与分布规律,并按图索骥地提出了素数链、素数圈、众数和链、数学链等数学新概念.因此,"众数和"是认识、发现、探索素数的一种新方法、新途径、新角度、新思维.

1 关于素数的一个性质

在第一章5《重新认识素数》中,我们通过验证前25个素数:2,3,5,7,11,13,17,19,23,29,31,37,41,43,47,53,59,61,67,71,73,79,83,89,97,似乎两位数的素数的各位数字之和都是"1,2,4,5,7,8",不可能出现"3,6,9"的结论.那么,在这里提出一个大胆的归纳猜想结论:

> 所有两位数或两位数以上的素数的各位数字之和,即最小众数和都是"1,2,4,5,7,8",不可能出现众数和"3,6,9".

下面我们验证三位数的素数的各位数字之和,即最小众数和是不是"1,2,4,5,7,8"的结论?

从101开始的三位数的素数是:101,103,107,109, 113,127,131,137,139,149,151,157,163,167,173,179,181,191,193,197,199,211,223,227,229,233,239,241,251,257,263,269,271,277,281,283,293,307,311,313,317,331,337,347,349,353,359,367,373,379,383,389,

397,401,409,419,421,431,433,439,443,449,457,461,463,467,479,
487,491,499,503,509,521,523,541,547,557,563,569,571,577,587,
593,599,601,607,613,617,619,631,641,643,647,653,659,661,673,
677,683,691,701,709,719,727,733,739,743,751,757,761,769,773,
787,797,809,811,821,823,827,829,839,853,857,859,863,877,881,
883,887,907,911,919,929,937,941,947,953,967,971,977,983,991,
997,共 143 个.

为方便验证,以下素数的众数和最后结果都取最小的众数和.

101 的各位数字之和是:$1+0+1=2$. 即素数 101 的众数和是"2".

103 的各位数字之和是:$1+0+3=4$. 即素数 103 的众数和是"4".

107 的各位数字之和是:$1+0+7=8$. 即素数 107 的众数和是"8".

109 的各位数字之和是:$1+0+9=10,1+0=1$. 即素数 109 的众数和是"1".

113 的各位数字之和是:$1+1+3=5$. 即素数 113 的众数和是"5".

127 的各位数字之和是:$1+2+7=10,1+0=1$. 即素数 127 的众数和是"1".

131 的各位数字之和是:$1+3+1=5$. 即素数 131 的众数和是"5".

137 的各位数字之和是:$1+3+7=11,1+1=2$. 即素数 137 的众数和是"2".

139 的各位数字之和是:$1+3+9=13,1+3=4$. 即素数 139 的众数和是"4".

149 的各位数字之和是:$1+4+9=14,1+4=5$. 即素数 149 的众数和是"5".

151 的各位数字之和是:$1+5+1=7$. 即素数 51 的众数和是"7".

157 的各位数字之和是:$1+5+7=13,1+3=4$. 即素数 157 的众数和是"4".

163 的各位数字之和是:$1+6+3=10,1+0=1$. 即素数 163 的众数和是"1".

173 的各位数字之和是:$1+7+3=11,1+1=2$. 即素数 173 的众数和是"2".

179 的各位数字之和是:$1+7+9=17,1+7=8$. 即素数 179 的众数和是"8".

181 的各位数字之和是:$1+8+1=10,1+0=1$.即素数 181 的众数和是"1".

191 的各位数字之和是:$1+9+1=11,1+1=2$.即素数 191 的众数和是"2".

193 的各位数字之和是:$1+9+3=13,1+3=4$.即素数 193 的众数和是"4".

197 的各位数字之和是:$1+9+7=17,1+7=8$.即素数 197 的众数和是"8".

199 的各位数字之和是:$1+9+9=19,1+9=10,1+0=1$.即素数 199 的众数和是"1".

211 的各位数字之和是:$2+1+1=4$.即素数 211 的众数和是"4".

223 的各位数字之和是:$2+2+3=7$.即素数 223 的众数和是"7".

227 的各位数字之和是:$2+2+7=11,1+1=2$.即素数 227 的众数和是"2".

229 的各位数字之和是:$2+2+9=13,1+3=4$.即素数 229 的众数和是"4".

在这里,我们已验证了三位数的素数的前 25 个,归纳的结论是:三位数的素数的各位数字之和,即最小众数和都是"1,2,4,5,7,8",不可能出现众数和"3,6,9"的结论.有兴趣的读者,可以验证其他三位数的素数是不是也有这样的结论.

从 1009 开始的四位数的素数是:

1009 的各位数字之和是:$1+0+0+9=10,1+0=1$.即素数 1009 的众数和是"1".

1013 的各位数字之和是:$1+0+1+3=14,1+4=5$.即素数 1013 的众数和是"5".

1019 的各位数字之和是:$1+0+1+9=11,1+1=2$.即素数 1019 的众数和是"2".

1021 的各位数字之和是:$1+0+2+1=4$.即素数 1021 的众数和是"4".

1031 的各位数字之和是:$1+0+3+1=5$.即素数 1031 的众数和是"5".

1033 的各位数字之和是:$1+0+3+3=7$.即素数 1033 的众数和是"7".

1039 的各位数字之和是:$1+0+3+9=4$.即素数 1039 的众数和是"4".

1049 的各位数字之和是:$1+0+4+9=14,1+4=5$.即素数 1049 的众数和是"5".

1051 的各位数字之和是:$1+0+5+1=7$.即素数 1051 的众数和是"7".

1061 的各位数字之和是:$1+0+6+1=8$.即素数 1061 的众数和是"8".

1063 的各位数字之和是:$1+0+6+3=10,1+0=1$.即素数 1063 的众数和是"1".

1069 的各位数字之和是:$1+0+6+9=16,1+6=7$.即素数 1069 的众数和是"7".

1087 的各位数字之和是:$1+0+8+7=16,1+6=7$.即素数 1087 的众数和是"7".

1091 的各位数字之和是:$1+0+9+1=11,1+1=2$.即素数 1091 的众数和是"2".

1093 的各位数字之和是:$1+0+9+3=13,1+3=4$.即素数 1093 的众数和是"4".

1097 的各位数字之和是:$1+0+9+7=17,1+7=8$.即素数 1097 的众数和是"8".

1103 的各位数字之和是:$1+1+0+3=5$.即素数 1103 的众数和是"5".

1109 的各位数字之和是:$1+1+0+9=11,1+1=2$.即素数 1109 的众数和是"2".

1117 的各位数字之和是:$1+1+1+7=10,1+0=1$.即素数 1117 的众数和是"1".

1123 的各位数字之和是:$1+1+2+3=7$.即素数 1123 的众数和是"7".

1129 的各位数字之和是:$1+1+2+9=13,1+3=4$.即素数 1129 的众数和是"4".

1151 的各位数字之和是:$1+1+5+1=8$.即素数 1151 的众数和是"8".

1153 的各位数字之和是:$1+1+5+3=10,1+0=1$.即素数 1153 的众数和是"1".

1163 的各位数字之和是:$1+1+6+3=11,1+1=1$.即素数 1163 的众数和是"2".

1171 的各位数字之和是:$1+1+7+1=10,1+0=1$.即素数 1117

的众数和是"1".

在这里,我们又已验证了四位数的素数的前 25 个结论是:四位数的素数的各位数字之和,即最小众数和都是"1,2,4,5,7,8",不可能出现众数和"3,6,9"的结论.有兴趣的读者,可以验证其他四位数的素数是不是也有这样的结论.

笔者验证了五位数,六位数,七位数,八位数的素数各前 25 个,都有与二位数,三位数,四位数的素数一样的结论.由些,我们用不完全归纳法可以猜测得到结论:

> 所有(两位数或两位数以上)素数的各位数字之和,即最小众数和都是"1,2,4,5,7,8",不可能出现众数和"3,6,9".即所有素数的各位数字之和,不能被"3,6,或9"整除.

这是素数的一个重要新性质和新结论,也是目前数学书籍没有记载的有关素数的一个重要新性质和新结论,也是我们后面产生、构造、派生、衍生素数的一种重要的新的数学方法和技术手段.

所有(两位数或两位数以上的)素数的各位数字之和分为 3 类:第一类是各位数字之和都是众数和"1,5,7";第二类是各位数字之和都是众数和"2,4,8";第三类是孤素数"3",唯一一个.("3" 是孤立的素数,不是求素数的众数和得到的结果)

所有正整数的最小"众数和"不外乎 1,2,3,4,5,6,7,8,9. 素数是一类特殊的奇数,隶属于整数范畴. 为区别起见,按"众数和"把所有素数构成的集合称为"素数集",记作 $[p(i_+)]$($i = 1,2,3,4,5,6,7,8,9$).

经过笔者多年的分析、摸索和研究,所有素数的"众数和集"共有 7 种.为了与"众数和集"区别起见,分别记作 $[p(1_+)]$,$[p(2_+)]$,$[p(3_+)]$,$[p(4_+)]$,$[p(5_+)]$,$[p(7_+)]$,$[p(8_+)]$.无"素数集" $[p(6_+)]$,$p[(9_+)]$.因为"众数和集" $[p(6_+)]$,$[p(9_+)]$ 所对应的数全是偶数.其次,"素数集" $[p(3_+)]$ 仅有一个素数 3 组成,再无其他素数,则称为单素数集,亦即 $[p(3_+)] = \{3\}$.因为 $10_+ = (1 + 0)_+ = 1_+$,所以"素数集" $[p(10_+)] = [p(1_+)]$.

按照"众数和"的奇偶特性,素数可以分成 3 类:

第一类由 $p[(1_+)]$，$[p(5_+)]$，$[p(7_+)]$3个"素数集"组成，按照1,5,7的奇数特性，其"众数和"为1,5,7构成的奇数，全是素数，其"素数集"里的每一个素数又可以产生、衍生许多素数.

$[p(1_+)]=[p(10_+)]$ 表示所有素数的各位数字之和是众数和"1"构成的素数集合，如 $[p(1_+)]=[p(10_+)]=\{$ 19,37,73,109,127,163,181,199,271,307,433,523,541,613,631,811,919,991,1153,1171,1531,1621,1801,2161,3511,5113,6121,6211,8011,8101,11071,11161,11251,12511,13411,15121,16111,25111,41113,41131,101161,101611,110161,113131,116101,131113,131311,141121,142111,411211,511111,611011,611101,1101511,1111213,1112113,1112131,1131121,1114111,1115011,1211311,1511101,2111311,3112111,5111011,$\cdots\}$.

$p[(5_+)]$ 表示所有素数的各位数字之和是众数和"5"构成的素数集合，如 $[p(5_+)]=\{5,23,41,59,113,131,149,311,347,419,491,743,$941,1121,1193,1211,1283,1319,1373,1553,1733,1823,1913,1931,2111,2381,3119,3137,3191,3371,3461,3821,3911,5153,5351,5531,6143,7331,8123,8231,9311,10211,11273,12011,12101,12119,12641,12713,12911,13127,13217,13721,14621,16421,17123,17231,17321,19121,19211,21011,21101,21191,21317,21713,21911,22811,23117,24611,26141,28211,31271,31721,32117,42611,41621,52511,62141,73121,$\cdots\}$.

$[p(7_+)]$ 表示所有素数的各位数字之和是众数和"7"构成的素数集合，如 $[p(7_+)]=\{7,43,61,79,97,151,619,637,673,691,1051,1753,$1951,2851,3517,3571,4111,4561,4651,5011,5101,5119,5281,5821,6451,7351,8521,9151,9511,$\cdots\}$.

第二类由 $[p(2_+)]$，$[p(4_+)]$，$[p(8_+)]$3个"素数集"组成，按照2,4,8的偶数特性，其"众数和"为2,4,8构成的奇数，也是素数，其"素数集"里的每一个素数又可以产生、衍生许多素数.

$p[(2_+)]$ 表示所有素数的各位数字之和是众数和"2"构成的素数集合，如 $[p(2_+)]=\{2,11,29,101,137,173,191,281,317,821,461,641,$911,1019,1109,1289,1307,1559,1901,1973,2081,2801,2819,2837,3467,3557,3701,3719,3917,4637,4673,4691,5051,5501,5519,5573,

5591,6473,6491,7013,7103,7193,7283,7643,7823,8219,8237,8273,
8291,9011,9137,9173,9281,9371,9461,9551,…}.

$[p(4_+)]$表示所有素数的各位数字之和是众数和"4"构成的素数集合,如$[p(4_+)]=\{13,31,103,139,193,211,283,337,373,463,499,643,$
733,823,1021,1129,1201,1237,1291,1327,1723,2011,2137,2281,
2371,2551,2713,2731,3217,3271,4261,4621,5521,6421,7213,7321,
8221,11299,12109,12289,12379,12739,12829,12973,13297,13729,
14629,16249,17239,17293,17923,18229,19219,19237,19273,21019,
21379,21397,21649,21739,21937,22189,23197,23719,23917,23971,
24169,24691,25951,28219,28921,29101,29137,29173,29641,31729,
32719,32917,32971,39217,41269,42169,42961,46219,49261,52951,
55291,55921,64921,71293,71329,72139,72931,73291,79231,82129,
82219,90121,91129,91237,92119,92173,92317,92461,92551,92641,
92821,94261,94621,97213,97231,98221,…}.

$[p(8_+)]$表示所有素数的各位数字之和是众数和"8"构成的素数集合,如$[p(8_+)]=\{17,53,71,89,107,179,197,467,557,647,701,719,$
773,827,971,1061,1367,1511,1601,1619,1637,2861,3167,3617,3671,
3761,5651,6011,6101,6173,6317,6551,6911,9161,11411,11519,
14561,15101,15137,15173,15461,15551,15641,15731,16451,18251,
18521,21851,28151,31517,35117,35171,37511,41651,45161,46511,
51137,51461,51551,51713,53117,53171,55511,57131,58211,64151,
65141,71153,85121,91151,95111,…}.

第三类是"素数集"$[p(3_+)]$只包含一个孤素数"3".

因为众数和"3"也满足实数3的分解规律:$3=1+1+1=1+2$,其源生数12,21,111都是合数,无素数产生.所以"众数和集"$[3_+]$,除"素数3"外,全由合数组成,不能与其他两类相提并论.

其中素数的"众数和"统一符号为"$p(i_+)=i_+$"$(i=1,2,3,4,5,7,8,10)$,其运算规律与性质类同一般的"众数和"运算规律与性质.如$p(2_+)=2_+,p(1_+)=1_+=10_+$,但$p(3_+)=3,p(3_+)=p(1_+)+p(2_+)$.

2　素数的几何解释

根据定义,素数是大于1的数,它只有1和自身作为因子.下面用几何的方法解释素数的定义:

观察 12 个方块:

现在重新排列它们,使之形成不同的 1×12、2×6、3×4 的矩形.

若一个方块对应着一个数1,则偶数12用几何解释有3种分解形式,即 $12=1\times12$、$12=2\times6$、$12=3\times4$.每个矩形解释了偶数12的因子 1×12、2×6、3×4.所以偶数12有6个因子:1,12,2,6,3,4.

观察 16 个方块:

现在重新排列它们,使之形成不同的 1×16、2×8、4×4 的矩形.

若把一个方块对应着一个数1,则偶数16用几何解释有3种分解形式,即 $16=1\times16$、$16=2\times8$、$16=4\times4$.每个矩形解释了偶数16的因子 1×16、2×8、4×4.所以偶数16有5个因子:1,16,2,8,4.

若一个数是素数3,则有3个方块,排成矩形有几个呢?仅有一个矩形. 即素数 3 有 2 个因子:1 与 3.

若一个数是素数 5,则有 5 个方块,排成矩形有几个呢?仅有一个矩形. 即素数 5 有 2 个因子:1 与 5.

若一个数是素数 7,则有 7 个方块,排成矩形有几个呢?仅有一个矩形. 即素数 7 有 2 个因子:1 与 7.

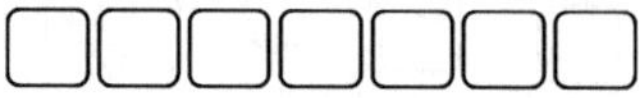

若一个数是素数 11,则有 11 个方块,排成矩形有几个呢?仅有一个矩形. 即素数 11 有 2 个因子:1 与 11.

若一个数是素数 13,则有 13 个方块,排成矩形有几个呢?仅有一个矩形. 即素数 13 有 2 个因子:1 与 13.

若一个数是素数 17,则有 17 个方块,排成矩形有几个呢?仅有一个矩形. 即素数 17 有 2 个因子:1 与 17.

因此,我们不难归纳猜测出:若一个数是素数 p,则有 p 个方块,排成矩形有几个呢?仅有一个矩形. 即素数 p 有 2 个因子:1 与 p. 所以素数 p 用代数解释为:$p = 1 \cdot p$,仅有一个唯一分解. 素数 p 用几何解释为如图 3-1 所示:

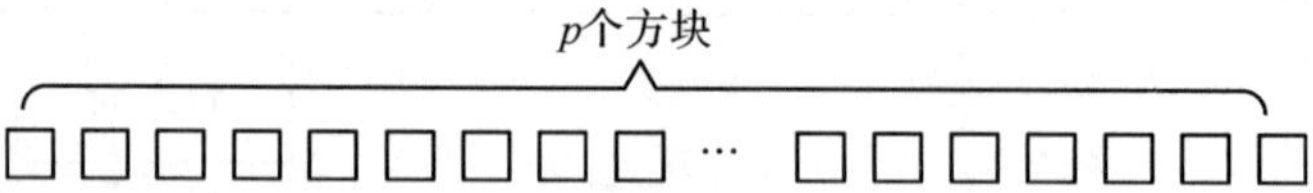

图 3-1

3 产生素数的新方法

3.1 十进制的实数的不进位规律

下面我们考察十进制的实数的进位制,如果不进位是什么规律?

二位数:$10 = 10 + 0$.

二位数的进位,如果不进位是在个位上"空缺一个 0",占据一个位置.

三位数:$100 = 100 + 00$.

三位数的进位,如果不进位是在个位上"空缺一个 0",占据一个位置;再在十位上"空缺一个 0",再占据一个位置.

四位数:$1000 = 1000 + 000$.

四位数的进位,如果不进位是在个位上"空缺一个 0",占据一个位置;再在十位上"空缺一个 0",再占据一个位置;再在百位上"空缺一个 0",再占据一个位置.

五位数:$10000 = 10000 + 0000$.

五位数的进位,如果不进位是在个位上"空缺一个 0",占据一个位置;再在十位上"空缺一个 0",再占据一个位置;再在百位上"空缺一个 0",再占据一个位置;再在千位上"空缺一个 0",再占据一个位置.

$\cdots$

n 位数:$1\overbrace{000\cdots000}^{n-1个0} = 1\overbrace{000\cdots000}^{n-1个0} + 1\overbrace{000\cdots000}^{n-1个0}$

n 位数的进位,如果不进位是在个位上"空缺一个 0",占据一个位置;再在十位上"空缺一个 0",再占据一个位置;再在百位上"空缺一个 0",再占据一个位置;再在千位上"空缺一个 0",再占据一个位置;再在万位上"空缺一个 0",再占据一个位置;$\cdots$,依次类推,n 位上"空缺一个 0",再占据一个位置.因此,实数的二位数,三位数,四位数,五位数,$\cdots$,n 位数,如果不进位,规律是依次按照 $0,00,000,0000,00000,\cdots,\overbrace{000\cdots000}^{n-1个0}$,进行一一镶嵌.

3.2　十进制的实数的进位规律

下面我们考察十进制实数的进位制是按照什么规律进位的.

两位数：$10 = 1 + 9$.

两位数的进位是在个位上"逢九进一".

三位数：$100 = 1 + 99$.

三位数的进位是在个位上"逢九进一"，十位上"逢九进一".

四位数：$1000 = 1 + 999$.

四位数的进位是在个位上"逢九进一"，十位上"逢九进一"，百位上"逢九进一".

五位数：$10000 = 1 + 9999$.

五位数的进位是在个位上"逢九进一"，十位上"逢九进一"，百位上"逢九进一"，千位上"逢九进一".

六位数：$100000 = 1 + 99999$.

六位数的进位是在个位上"逢九进一"，十位上"逢九进一"，百位上"逢九进一"，千位上"逢九进一"，万位上"逢九进一".

……

n 位数：$1\overbrace{000\cdots000}^{n-1\uparrow 0} = 1 + \overbrace{999\cdots999}^{n-1\uparrow 9}$.

十进制的 n 位数进位是在个位上"逢九进一"，十位上"逢九进一"，百位上"逢九进一"，千位上"逢九进一"，万位上"逢九进一"，$\cdots$，n 位上"逢九进一". 因此，实数的二位数，三位数，四位数，五位数，$\cdots$，n 位数，如果进位，规律是依次按照 $9, 99, 999, 9999, 99999, \cdots, \overbrace{999\cdots999}^{n-1\uparrow 9}$，进行一一镶嵌.

很显然，十进制的实数，可以依次按照 $0, 00, 000, 0000, 00000, \cdots$，$\overbrace{000\cdots000}^{n-1\uparrow 0}, \cdots$，进行一一镶嵌产生其他实数；也可以依次按照 $9, 99, 999$，$9999, 99999, \cdots, \overbrace{999\cdots999}^{n-1\uparrow 9}, \cdots$，进行一一镶嵌产生其他实数. 在这里，姑且把产生实数的这种方法，叫"镶嵌法".

3.3　十进制的素数不进位产生素数的规律

下面我们考察十进制的素数是不是能用这种不进位的"镶嵌法"产

生构造素数?其规律如何?

不 进 位 的 "镶 嵌 法" 进 行 一 一 镶 嵌 $0,00,000,0000,00000,\cdots$, $\overbrace{000\cdots000}^{n \uparrow 0},\cdots$,产生构造素数.

我们考察"镶嵌法"对素数 11 进行一一镶嵌 $0,00,000,0000,00000$, $\cdots,\overbrace{000\cdots000}^{n \uparrow 0},\cdots$,能否产生新的素数.

素数 11 的众数和是 "2",即 $1+1=2$.

在素数 11 的中间镶嵌一个 "0",构造的新数 101 是一个素数,其素数 101 的众数和是:$1+0+1=2$.

其实质是:$11+90=101$,即素数 11 在十位上进位 "逢九进一" 得到素数 101.

在素数 11 的中间镶嵌两个 "00",构造的新数 1001,也不是一个素数,其奇数 1001 的众数和是:$1+0+0+1=2$.

其实质是:$11+990=1001$,即素数 11 在十位上进位 "逢九进一",在百位上进位 "逢九进一" 得到奇数 1001.

在素数 11 的中间镶嵌三个 "000",构造的新数 10001,也不是一个素数,其奇数 10001 的众数和是:$1+0+0+0+1=2$.

其实质是:$11+9990=10001$,即素数 11 在十位上进位 "逢九进一",在百位上进位 "逢九进一",在千位上进位 "逢九进一" 得到奇数 10001.

在素数 11 的中间镶嵌四个 "0000",构造的新数 100001 是一个素数,其素数 100001 的众数和是:$1+0+0+0+0+1=2$.

其实质是:$11+99990=100001$,即素数 11 在十位上进位 "逢九进一",在百位上进位 "逢九进一",在千位上进位 "逢九进一",在万位上进位 "逢九进一" 得到素数 100001.

$\cdots$

在素数 11 的中间镶嵌 n 个 0,即 "$\overbrace{000\cdots000}^{n \uparrow 0}$",构造的新数 $1\overbrace{000\cdots0001}^{n \uparrow 0}$,有可能是一个素数,其奇数 $1\overbrace{000\cdots0001}^{n \uparrow 0}$ 的众数和是:$1+0+0+0+\cdots+\overbrace{0+0+0}^{n \uparrow 0}+1=2$.

其实质是:$11+\overbrace{999\cdots9990}^{n \uparrow 9}=1\overbrace{000\cdots0001}^{n \uparrow 0}$,即素数 11 在十位上进位

"逢九进一",在百位上进位"逢九进一",在千位上进位"逢九进一",在万位上进位"逢九进一",…,依次类推,在 n 位上进位"逢九进一",有可能产生素数 $1\,\overbrace{000\cdots000}^{n\uparrow0}1$.

我们把在素数的中间镶嵌 $0,00,000,0000,00000,\cdots,\overbrace{000\cdots000}^{n\uparrow0},\cdots$ 构造新素数的方法,称为"中间镶嵌法".

3.4 十进制的素数进位产生素数的规律

下面我们考察十进制的素数是不是能用这种进位的"镶嵌法"产生构造素数?其规律如何?

进位的"镶嵌法"进行一一镶嵌 $9,99,999,9999,99999,\cdots,$ $\overbrace{999\cdots999}^{n\uparrow9},\cdots$,产生构造素数.

我们考察"镶嵌法"对素数 11 进行一一镶嵌 $9,99,999,9999,99999,$ $\cdots,\overbrace{999\cdots999}^{n\uparrow9},\cdots$,能否产生新的素数.

素数 11 的众数和是"2",即 $1+1=2$.

在素数 11 的中间镶嵌一个"9",构造的新数 191 是一个素数,其素数 191 的众数和是:$1+9+1=11,1+1=2$.

其实质是:$11+180=11+90+90=191$,即素数 11 是在十位上两次进位"逢九进一"得到素数 191.

在素数 11 的中间镶嵌两个"99",构造的新数 1991,却不是素数,其奇数 1991 的众数和是:$1+9+9+1=20,2+0=2$.

其实质是:$11+1980=11+990+990=1991$,即素数 11 在十位上两次进位"逢九进一",在百位上两次进位"逢九进一"得到奇数 1991.

在素数 11 的中间镶嵌三个"999",构造的新数 19991 是一个素数,其素数 19991 的众数和是:$1+9+9+9+1=29,2+9=11,1+1=2$.

其实质是:$11+19980=11+9990+9990=19991$,即素数 11 在十位上两次进位"逢九进一",在百位上两次进位"逢九进一",在千位上两次进位"逢九进一"得到素数 19991.

在素数 11 的中间镶嵌四个"9999",构造的新数 199991 是一个素数,其素数 199991 的众数和是:$1+9+9+9+9+1=38,3+8=11,1+1=2$.

其实质是:$11+199980=11+99990+99990=199991$,即素数 11 在十位上两次进位"逢九进一",在百位上两次进位"逢九进一",在千位上两次进位"逢九进一",在万位上两次进位"逢九进一"得到素数 199991.

……

在素数 11 的中间镶嵌 n 个"$\overbrace{999\cdots999}^{n\uparrow9}$",构造的新数 $1\overbrace{999\cdots9991}^{n\uparrow9}$,有可能是素数,其新数 $1\overbrace{999\cdots9991}^{n\uparrow9}$ 的众数和是:

$$1+\overbrace{9+9+9+\cdots+9+9+9}^{n\uparrow9}+1=\cdots=2_+.$$

(利用众数和加法定律:$2+9=11,1+1=2$,即 $2+9=2_+$,即得到众数和"2"的结果)

其实质是:$11+1\overbrace{999\cdots99980}^{n-1\uparrow9}=11+\overbrace{999\cdots9990}^{n\uparrow9}+\overbrace{999\cdots9990}^{n\uparrow9}=1\overbrace{999\cdots9991}^{n\uparrow9}$,即素数 11 在十位上两次进位"逢九进一",在百位上两次进位"逢九进一",在千位上两次进位"逢九进一",在万位上两次进位"逢九进一",… 依次类推,在 n 位上两次进位"逢九进一".

我们把在素数的中间镶嵌 $9,99,999,9999,99999,\cdots,\overbrace{999\cdots999}^{n\uparrow9},\cdots$,构造新素数的方法,称为中间"镶嵌法".由于镶嵌 $0,00,000,0000,00000$,$\cdots,\overbrace{000\cdots000}^{n\uparrow0},\cdots$,只能在素数的中间位置,而镶嵌 $9,99,999,9999,99999$,$\cdots,\overbrace{999\cdots999}^{n\uparrow9},\cdots$,在素数的中间位置,或素数的左右两边都可以,在这里姑且称为"左(或右)镶嵌法"与"中间镶嵌法"构造新素数的方法相类同,后面不再重复陈述如何构造素数.

而且这样构造的素数,基本上不改变素数的基本性质.否则,实数的加法性质与众数和的加法性质不封闭.

有兴趣的读者可以自行按照"镶嵌法"构造新的素数.在这里,花费了大量的篇幅找到了一种构造素数的新方法或者新技术(镶嵌数字 0 与 9 构造素数。常见构造素数的方法有筛选法、检验法、分解法),突破了以往数论里寻找素数的方法、技术和手段,也为我们后面发现素数的分解规律与分布规律以及提出素数链、素数圈、众数和链等数学新概念,起到了不可估量的作用.

4　众数和"1_+或10_+"的素数分解与分布规律

现将众数和"1_+或10_+"产生的素数与素数分布规律列举如下:

4.1　众数和"1_+或10_+"产生的素数与素数分解规律

依据实数加法的分解规律,实数"10"有6种分解形式:$10 = 1 + 9$;$10 = 3 + 7$;$10 = 5 + 5$;$10 = 2 + 8$;$10 = 4 + 6$;$10 = 10 + 0$.

根据众数和的加法运算规律与法则:

$(19)_+ = (28)_+ = (37)_+ = (46)_+ = (55)_+ = (73)_+ = (91)_+ = (82)_+ = (64)_+ = (10)_+ = 1$,

则实数1的众数和"1_+",对应着如9类分解形式:

(1)$1_+ = 10_+ = 0 + 10_+$;

(2)$1_+ = 10_+ = 1 + 9_+$;

(3)$1_+ = 10_+ = 1 + 9_+ = 1 + 1 + 8_+$;

(4)$1_+ = 10_+ = 1 + 9_+ = 1 + 1 + 8_+ = 1 + 1 + 1 + 7_+$;

(5)$1_+ = 10_+ = 1 + 9_+ = 1 + 1 + 8_+ = 1 + 1 + 1 + 7_+ = 1 + 1 + 1 + 1 + 6_+$;

(6)$1_+ = 10_+ = 1 + 9_+ = 1 + 1 + 8_+ = 1 + 1 + 1 + 7_+ = 1 + 1 + 1 + 1 + 6_+ = 1 + 1 + 1 + 1 + 1 + 5_+$;

(7)$1_+ = 10_+ = 1 + 9_+ = 1 + 1 + 8_+ = 1 + 1 + 1 + 7_+ = 1 + 1 + 1 + 1 + 6_+ = 1 + 1 + 1 + 1 + 1 + 5_+ = 1 + 1 + 1 + 1 + 1 + 1 + 4_+$;

(8)$1_+ = 10_+ = 1 + 9_+ = 1 + 1 + 8_+ = 1 + 1 + 1 + 7_+ = 1 + 1 + 1 + 1 + 6_+ = 1 + 1 + 1 + 1 + 1 + 5_+ = 1 + 1 + 1 + 1 + 1 + 1 + 4_+ = 1 + 1 + 1 + 1 + 1 + 1 + 1 + 3_+$;

(9)$1_+ = 10_+ = 1 + 9_+ = 1 + 1 + 8_+ = 1 + 1 + 1 + 7_+ = 1 + 1 + 1 + 1 + 6_+ = 1 + 1 + 1 + 1 + 1 + 5_+ = 1 + 1 + 1 + 1 + 1 + 1 + 4_+ = 1 + 1 + 1 +

$1+1+1+1+3 = 1+1+1+1+1+1+1+2_+$.

第一类是 $1_+ = 10_+ = 0+10_+$.

按一分为二的原则,实数1或10的众数和"1_+或10_+"对应着3类分解形式:

(1)$1_+ = 10_+ = 1+9$; (2)$1_+ = 10_+ = 3+7$; (3)$1_+ = 10_+ = 5+5$.

构造了3个无序数组:$(1,9),(3,7),(5,5)$. 因为10_+包含11个数:$19,37,73,91,28,82,46,64,55,10,01$. 构造产生素数,有3个组数:1与9;3与7;5与5.

由第一无序数组$(1,9)$构成的两位数的奇数是$19,91$. 显然,"19"是素数.

由第二无序数组$(3,7)$构成的两位数的奇数是$37,73$. 显然,"37","73"都是素数.

由第三无序数组$(5,5)$构成的两位数的奇数是55. 显然,"55"不是素数.

第二类是 $1_+ = 10_+ = 1+9_+$.

按照一分为三的原则,由$9_+ = 0+9 = 1+8 = 2+7 = 3+6 = 4+5$,或$9_+ = 9+9(18 = 9+9,9 = 1+8)$,实数1或10的众数和"$1_+$或$10_+$"的分解形式"$1_+$或$10_+ = 1+9_+$",对应着如10种分解规律:

(1)$1_+ = 10_+ = 1+9_+ = 1+0+9$;

(2)$1_+ = 10_+ = 1+9_+ = 1+1+8$;

(3)$1_+ = 10_+ = 1+9_+ = 1+2+7$;

(4)$1_+ = 10_+ = 1+9_+ = 1+3+6$;

(5)$1_+ = 10_+ = 1+9_+ = 1+4+5$;

(6)$1_+ = 10_+ = 1+9_+ = 1+9+9$;

(7)$1_+ = 10_+ = 3+7_+ = 3+0+7$;

(8)$1_+ = 10_+ = 3+7_+ = 3+1+6$;

(9)$1_+ = 10_+ = 3+7_+ = 3+2+5$;

(10)$1_+ = 10_+ = 3+7_+ = 3+3+4$.

由第1个无序数组$(1,0,9)$构成的三位数的奇数是$901,109$. 经过素数表筛选符合的素数是109.(用2亿内素数表筛选验证奇数是否是素数. 如果是素数,字体用"加粗、下划线、黑色"表示. 以下类同.)

由第 2 个无序数组 $(1,1,8)$ 构成的三位数的奇数是 181,811. 经过素数表筛选都符合,这 2 个素数是 181,811.

由第 3 个无序数组 $(1,2,7)$ 构成的三位数的奇数是 271,721,127,217. 经过素数表筛选符合的 2 个素数是 271,127.

由第 4 个无序数组 $(1,3,6)$ 构成的三位数的奇数是 361,631,163,613. 经过素数表筛选符合的 3 个素数是 631,163,613.

由第 5 个无序数组 $(1,4,5)$ 构成的三位数的奇数是 451,541,145,415. 经过素数表筛选符合的 1 个素数是 541.

由第 6 个无序数组 $(1,9,9)$ 构成的三位数的奇数是 199,919,991. 经过素数表筛选符合的 3 个素数是 199,919,991.

由第 7 个无序数组 $(3,0,7)$ 构成的三位数的奇数是 307,703. 经过素数表筛选符合的 1 个素数是 307.

由第 8 个无序数组 $(3,1,6)$ 构成的三位数的奇数是 361,631,163,613. 经过素数表筛选符合的 3 个素数是 631,163,613.

由第 9 个无序数组 $(3,2,5)$ 构成的三位数的奇数是 253,523,235,325. 经过素数表筛选符合的 1 个素数是 523.

由第 10 个无序数组 $(3,3,4)$ 构成的三位数的奇数是 343,433. 经过素数表筛选符合的 1 个素数是 433.

第三类是 $1_+ = 10_+ = 1+9_+ = 1+1+8_+$.

按照一分为四的原则,由 $8_+ = 0+8 = 1+7 = 2+6 = 3+5 = 4+4$,或 $9_+ = 9+8$,实数 1 或 10 的众数和"1_+ 或 10_+"的分解形式"1_+ 或 $10_+ = 1+9_+$",对应着如 6 种分解规律:

(1) $1_+ = 10_+ = 1+9_+ = 1+1+8_+ = 1+1+0+8$;

(2) $1_+ = 10_+ = 1+9_+ = 1+1+8_+ = 1+1+1+7$;

(3) $1_+ = 10_+ = 1+9_+ = 1+1+8_+ = 1+1+2+6$;

(4) $1_+ = 10_+ = 1+9_+ = 1+1+8_+ = 1+1+3+5$;

(5) $1_+ = 10_+ = 1+9_+ = 1+1+8_+ = 1+1+4+4$;

(6) $1_+ = 10_+ = 1+9_+ = 1+1+8_+ = 1+1+9+8$.

由第 1 个无序数组 $(1,1,0,8)$ 构成的四位数的奇数是 1801,8101,8011,1081. 经过素数表筛选符合的 3 个素数是 1801,8101,8011.

由第 2 个无序数组 $(1,1,1,7)$ 构成的四位数的奇数是 7111,1711,

1171.经过素数表筛选符合的 1 个素数是 1171.

由第 3 个无序数组 $(1,1,2,6)$ 构成的四位数的奇数是 2611,6211, 1621,6121,1261,2161.经过素数表筛选符合的 4 个素数是 6211,1621, 6121,2161.

由第 4 个无序数组 $(1,1,3,5)$ 构成的四位数的奇数是 3511,5311, 1531,5131,1351,3151,5113,1513,1153,3115,1315,1135.经过素数表筛 选符合的 4 个素数是 3511,1531,5113,1153.

由第 5 个无序数组 $(1,1,4,4)$ 构成的四位数的奇数是 4411,1441, 4141.经过素数表筛选不符合,都不是素数.

由第 6 个无序数组 $(1,1,9,8)$ 构成的四位数的奇数是 8911,9811, 1981,9181,1891,8191,1189,1819,8119.经过素数表筛选符合的 3 个素 数是 9811,9181,8191.

第四类是 $1_+ = 10_+ = 1+9_+ = 1+1+8_+ = 1+1+1+7_+$.

按照一分为五的原则,由 $7_+ = 0+7 = 1+6 = 2+5 = 3+4$,或 $9_+ = 9+7$,实数 1 或 10 的众数和"1_+ 或 10_+"的分解形式"1_+ 或 $10_+ = 1+9_+$", 对应着如 5 种分解规律:

(1)$1_+ = 10_+ = 1+9_+ = 1+1+8_+ = 1+1+1+7_+ = 1+1+1+0+7$;

(2)$1_+ = 10_+ = 1+9_+ = 1+1+8_+ = 1+1+1+7_+ = 1+1+1+1+6$;

(3)$1_+ = 10_+ = 1+9_+ = 1+1+8_+ = 1+1+1+7_+ = 1+1+1+2+5$;

(4)$1_+ = 10_+ = 1+9_+ = 1+1+8_+ = 1+1+1+7_+ = 1+1+1+3+4$;

(5)$1_+ = 10_+ = 1+9_+ = 1+1+8_+ = 1+1+1+7_+ = 1+1+1+9+7$.

由第 1 个无序数组 $(1,1,1,0,7)$ 构成的五位数的奇数是 71101, 17101,17701,11071,10171,11107,11017,10117.经过素数表筛选符合的 1 个素数是 11071.

由第 2 个无序数组 $(1,1,1,1,6)$ 构成的五位数的奇数是 61111, 16111,11611,11161.经过素数表筛选符合的 2 个素数是 16111,11161.

由第 3 个无序数组 $(1,1,1,2,5)$ 构成的五位数的奇数是 25111, 52111,15211,51211,12511,21511,51121,15121,11521,21151,12151, 11251.含个位数是"5"的奇数不能构成素数,在此略去.经过素数表筛选 符合的 4 个素数是 25111,12511,15121,11251.

由第 4 个无序数组 $(1,1,1,3,4)$ 构成的五位数的奇数是 34111,

43111,14311,41311,13411,31411,41131,14131,11431,31141,13141,11341,41113,14113,11413,11143.经过素数表筛选符合的 3 个素数是 13411,41131,41113.

由第 5 个无序数组 $(1,1,1,9,8)$ 构成的五位数的奇数是 89111,98111,19811,91811,18911,81911,81119,18119,11819,11189.经过素数表筛选符合的 3 个素数是 18911,81119,18119.

第五类是 $1_+ = 10_+ = 1+9_+ = 1+1+8_+ = 1+1+1+7_+ = 1+1+1+1+6_+$.

按照一分为六的原则,由 $6_+ = 0+6 = 1+5 = 2+4 = 3+3$,或 $6_+ = 9+6(15 = 9+6, 6 = 1+5)$,实数 1 或 10 的众数和"$1_+$ 或 10_+"的分解形式"1_+ 或 $10_+ = 1+9_+$",对应着如 5 种分解规律:

(1)$1_+ = 10_+ = 1+9_+ = 1+1+8_+ = 1+1+1+7_+ = 1+1+1+1+6_+ = 1+1+1+1+0+6$;

(2)$1_+ = 10_+ = 1+9_+ = 1+1+8_+ = 1+1+1+7_+ = 1+1+1+1+6_+ = 1+1+1+1+1+5$;

(3)$1_+ = 10_+ = 1+9_+ = 1+1+8_+ = 1+1+1+7_+ = 1+1+1+1+6_+ = 1+1+1+1+2+4$;

(4)$1_+ = 10_+ = 1+9_+ = 1+1+8_+ = 1+1+1+7_+ = 1+1+1+1+6_+ = 1+1+1+1+3+3$;

(5)$1_+ = 10_+ = 1+9_+ = 1+1+8_+ = 1+1+1+7_+ = 1+1+1+1+6_+ = 1+1+1+1+9+6$.

由第 1 个无序数组 $(1,1,1,1,0,6)$ 构成的六位数的奇数是 611101,161101,116101,111601,611011,161011,116011,160111,610111,601111,106111,110611,101611,111061,110161,101161,共 $16(= C_4^1 + A_4^4/2)$ 个.经过素数表筛选符合的 6 个素数是 611101,116101,611011,101611,110161,101161.

由第 2 个无序数组 $(1,1,1,1,1,5)$ 构成的六位数的有可能是素数的 5 个奇数是 511111,151111,115111,111511,111151.含个位数是"5"的奇数不能构成素数,在此略去.经过素数表筛选符合的 1 个素数是 511111.

由第 3 个无序数组 $(1,1,1,1,2,4)$ 构成的六位数的奇数是 241111,421111,142111,412111,124111,214111,114211,141211,411211,112411,

121411,211411,114121,141121,411121,111421,112141,121141,
211141,111241,共 20(= $A_5^5/3!$)个.经过素数表筛选符合的 3 个素数是
142111,411211,141121.

由第 4 个无序数组(1,1,1,1,3,3)构成的六位数的奇数是 331111,
313111,133111,113311,131311,311311,113131,131131,311131,111331,
113113,131113,311113,111313,111133,共 15 个.经过素数表筛选符合
的 3 个素数是 131311,113131,131113.

由第 5 个无序数组(1,1,1,1,9,6)构成的六位数的奇数是 691111,
961111,196111,916111,169111,619111,911161,191161,119161,111961,
611191,161191,116191,111691,611119,161119,116119,111619,111169,
共 19 个.经过素数表筛选符合的 7 个素数是 691111,196111,169111,
619111,911161,191161,116191.

第六类是 $1_+ = 10_+ = 1+9_+ = 1+1+8_+ = 1+1+1+7_+ = 1+1+
1+1+6_+ = 1+1+1+1+1+5_+$.

按照一分为七的原则,由 $5_+ = 0+5 = 1+4 = 2+3$,或 $5_+ = 9+5(14
= 9+5,5 = 1+4)$,实数 1 或 10 的众数和"$1_+$ 或 10_+"的分解形式"1_+ 或
$10_+ = 1+9_+$",对应着如 4 种分解规律:

(1)$1_+ = 10_+ = 1+9_+ = 1+1+8_+ = 1+1+1+7_+ = 1+1+1+1
+6_+ = 1+1+1+1+1+5_+ = 1+1+1+1+1+0+5$;

(2)$1_+ = 10_+ = 1+9_+ = 1+1+8_+ = 1+1+1+7_+ = 1+1+1+1
+6_+ = 1+1+1+1+1+5_+ = 1+1+1+1+1+1+4$;

(3)$1_+ = 10_+ = 1+9_+ = 1+1+8_+ = 1+1+1+7_+ = 1+1+1+1
+6_+ = 1+1+1+1+1+5_+ = 1+1+1+1+1+2+3$;

(4)$1_+ = 10_+ = 1+9_+ = 1+1+8_+ = 1+1+1+7_+ = 1+1+1+1
+6_+ = 1+1+1+1+1+5_+ = 1+1+1+1+1+9+5$.

由第 1 个无序数组(1,1,1,1,1,0,5)构成的七位数的奇数是
1111501,1115101,1151101,1511101,5111101,1115011,1151011,
1511011,5111011,1150111,1510111,5110111,1501111,5101111,
5011111,1111051,1110151,1101151,1011151,1110511,1101511,
1011511,1105111,1015111,1051111.

含个位数是"5"的奇数不能构成素数,在此略去.经过素数表筛选符

合的 4 个素数是 1511101,1115011,5111011,1101511.

　　由第 2 个无序数组 (1,1,1,1,1,1,4) 构成的七位数的奇数是 4111111,14111111,1141111,1114111,1111411,1111141.经过素数表筛选符合的 1 个素数是 1114111.

　　由第 3 个无序数组 (1,1,1,1,1,2,3) 构成的七位数的奇数是 2311111,3211111,1321111,3121111,1231111,2131111,1132111,1312111,3112111,1123111,1213111,2113111,1113211,1131211,1311211,3111211,1112311,1121311,1211311,2111311,1111321,1113121,1131121,1311121,3111121,1111231,1112131,1121131,1211131,2111131,1111123,1111213,1112113,1121113,1211113,2111113,共 36 个.经过素数表筛选符合的 7 个素数是 3112111,1211311,2111311,1131121,1112131,1111213,1112113.

　　由第 4 个无序数组 (1,1,1,1,1,9,5) 构成的七位数的奇数是 5911111,9511111,1951111,9151111,1591111,5191111,1195111,1915111,1159111,1519111,1119511,1191511,1115911,1151911,1111951,1119151,1111591,1115191,5111119,1511119,1151119,1115119,1111519,1111159,共 24 个.含个位数是 "5" 的奇数不能构成素数,在此略去.经过素数表筛选符合的 4 个素数是 9511111,1115911,1151911,1511119.

　　第七类是 $1_+ = 10_+ = 1+9_+ = 1+1+8_+ = 1+1+1+7_+ = 1+1+1+1+6_+ = 1+1+1+1+1+5_+ = 1+1+1+1+1+1+4_+$.

　　按照一分为八的原则,由 $4_+ = 0+4 = 1+3 = 2+2 = 9+4$,实数 1 或 10 的众数和 "$1_+$ 或 10_+" 的分解形式 "1_+ 或 $10_+ = 1+9_+$",对应着如 4 种分解规律:

　　(1)$1_+ = 10_+ = 1+9_+ = 1+1+8_+ = 1+1+1+7_+ = 1+1+1+1+6_+ = 1+1+1+1+1+5_+ = 1+1+1+1+1+1+4_+ = 1+1+1+1+1+1+0+4$.

　　(2)$1_+ = 10_+ = 1+9_+ = 1+1+8_+ = 1+1+1+7_+ = 1+1+1+1+6_+ = 1+1+1+1+1+5_+ = 1+1+1+1+1+1+4_+ = 1+1+1+1+1+1+1+3$.

　　(3)$1_+ = 10_+ = 1+9_+ = 1+1+8_+ = 1+1+1+7_+ = 1+1+1+1$

$+6_+=1+1+1+1+1+5_+=1+1+1+1+1+1+4_+=1+1+1+1+1+1+2+2.$

(4)$1_+=10_+=1+9_+=1+1+8_+=1+1+1+7_+=1+1+1+1$ $+6_+=1+1+1+1+1+5_+=1+1+1+1+1+1+4_+=1+1+1+$ $1+1+1+9+4.$

由第 1 个无序数组 $(1,1,1,1,1,1,0,4)$ 构成的八位数的奇数是 41111101,14111101,11411101,11141101,11114101,11111401, 11111041,41111011,14111011,11411011,11141011,11114011, 11110411,11110141,41110111,14110111,11410111,11140111, 11104111,11101411,11101141,41101111,14101111,11401111, 11041111,11014111,11011411,11011141,41011111,14011111, 10411111,10141111,10114111,10111411,10111141,40111111,共 36 个. 经过素数表筛选符合的 12 个素数是 41111101,11114101,11411011, 11140111,11101411,11101141,11401111,11041111,11014111, 11011411,11011141,10141111.

由第 2 个无序数组 $(1,1,1,1,1,1,1,3)$ 构成的八位数的奇数是 11111131,11111311,11113111,11131111,11311111,13111111, 31111111,11111113,共 8 个. 经过素数表筛选符合的 4 个素数是 11111131,11111311,11113111,11131111.

由第 3 个无序数组 $(1,1,1,1,1,1,2,2)$ 构成的八位数的奇数是 22111111,12211111,11221111,11122111,11112211,11111221, 21211111,21121111,21112111,21111211,21111121,12121111, 11212111,11121211,11112121,12112111,12111211,12111121, 11211211,11121121,11211121,共 $21(=C_6^1+C_5^2)$ 个. 经过素数表筛选均不是素数.

由第 4 个无序数组 $(1,1,1,1,1,1,9,4)$ 构成的八位数的奇数是 49111111,94111111,19411111,91411111,14911111,41911111, 11941111,19141111,11491111,14191111,11914111,11149111, 11119411,11114911,11141911,11111941,11119141,11111491, 11114191,41111119,14111119,11411119,11141119,11114119, 11111419,11111149,共 26 个. 经过素数表筛选符合的 3 个素数是

94111111,11111491,11411119.

第八类是 $1_+ = 10_+ = 1+9_+ = 1+1+8_+ = 1+1+1+7_+ = 1+1+1+1+6_+ = 1+1+1+1+1+5_+ = 1+1+1+1+1+1+4_+ = 1+1+1+1+1+1+1+3_+$.

按照一分为九的原则,由 $3_+ = 0+3 = 1+2 = 9+3$,实数 1 或 10 的众数和"1_+ 或 10_+"的分解形式"1_+ 或 $10_+ = 1+9_+$",对应着如 3 种分解规律:

(1)$1_+ = 10_+ = 1+9_+ = 1+1+8_+ = 1+1+1+7_+ = 1+1+1+1+6_+ = 1+1+1+1+1+5_+ = 1+1+1+1+1+1+4_+ = 1+1+1+1+1+1+1+3_+ = 1+1+1+1+1+1+1+0+3$.

(2)$1_+ = 10_+ = 1+9_+ = 1+1+8_+ = 1+1+1+7_+ = 1+1+1+1+6_+ = 1+1+1+1+1+5_+ = 1+1+1+1+1+1+4_+ = 1+1+1+1+1+1+1+3_+ = 1+1+1+1+1+1+1+1+2$.

(3)$1_+ = 10_+ = 1+9_+ = 1+1+8_+ = 1+1+1+7_+ = 1+1+1+1+6_+ = 1+1+1+1+1+5_+ = 1+1+1+1+1+1+4_+ = 1+1+1+1+1+1+1+3_+ = 1+1+1+1+1+1+1+9+3$.

由第 1 个无序数组(1,1,1,1,1,1,1,0,3) 构成的九位数的 55 个奇数是 111111301,111113101,111131101,111311101,113111101,131111101,311111101,111113011,111131011,111311011,113111011,131111011,311111011,111130111,111310111,113110111,131110111,311110111,111301111,113101111,131101111,311101111,113011111,131011111,311011111,130111111,310111111,301111111,111111031,111110131,111101131,111011131,110111131,101111131,111110311,111101311,111011311,110113311,101111311,111103111,111013111,110113111,101113111,111031111,110131111,101131111,110311111,101311111,103111111,111111103,111111013,111101113,111011113,110111113,101111113 共 55 个. 经过素数表筛选部分符合的素数是 111113011,131111011,111301111,111101311,110311111,103111111,111011113,101111113. 由于笔者没有比 200000000 大的大素数表(超过九位数之上的素数表),所以无法验证 311111101,311111011,311110111,311101111,311011111,310111111,301111111,是不是素数.用"双下划线"给予标示强调.

由第 2 个无序数组 $(1,1,1,1,1,1,1,1,2)$ 构成的九位数的奇数是
111111121, 111111211, 111112111, 111121111, 112211111, 112111111,
121111111, <u>211111111</u>, 共 8 个. 经过素数表筛选前 7 个都不是素数, 无法
验证奇数 211111111, 是不是素数. 用"双下画线"给予标示强调.

由第 3 个无序数组 $(1,1,1,1,1,1,1,9,3)$ 构成的九位数的奇数是
<u>391111111</u>, <u>931111111</u>, <u>193111111</u>, 913111111, 139111111, <u>319111111</u>,
119311111, 191311111, 113911111, 131911111, 111931111, 119131111,
111391111, 113191111, 111193111, 111913111, <u>111139111</u>, 111319111,
111119311, 111191311, 111113911, 111131911, 111111931, 111119131,
111111391, 111113191, 911111113, <u>191111113</u>, 119111113, 111911113,
111191113, 111119113, 111111913, <u>111111193</u>, <u>311111119</u>, 131111119,
113111119, 111311119, 111131119, 111113119, 111111319, <u>111111139</u>, 共
42 个. 经过素数表筛选部分符合的素数是 193111111, 111139111,
111111391, 191111113, 111111193, 131111119, 111111139. 由于笔者没有
比 200000000 大的大素数表(超过九位数之上的素数表), 所以无法验证
391111111, 931111111, 319111111, 311111119, 是不是素数. 用"双下画
线"给予标示强调.

第九类是 $1_+ = 10_+ = 1+9_+ = 1+1+8_+ = 1+1+1+7_+ = 1+1+1+1+6_+ = 1+1+1+1+1+5_+ = 1+1+1+1+1+1+4_+ = 1+1+1+1+1+1+1+3_+ = 1+1+1+1+1+1+1+1+2_+$.

按照一分为十的原则, 由 $2_+ = 0+2 = 1+1 = 9+1$, 实数 1 或 10 的
众数和"1_+ 或 10_+"的分解形式"1_+ 或 $10_+ = 1+9_+$", 对应着如 3 种分解规律:

(1) $1_+ = 10_+ = 1+9_+ = 1+1+8_+ = 1+1+1+7_+ = 1+1+1+1+6_+ = 1+1+1+1+1+5_+ = 1+1+1+1+1+1+4_+ = 1+1+1+1+1+1+1+3_+ = 1+1+1+1+1+1+1+1+2_+ = 1+1+1+1+1+1+1+1+0+2$.

(2) $1_+ = 10_+ = 1+9_+ = 1+1+8_+ = 1+1+1+7_+ = 1+1+1+1+6_+ = 1+1+1+1+1+5_+ = 1+1+1+1+1+1+4_+ = 1+1+1+1+1+1+1+3_+ = 1+1+1+1+1+1+1+1+2_+ = 1+1+1+1+1+1+1+1+1+1$.

（3）$1_+ = 10_+ = 1+9_+ = 1+1+8_+ = 1+1+1+7_+ = 1+1+1+1+6_+ = 1+1+1+1+1+5_+ = 1+1+1+1+1+1+4_+ = 1+1+1+1+1+1+1+3_+ = 1+1+1+1+1+1+1+1+2_+ = 1+1+1+1+1+1+1+1+9+1.$

由第 1 个无序数组(1,1,1,1,1,1,1,1,0,2)构成的十位数的奇数是
1111111201,1111112101,1111121101,1111211101,1112111101,
1121111101,1211111101,2111111101,1111112011,1111121011,
1111211011,1112111011,1121111011,1211111011,2111111011,
1111120111,1111210111,1112110111,1121110111,1211110111,
2111110111,1111201111,1112101111,1121101111,1211101111,
2111101111,1112011111,1121011111,1211011111,2111011111,
1120111111,1210111111,2110111111,1201111111,2101111111,
1111111021,1111110121,1111101121,1111011121,1110111121,
1101111121,1011111121,1111110211,1111101211,1111011211,
1110111211,1101111211,1011111211,1111102111,1111012111,
1110112111,1101112111,1011112111,1111021111,1110121111,
1101121111,1011121111,1110211111,1101211111,1011211111,
1102111111,1012111111,1021111111,共 63 个.（笔者无法验证是否是素数）

由第 2 个无序数组(1,1,1,1,1,1,1,1,1,1)构成的十位数的奇数是
1111111111.（笔者无法验证是否是素数）

由第 3 个无序数组(1,1,1,1,1,1,1,1,9,1)构成的十位数的奇数是
9111111111,1911111111,1191111111,1119111111,1111911111,
1111191111,1111119111,1111111911,1111111191,1111111119,共 10 个.
（笔者无法验证是否是素数）

4.2　众数和"1_+或 10_+"的派生素数与派生素数集

按一分为二的原则,众数和 1_+或 10_+产生的两位数的素数为:19,37,73,叫"派生素数".由这 3 个素数组成有限集合,叫"派生素数集".如果派生前的众数和是素数,就称为"源生素数",取自本源之义.在本节后面,为方便本书暂且把众数和"1"当作"源生素数".

素数 19 的各位数字的众数和是:$1+9=10,1+0=1.$ 即素数 19 的众数和是"1".

用众数和数学符号表示为:$(19)_+ = 1+9 = 10,(10)_+ = 1+0 = 1.$ 即 $(19)_+ = (10)_+ = 1.$

素数 73 的各位数字的众数和是:$7+3=10,1+0=1.$ 即素数 73 的众数和是"1".

用众数和数学符号表示为:$(73)_+ = 7+3 = 10,(10)_+ = 1+0 = 1.$ 即 $(73)_+ = (10)_+ = 1.$

众数和 1_+ 或 10_+ 产生的两位数的派生素数有 3 个,其派生素数集为:

$$[p(1_+)] = [p(10_+)] = \{19,37,73\}.$$

众数和 1_+ 或 10_+ 产生的三位数的派生素数有 11 个,其派生素数集为:

$$[p(1_+)] = [p(10_+)] = \{109,127,163,181,271,433,523,541,613,631,811\}.$$

众数和 1_+ 或 10_+ 产生的四位数的派生素数有 12 个,其派生素数集为:

$$[p(1_+)] = [p(10_+)] = \{1171,1531,1153,1621,1801,2161,3511,5113,6121,6211,8011,8101\}.$$

众数和 1_+ 或 10_+ 产生的五位数的派生素数有 10 个,其派生素数集为:

$$[p(1_+)] = [p(10_+)] = \{11071,11161,11251,12511,13411,15121,16111,25111,41113,41131\}.$$

众数和 1_+ 或 10_+ 产生的六位数的派生素数有 13 个,其派生素数集为:

$$[p(1_+)] = [p(10_+)] = \{101161,101611,110161,113131,116101,131113,131311,141121,142111,411211,511111,611011,611101\}.$$

众数和 1_+ 或 10_+ 产生的七位数的派生素数有 12 个,其派生素数集为:

$$[p(1_+)] = [p(10_+)] = \{1101511,1111213,1112113,1112131,1131121,1114111,1115011,1211311,1511101,2111311,3112111,5111011\}.$$

4.3 众数和"1_+或10_+"的衍生素数与衍生素数集

由分解规律"$1_+ = 10_+ = 1_+ + 9_+$"产生的派生素数为"19",但是在"19"的"1"与"9"中间位置——镶钳 $0,00,000,\cdots,\overset{n个0}{\overbrace{0\cdots0}},\cdots$，按照此法也可以产生新的素数，为区别称作"衍生素数"（即由数产生出来的数）. 但是依此法，——镶钳 $9,99,999,\cdots,\overset{n个9}{\overbrace{9\cdots9}},\cdots$，也可以产生新的素数，区别的是每一位置都可以镶钳. 特别强调的是二类方法产生的素数：由分解规律产生的素数，称为"派生素数"；由"镶嵌法"产生的素数，称为"衍生素数". 由于"镶嵌法"产生的"衍生素数"不太多，在这里及本书后面只列出一些派生素数产生的衍生素数.（在衍生素数群里，素数均用"下划线、黑色、加粗"表示，无"下划线"不是素数，后面类同并已验证）

派生素数"19"的衍生素数集是：

$$[p(1_+)]_{19} = [p(10_+)]_{19} = \{\underline{109}, \underline{1009}, \underline{10009}, 100009, \cdots, 1\,\overset{n个0}{\overbrace{0\cdots0}}09, \cdots\}$$

$$[p(1_+)]_{19} = [p(10_+)]_{19} = \{\underline{199}, \underline{1999}, 19999, 199999, \cdots, 19\,\overset{n个9}{\overbrace{9\cdots9}}, \cdots\}$$

$$[p(1_+)]_{19} = [p(10_+)]_{19} = \{\underline{919}, 9919, 99919, 999919, \cdots, \overset{n个9}{\overbrace{9\cdots9}}19, \cdots\}$$

在派生素数"19"的"9"后面与在"1"与"9"之间镶钳 $9,99,999,\cdots,\overset{n个9}{\overbrace{9\cdots9}},\cdots$，产生的素数是一样的，所以取掉一个重复的派生素数集.

派生素数"37"的衍生素数集是：

$$[p(1_+)]_{37} = [p(10_+)]_{37} = \{\underline{307}, \underline{3007}, \underline{30007}, \underline{300007}, \cdots, 3\,\overset{n个0}{\overbrace{0\cdots0}}07, \cdots\}$$

$$[p(1_+)]_{37} = [p(10_+)]_{37} = \{\underline{379}, \underline{3799}, \underline{37999}, \underline{379999}, \cdots, 37\,\overset{n个9}{\overbrace{9\cdots9}}, \cdots\}$$

$$[p(1_+)]_{37} = [p(10_+)]_{37} = \{\underline{397}, \underline{3997}, 39997, 399997, \cdots, 3\,\overset{n个9}{\overbrace{9\cdots9}}97, \cdots\}$$

$$[p(1_+)]_{37} = [p(10_+)]_{37} = \{\underline{937}, \underline{9937}, 99937, 999937, \cdots, \overset{n个9}{\overbrace{9\cdots9}}937, \cdots\}$$

派生素数"73"的衍生素数集是：

$$[p(1_+)]_{73} = [p(10_+)]_{73} = \{\underline{703}, \underline{7003}, \underline{70003}, 700003, \cdots, 7\,\overset{n个0}{\overbrace{0\cdots0}}03, \cdots\}$$

$$[p(1_+)]_{73} = [p(10_+)]_{73} = \{\underline{739}, 7399, \underline{73999}, 739999, \cdots, 73\overset{n\text{个}9}{\overbrace{9\cdots9}}, \cdots\}$$

$$[p(1_+)]_{73} = [p(10_+)]_{73} = \{793, \underline{7993}, 79993, \underline{799993}, \cdots, 7\overset{n\text{个}9}{\overbrace{9\cdots9}}3, \cdots\}$$

$$[p(1_+)]_{73} = [p(10_+)]_{73} = \{973, \underline{9973}, 99973, 999973, \cdots, \overset{n\text{个}9}{\overbrace{9\cdots}}973, \cdots\}$$

因为 $91 = 7 \times 13$,所以 91 是合数,不是素数,但它可以产生素数.因此,为方便,在这里把"91"叫"派生伪素数",把"19、37、73"叫"派生真素数".

派生伪素数"91"的衍生素数集是:

$$[p(1_+)]_{91} = [p(10_+)]_{91} = \{901, \underline{9001}, \underline{90001}, \underline{900001}, \cdots, 9\overset{n\text{个}0}{\overbrace{0\cdots0}}01, \cdots\}$$

$$[p(1_+)]_{91} = [p(10_+)]_{91} = \{\underline{919}, \underline{9199}, 91999, 919999, \cdots, 91\overset{n\text{个}9}{\overbrace{9\cdots9}}, \cdots\}$$

$$[p(1_+)]_{91} = [p(10_+)]_{91} = \{\underline{991}, 9991, \underline{99991}, 999991, \cdots, \overset{n\text{个}9}{\overbrace{9\cdots}}991, \cdots\}$$

在派生素数"91"的"9"前面与在"9"与"1"之间镶钳 $9,99,999,\cdots$, $\overset{n\text{个}9}{\overbrace{9\cdots9}},\cdots$,产生的素数是一样的,所以去掉一个重复的派生素数集.

有兴趣的读者给出众数和 1_+ 或 10_+ 的三位数的派生素数($181,811$, $127,271,163,613,631,541,523,433$)产生的所有衍生素数与衍生素数集.

在这里,为节省篇幅四位数或四位数以上的派生素数或衍生素数都没有列出,有兴趣的读者自行给出.

5　众数和"2_+"的素数分解与分布规律

现将众数和"2_+"产生的素数与素数分布规律列举如下:

5.1　众数和"2_+"产生的素数与素数分解规律(共 $n = 1 + 2^2 = 5$ 个)

依据实数加法的分解规律,实数"2"有两种分解形式:$2 = 0 + 2$;$2 = 1 + 1$.即产生的 2 与 11 都是素数.但是分解形式:$2 = 2 + 0$.产生的 20 是偶数,不是素数,应舍去.

根据众数和的加法运算规律与法则:

$(19)_+ = (28)_+ = (37)_+ = (46)_+ = (55)_+ = (73)_+ = (91)_+ = (82)_+ = (37)_+ = (64)_+ = (10)_+ = 1$,则实数 2 的众数和"$2_+$",对应着如 5 类分解形式:

(1)$2_+ = 0 + 2$；　　　　　　(2)$2_+ = 1 + 1$；

(3)$2_+ = 1 + 10_+$；　　　　　(4)$2_+ = 10_+ + 1$；

(5)$2_+ = 10_+ + 10_+$.

第一类是 $2_+ = 0 + 2$.

有 2 个分解形式:(1)$2_+ = 0 + 2$;(2)$2_+ = 2 + 9$.

无序数组(0,2)构成的数是偶数 2、20,虽然没有奇数,但"2"是素数.

另一无序数组(2,9)构成的奇数是 29,显然"29"是素数.

第二类是 $2_+ = 1 + 10_+$.

按一分为二的原则,实数 2 的众数和"2_+"对应着如 3 种分解形式:

(1)$2_+ = 1 + 1$;　　　　(2)$2_+ = 1 + 10_+$;　　　　(3)$2_+ = 10_+ + 1$.

构造了 3 个数组:(1,1),(1,10_+),(10_+,1).因为 10_+ 包含 11 个数:19,37,73,91,28,82,46,64,55,10,01.仅有 2 个组数:1 与 1;1 与 10_+ 构造产生素数.

由第一无序数组(1,1)构成的两位数的奇数是 11.显然"11"是素数.

由第二无序数组$(1,10_+)$按照 $10_+ = 1 + 9 = 9 + 1 = 3 + 7 = 7 + 3 = 4 + 6 = 6 + 4 = 5 + 5 = 2 + 8 = 1 + 0$ 分解,可产生 17 个奇数,又有 6 个组数分解:

(1) 由无序数组(1,1,9)构成的三位数的奇数是:911,191,119.经过素数表筛选符合的 2 个素数是 191,911.

(2) 由无序数组(1,3,7)构成的三位数的奇数是:371,731,173,713,137,317.经过素数表筛选符合的 3 个素数是 173,137,317.

(3) 由无序数组(1,5,5)构成的三位数的奇数是:551,515,155.经过素数表筛选无符合的素数.

(4) 由无序数组(1,2,8)构成的三位数的奇数是:281,821.经过素数表筛选都符合,这 2 个素数是 281,821.

(5) 由无序数组(1,4,6)构成的三位数的奇数是:461,641.经过素数表筛选都符合,这 2 个素数是 461,641.

(6) 由无序数组 $(1,1,0)$ 构成的三位数的奇数是:101.经过素数表筛选符合,即"101"是素数.

第二类是 $2_+ = 10_+ + 10_+$.

构造了 1 个数组:$(10_+, 10_+)$.因为 10_+ 包含 11 个数:19,37,73,91,28,82,46,64,55,10,01.仅有 1 个组数:10_+ 与 10_+ 构造产生素数.按照 $10_+ = 1 + 9 = 3 + 7 = 5 + 5 = 2 + 8 = 4 + 6 = 10 + 0$ 分解,又有 $C_6^1 + C_5^1 + C_4^1 + 3 = 18$ 个组数分解.

由第 1 个无序数组 $(19,19)$ 构成的四位数的奇数是 9911,9191,1991,9119,1919,1199.经过素数表筛选都不是素数.

由第 2 个无序数组 $(19,37)$ 构成的四位数的奇数是 7931,9731,3971,9371,3791,7391,7913,9713,1973,9173,1793,7193,3917,9317,1937,9137,1397,3197,3719,7319,1739,7139,1379,3179.经过素数表筛选符合的 7 个素数是 9371,1973,9173,7193,3917,9137,3719.

由第 3 个无序数组 $(19,55)$ 构成的四位数的奇数是 9551,5951,5591,5915,9515,1955,9155,1595,5195,1559,5159,5519.经过素数表筛选符合的 4 个素数是 9551,5591,1559,5519.

由第 4 个无序数组 $(19,28)$ 构成的四位数的奇数是 8921,9821,2981,9281,2891,8291,2819,8219,1829,8129,1289,2189,共 12 个.经过素数表筛选符合的 4 个素数是 9281,8291,2819,8219,1289.

由第 5 个无序数组 $(19,46)$ 构成的四位数的奇数是 6941,9641,4961,9461,4691,6491,4619,6419,1649,6149,1469,4169.经过素数表筛选符合的 3 个素数是 9461,4691,6491.

由第 6 个无序数组 $(19,10)$ 构成的四位数的奇数是 1901,9101,9011,1109,1019.经过素数表筛选符合的 4 个素数是 1901,9011,1109,1019.

由第 7 个无序数组 $(37,37)$ 构成的四位数的奇数是 7733,7373,3773,7337,3737,3377.经过素数表筛选都不是素数.

由第 8 个无序数组 $(37,55)$ 构成的四位数的奇数是 7553,5753,5573,5735,7535,3755,7355,3575,5375,5537,3557,5357,共 12 个.经过素数表筛选符合的 2 个素数是 5573,3557.

由第 9 个无序数组 $(37,28)$ 构成的四位数的奇数是 7823,8723,2873,

8273,2783,7283,3827,8327,2837,8237,2387,3287,共 12 个. 经过素数表筛选符合的 5 个素数是 7823,8273,7283,2837,8237.

由第 10 个无序数组(37,46) 构成的四位数的奇数是 6743,7643,4763,7463,4673,6473,4637,6437,3647,6347,3467,4367,共 12 个. 经过素数表筛选符合的 5 个素数是 7643,4673,6473,4637,3467.

由第 11 个无序数组(37,10) 构成的四位数的奇数是 3701,7301,7031,3071,1703,7103,7013,1073,1307,3107,3017,1037,共 12 个. 经过素数表筛选符合的 4 个素数是 3701,7103,7013,1307.

由第 12 个无序数组(55,55) 构成的 1 个奇数是 5555.显然不是素数,不符合.

由第 13 个无序数组(55,28) 构成的四位数的奇数是 5825,8525,2855,8255,2585,5285.显然不是素数,都不符合.

由第 14 个无序数组(55,46) 构成的四位数的奇数是 5645,6545,4655,6455,4565,5465.显然不是素数,都不符合.

由第 15 个无序数组(55,10) 构成的四位数的奇数是 5501,5051,1505,5105,5015,1055.经过素数表筛选符合的 2 个素数是 5501,5051.

由第 16 个无序数组(28,10) 构成的四位数的奇数是 2801,8201,8021,2081.经过素数表筛选符合的 2 个素数是 2801,2081.

由第 17 个无序数组(46,10) 构成的四位数的奇数是 4601,6401,6041,4061 经过素数表筛选符合都不符合.

由第 18 个无序数组(10,10) 构成的 1 个奇数是 1001.经过素数表筛选不符合.

众数和"2"产生的一位数的素数是 2.仅有 1 个.

众数和"2"产生的两位数的素数是 11,29.仅有 2 个.

众数和"2"产生的三位数的素数是 101,137,173,191,281,317,821,461,641,911.共有 10 个.

众数和"2"产生的四位数的素数是 9371,1973,9173,7193,3917,9137,3719,9551,5591,1559,5519,9281,8291,2819,8219,1289,9461,4691,6491,1901,9011,1109,1019,5573,3557,7823,8273,7283,2837,8237,7643,4673,6473,4637,3467,3701,7103,7013,1307,5501,5051,2801,2081.共有 43 个.

5.2 众数和"2₊"的派生素数与派生素数集

5.2.1 众数和"2₊"产生的两位数以内的派生素数与派生素数集

众数和"2"是一个"源生素数".因为,2是一个素数.

按"二分法"的原则,众数和 $2_+ = 0 + 2$ 与 $2_+ = 1 + 1$ 的分解形式,产生的一位数的素数为:2,仅有1个.产生的两位数的素数为:11、29.

如素数11的各位数字的众数和运算是: $1 + 1 = 11,1 + 1 = 2$.即素数11的众数和是"2".

用众数和数学符号表示为: $(11)_+ = 1 + 1 = 2$.即 $(11)_+ = 2$.

因此,众数和"2₊"产生的一位数的派生素数集是 $p(2_+)] = \{2\}$,两位数的派生素数群是 $[p(2_+)] = \{11,29\}$.

5.2.2 众数和"2₊"产生的三位数的派生素数与派生素数集

按"三分法"的原则,由众数和"$2_+ = 1 + 10_+$"的分解组合可以产生派生素数.

按照众数和"2"的分解: $2_+ = 1 + 10_+ = 1 + 1 + 9 = 1 + 3 + 7 = 1 + 2 + 8 = 1 + 4 + 6 = 1 + 5 + 5 = 1 + 0 + 1$,可有6个无序数组产生素数.

如由无序数组(1,1,9)构成的3个奇数是:911,191,119.经素数表筛选符合的,只有2个素数:191,911.

如由无序数组(1,3,7)构成的6个奇数是:371,731,173,713,137,317.经素数表筛选符合,只有3个素数:173,137,317.

虽然"119($= 7 \times 17$)"是合数,不是素数,即源生素数"2"派生出来的素数,有可能不是素数,即产生、衍生的素数不完全不纯粹是素数,就好像一串珍珠项链里混进来一个或几个假珍珠一样,但还可以构成一个素数链.但是"119"仍可以镶嵌衍生、构造素数,在后面章节给予着重论述,在这里不再强调,仍然把它的衍生素数集列出.为方便,把"119"叫"派生伪素数".把"191""911""137""173""317"叫"派生真素数".

如素数191的各位数字的众数和运算是: $1 + 9 + 1 = 11,1 + 1 = 2$.即素数191的众数和是"2".

用众数和数学符号表示为：$(191)_+ = 1+9+1 = 11, (11)_+ = 1+1 = 2$. 即 $(191)_+ = (11)_+ = 2$.

经筛选与验证，众数和"2"产生的三位数的派生素数共有 10 个，分别是 101,137,173,191,281,317,821,461,641,911.

因此，众数和"2_+"产生的三位数的派生素数集 $[p(2_+)]$ 由 10 个素数组成. 即 $[p(2_+)] = \{101,137,173,191,281,317,821,461,641,911\}$.

5.2.3 众数和"2_+"产生的四位数的派生素数与派生素数集

按"三分法"的原则，由众数和"$2_+ = 1 + 10_+$"的分解组合可以产生派生素数.

按照众数和"2"的分解：$2_+ = 1 + 10_+ = 1 + 1 + 9 = 1 + 3 + 7 = 1 + 2 + 8 = 1 + 4 + 6 = 1 + 5 + 5 = 1 + 0 + 1$，可有 6 个无序数组产生素数.

如由无序数组 (19,19) 构成的奇数：9911,9191,1991,9119,1919,1199. 经素数表筛选都不是素数.

如由无序数组 (37,10) 构成的 12 个奇数：3701,7301,7031,3071,1703,7103,7013,1073,1307,3107,3017,1037. 经素数表筛选，符合的仅有 4 个素数：3701,7103,7013,1307.

如素数 3719 的各位数字的众数和运算是：$3+7+1+9 = 20, 2+0 = 2$. 即素数 3719 的众数和是"2".

用众数和数学符号表示为：$(3719)_+ = 3+7+1+9 = 20, (20)_+ = 2+0 = 2$. 即 $(3719)_+ = (20)_+ = 2$.

经筛选与验证，众数和"2"产生的四位数的派生素数共有 43 个，分别是 1019,1109,1289,1307,1559,1901,1973,2081,2801,2819,2837,3467,3557,3701,3719,3917,4637,4673,4691,5051,5501,5519,5573,5591,6473,6491,7013,7103,7283,7193,7643,7823,8219,8237,8273,8291,9011,9137,9173,9281,9371,9461,9551.

因此，众数和"2_+"产生的四位数的派生素数集 $[p(2_+)]$ 由 43 个素数组成.

上述众数和"2_+"产生的派生素数是由第一次众数和运算得到的结果，构造产生的素数，总共有 $56(= 1+2+10+43)$ 个. 当然，众数和"2_+"按第二次众数和产生的素数也有许多个. 如：

按一分为四的原则,由分解 $2_+ = 1 + 10_+ = 1 + 1 + 1 + 9_+ = 1 + 1 + 1 + 8 = 1 + 1 + 2 + 7 = 1 + 1 + 3 + 6 = 1 + 1 + 4 + 5$,得到三个无序数组 $(1,1,1,8)$、$(1,1,3,6)$、$(1,1,4,5)$,产生的众数和"2"的四位数的素数为:1181、1811、8111、2711、7211、7121、1451,共有 7 个.

由分解 $2_+ = 1 + 10_+ = 1 + 3 + 7_+ = 1 + 3 + 1 + 6 = 1 + 3 + 2 + 5 = 1 + 3 + 3 + 4$,得到三个无序数组 $(1,1,3,6)$、$(1,3,2,5)$、$(1,3,3,4)$,产生的众数和"2"的四位数的素数为:2153、2351、2531、5231、1433、4133,共 6 个.

则由分解 $2_+ = 1 + 10_+ = 10_+ + 1$ 形式,产生的众数和"2_+"的四位数的派生素数集 $[p(2_+)]$,共有 13 个素数组成,即

$$[p(2_+)] = \{1181、1811、8111、2711、7211、7121、1451、2153、2351、2531、5231、1433、4133\}.$$ 这个派生素数集是由两次求众数和"2"得到的. 这样,由众数和"2"产生的素数不会遗漏.

5.3　众数和"2_+"的衍生素数与衍生素数集

在众数和 2_+ 产生的派生素数集里,除素数"2"之外,每一个构成素数的数与数的中间位置——镶嵌 $0,00,000,\cdots,\overset{n\text{个}0}{0\cdots0},\cdots$,按照此法也可以产生新的素数,为区别称作"衍生素数"(即由数产生出来的数). 但是依照此法,每一个构成素数的数与数的任何位置——镶嵌 $9,99,999,\cdots,\overset{n\text{个}9}{9\cdots9},\cdots$,也可以产生新的素数,区别的是每一位置都可以镶嵌.

$(1)2_+ = 0_+ + 2_+$

众数和"2_+"的分解规律 $2_+ = 0_+ + 2_+$ 与实数 2 的分解规律 $2 = 0 + 2$ 一样,其产生的源生素数为"2".

源生素数"2"的衍生素数集是:

$$[p(2_+)]_2 = \{\underline{29},299,\underline{2999},29999,\cdots,\overset{n\text{个}9}{2\,9\cdots9},\cdots\}$$

在"2"的左边——镶嵌 $9,99,999,\cdots,\overset{n\text{个}9}{9\cdots9},\cdots$,也可以产生数,但都是偶数,不是素数,所以一一去掉. 所以,源生素数"2"产生的素数,只能是右"镶嵌法".

$(2)2_+ = 1_+ + 1_+$

由分解规律"2 ＝ 1 ＋ 1"产生的派生素数为"11".

如派生素数"11"的衍生素数集是：

$$[p(2_+)]_{11} = \{\underline{101}, 1001, 10001, 100001, 1000001, \cdots, 1\overset{n\text{个}0}{\overbrace{0\cdots0}}1, \cdots\}$$

$$[p(2_+)]_{11} = \{119, 1199, 11999, 119999, \underline{1199999}, \cdots, 11\overset{n\text{个}9}{\overbrace{9\cdots9}}, \cdots\}$$

$$[p(2_+)]_{11} = \{\underline{191}, 1991, \underline{19991}, 199991, 1999991, \cdots, 1\overset{n\text{个}9}{\overbrace{9\cdots9}}1, \cdots\}$$

$$[p(2_+)]_{11} = \{\underline{911}, 9911, 99911, 999911, 9999911, \cdots, \overset{n\text{个}9}{\overbrace{9\cdots9}}11, \cdots\}$$

(3)$2_+ = 1 + 10_+$

由分解规律"$2 = 1 + 10_+$"产生的派生素数为 101、137、173、191、911、281、821、317、461、641.

如派生素数"137"的衍生素数集是：

$$[p(2_+)]_{137} = \{\underline{1307}, \underline{13007}, 130007, 1300007, \cdots, 13\overset{n\text{个}0}{\overbrace{0\cdots0}}7, \cdots\}$$

$$[p(2_+)]_{137} = \{1037, \underline{10037}, 100037, 1000037, \cdots, 1\overset{n\text{个}0}{\overbrace{0\cdots0}}037, \cdots\}$$

$$[p(2_+)]_{137} = \{1379, \underline{13799}, \underline{137999}, 1379999, \cdots, 137\overset{n\text{个}9}{\overbrace{9\cdots9}}, \cdots\}$$

$$[p(2_+)]_{137} = \{1397, \underline{13997}, 139997, 1399997, \cdots, 13\overset{n\text{个}9}{\overbrace{9\cdots9}}97, \cdots\}$$

$$[p(2_+)]_{137} = \{1937, \underline{19937}, 199937, 1999937, \cdots, 1\overset{n\text{个}9}{\overbrace{9\cdots9}}937, \cdots\}$$

$$[p(2_+)]_{137} = \{\underline{9137}, 99137, 999137, 9999137, \cdots, \overset{n\text{个}9}{\overbrace{9\cdots9}}9137, \cdots\}$$

如派生素数"173"的衍生素数集是：

$$[p(2_+)]_{173} = \{1703, 17003, \underline{170003}, 1700003, \cdots, 17\overset{n\text{个}0}{\overbrace{0\cdots0}}03, \cdots\}$$

$$[p(2_+)]_{173} = \{1073, 10073, 100073, 1000073, \cdots, 1\overset{n\text{个}0}{\overbrace{0\cdots0}}073, \cdots\}$$

$$[p(2_+)]_{173} = \{1739, 17399, 173999, 1739999, \cdots, 173\overset{n\text{个}9}{\overbrace{9\cdots9}}, \cdots\}$$

$$[p(2_+)]_{173} = \{1793, 17993, 179993, 1799993, \cdots, 17\overset{n\text{个}9}{\overbrace{9\cdots9}}93, \cdots\}$$

$$[p(2_+)]_{173} = \{\underline{1973}, \underline{19973}, 199973, 1999973, \cdots, 1\overset{n\text{个}9}{\overbrace{9\cdots9}}973, \cdots\}$$

$$[p(2_+)]_{173} = \{9173, \underline{99173}, 999173, 9999173, \cdots, \overset{n个9}{\overbrace{9\cdots9}}173, \cdots\}$$

如派生素数"191"的衍生素数集是：

$$[p(2_+)]_{191} = \{\underline{1901}, \underline{19001}, 190001, 1900001, \cdots, 19\overset{n个0}{\overbrace{0\cdots0}}1, \cdots\}$$

$$[p(2_+)]_{191} = \{\underline{1091}, \underline{10091}, 100091, 1000091, \cdots, 1\overset{n个0}{\overbrace{0\cdots0}}091, \cdots\}$$

$$[p(2_+)]_{191} = \{1919, 19199, \underline{191999}, 1919999, \cdots, 191\overset{n个9}{\overbrace{9\cdots9}}, \cdots\}$$

$$[p(2_+)]_{191} = \{1991, \underline{19991}, 199991, 1999991, \cdots, 1\overset{n个9}{\overbrace{9\cdots9}}991, \cdots\}$$

$$[p(2_+)]_{191} = \{9191, 99191, 999191, 9999191, \cdots, \overset{n个9}{\overbrace{9\cdots9}}191, \cdots\}$$

如派生素数"911"的衍生素数集是：

$$[p(2_+)]_{911} = \{9101, 91001, 910001, 9100001, \cdots, 91\overset{n个0}{\overbrace{0\cdots0}}01, \cdots\}$$

$$[p(2_+)]_{911} = \{\underline{9011}, \underline{90011}, 900011, \underline{9000011}, \cdots, 9\overset{n个0}{\overbrace{0\cdots0}}011, \cdots\}$$

$$[p(2_+)]_{911} = \{9119, 91199, 911999, 9119999, \cdots, 911\overset{n个9}{\overbrace{9\cdots9}}, \cdots\}$$

$$[p(2_+)]_{911} = \{9191, 91991, 919991, \underline{9199991}, \cdots, 91\overset{n个9}{\overbrace{9\cdots9}}91, \cdots\}$$

$$[p(2_+)]_{911} = \{9911, 99911, 999911, 9999911, \cdots, \overset{n个9}{\overbrace{9\cdots9}}911, \cdots\}$$

由分解规律"2＝1＋10_+"产生的其它奇数,如"119""371""731"等都不是素数,前面已有强调统称为"伪素数".

如派生（伪）素数"119"的衍生素数集是：

$$[p(2_+)]_{119} = \{\underline{1109}, 11009, 110009, \underline{1100009}, \cdots, 11\overset{n个0}{\overbrace{0\cdots0}}09, \cdots\}$$

$$[p(2_+)]_{119} = \{\underline{1019}, 10019, 100019, 1000019, \cdots, 1\overset{n个0}{\overbrace{0\cdots0}}019, \cdots\}$$

$$[p(2_+)]_{119} = \{1199, 11999, 119999, \underline{1199999}, \cdots, 119\overset{n个9}{\overbrace{9\cdots9}}, \cdots\}$$

$$[p(2_+)]_{119} = \{1919, \underline{19919}, 199919, 1999919, \cdots, 1\overset{n个9}{\overbrace{9\cdots9}}919, \cdots\}$$

$$[p(2_+)]_{119} = \{9119, 99119, 999119, 9999119, \cdots, \overset{n个9}{\overbrace{9\cdots9}}119, \cdots\}$$

如派生（伪）素数"371"的衍生素数集是：

$$[p(2_+)]_{371} = \{3701, 37001, 370001, \underline{3700001}, \cdots, 37\overbrace{0\cdots0}^{n个0}1, \cdots\}$$

$$[p(2_+)]_{371} = \{3071, \underline{30071}, 300071, 3000071, \cdots, 3\overbrace{0\cdots0}^{n个0}71, \cdots\}$$

$$[p(2_+)]_{371} = \{\underline{3719}, 37199, \underline{371999}, 3719999, \cdots, 371\overbrace{9\cdots9}^{n个9}, \cdots\}$$

$$[p(2_+)]_{371} = \{3791, 37991, 379991, \underline{3799991}, \cdots, 37\overbrace{9\cdots9}^{n个9}91, \cdots\}$$

$$[p(2_+)]_{371} = \{3971, \underline{39971}, 399971, \underline{3999971}, \cdots, 3\overbrace{9\cdots9}^{n个9}971, \cdots\}$$

$$[p(2_+)]_{371} = \{9371, \underline{99371}, 999371, 9999371, \cdots, \overbrace{9\cdots9}^{n个9}371, \cdots\}$$

如派生(伪)素数"731"的衍生素数集是：

$$[p(2_+)]_{731} = \{7301, 73001, 730001, \underline{7300001}, \cdots, 73\overbrace{0\cdots0}^{n个0}1, \cdots\}$$

$$[p(2_+)]_{731} = \{7031, 70031, 700031, 7000031, \cdots, 7\overbrace{0\cdots0}^{n个0}031, \cdots\}$$

$$[p(2_+)]_{731} = \{7319, 73199, \underline{731999}, 7319999, \cdots, 731\overbrace{9\cdots9}^{n个9}, \cdots\}$$

$$[p(2_+)]_{731} = \{7391, 73991, 739991, 7399991, \cdots, 73\overbrace{9\cdots9}^{n个9}91, \cdots\}$$

$$[p(2_+)]_{731} = \{7931, 79931, 799931, 7999931, \cdots, 7\overbrace{9\cdots9}^{n个9}931, \cdots\}$$

$$[p(2_+)]_{731} = \{9731, 99731, 999731, 9999731, \cdots, \overbrace{9\cdots9}^{n个9}731, \cdots\}$$

(4)$2_+ = 10_+ + 10_+$

由分解规律"$2_+ = 10_+ + 10_+$"产生的四位数的素数共有 43 个，如 9371, 1973, 9173, 7193, 3917, 9137, 3719, 9551, 5591, 1559, 5519, 9281 等素数.

如派生素数"1973"的衍生素数集是：

$$[p(2_+)]_{1973} = \{19703, 197003, \underline{1970003}, 19700003, \cdots, 197\overbrace{0\cdots0}^{n个0}3, \cdots\}$$

$$[p(2_+)]_{1973} = \{\underline{19073}, 190073, 1900073, \underline{19000073}, \cdots, 19\overbrace{0\cdots0}^{n个0}073, \cdots\}$$

$$[p(2_+)]_{1973} = \{\underline{10973}, 100973, 1000973, 10000973, \cdots, 1\overbrace{0\cdots0}^{n个0}0973, \cdots\}$$

$$[p(2_+)]_{1973} = \{\underline{19739}, 197399, 1973999, \underline{19739999}, \cdots, 1973\overbrace{9\cdots9}^{n个9}, \cdots\}$$

$$[p(2_+)]_{1973} = \{19793,197993,1979993,\underline{19799993},\cdots,197\overbrace{9\cdots9}^{n个9}93,\cdots\}$$

$$[p(2_+)]_{1973} = \{\underline{19973},199973,1999973,19999973,\cdots,19\overbrace{9\cdots9}^{n个9}973,\cdots\}$$

$$[p(2_+)]_{1973} = \{91973,\underline{991973},\underline{9991973},99991973,\cdots,\overbrace{9\cdots9}^{n个9}91973,\cdots\}$$

如派生素数"3719"的衍生素数集是:

$$[p(2_+)]_{3719} = \{37109,371009,\underline{3710009},\underline{37100009},\cdots,371\overbrace{0\cdots0}^{n个0}09,\cdots\}$$

$$[p(2_+)]_{3719} = \{\underline{37019},370019,3700019,37000019,\cdots,37\overbrace{0\cdots0}^{n个0}019,\cdots\}$$

$$[p(2_+)]_{3719} = \{30719,\underline{300719},3000719,30000719,\cdots,3\overbrace{0\cdots0}^{n个0}0719,\cdots\}$$

$$[p(2_+)]_{3719} = \{\underline{37199},\underline{371999},3719999,37199999,\cdots,3719\overbrace{9\cdots9}^{n个9}9,\cdots\}$$

$$[p(2_+)]_{3719} = \{37919,379919,\underline{3799919},37999919,\cdots,37\overbrace{9\cdots9}^{n个9}919,\cdots\}$$

$$[p(2_+)]_{3719} = \{\underline{39719},\underline{399719},3999719,39999719,\cdots,3\overbrace{9\cdots9}^{n个9}9719,\cdots\}$$

$$[p(2_+)]_{3719} = \{\underline{93719},993719,9993719,99993719,\cdots,\overbrace{9\cdots9}^{n个9}93719,\cdots\}$$

有兴趣的读者,给出由分解 $2_+ = 1 + 10_+ = 10_+ + 1$ 产生的众数和 2_+ 的四位数的 13 个派生素数(1181、1811、8111、2711、7211、7121、1451、2153、2351、2531、5231、1433、4133)的所有衍生素数与衍生素数集.

在这里,为节省篇幅五位数或五位数以上的派生素数或衍生素数都没有列出,有兴趣的读者自行给出.

6　众数和"4_+"的素数分解与分布规律

现将众数和"4_+"产生的素数与素数分布规律列举如下:

6.1　众数和"4_+"产生的素数与素数分布规律

依据实数加法的分解规律,实数"4"按一分为二的原则有 3 种分解形式:$4 = 2 + 2$;$4 = 1 + 3$;$4 = 3 + 1$.按一分为四的原则有 1 种分解形式:

$4 = 1 + 1 + 1 + 1$.

根据众数和的加法运算规律与法则：

$(19)_+ = (28)_+ = (37)_+ = (46)_+ = (55)_+ = (91)_+ = (82)_+ = (73)_+ = (64)_+ = (10)_+ = 1$,

则实数 4 的众数和"4_+"对应着如下 4 大类分解形式：

第一类是 $4_+ = 3 + 1_+$（共 4 个分解，即 $N = 1 + C_2^0 + C_2^1 = 2^2 - 1 + 1 = 4$ 个）

因为 $1_+ = 10_+$，按 10_+ 所在的位置又可分为 5 种分解形式：

(1)$4_+ = 1 + 3$;　　　(2)$4_+ = 3 + 1$;　　　(3)$4_+ = 3 + 10_+$;

(4)$4_+ = 10_+ + 3$;　　(5)$4_+ = 4 + 9$.

构造了 5 个数组：$(1,3),(3,1),(3,10_+),(10_+,3),(4,9)$. 因为 10_+ 包含 4 个数 19,37,73,91,仅有 3 个组数：1 与 3;3 与 10_+;4 与 9 构造产生素数.

由第一无序数组 $(1,3)$ 构成的奇数是 13,31.经过素数表筛选符合的 2 个素数是 13,31.

由第二无序数组 $(3,10_+)$ 构成的三位数的 18 个奇数是 103,301,319, 139,193,913,391,931,337,373,733,355,553,535,283,823,463,643. 经过素数表筛选符合的 10 个素数是 103,139,193,337,373,733,283,823, 463,643.

由第三无序数组 $(4,9)$ 构成的奇数是 49,显然不是素数.

因此,第一类众数和"4_+"产生的三位数的奇数共有 20 个,但是经过素数表筛选符合的素数是 12 个.

第二类是 $4_+ = 1_+ + 1_+ + 2$;$(N = 1 + C_3^0 + C_3^1 + C_3^2 = 2^3 - 1 + 1 = 8$ 个)

因为 $1_+ = 10_+$,按 10_+ 所在的位置又可分为 8 种分解形式：

(1)$4_+ = 1 + 2 + 1$;　　(2)$4_+ = 2 + 1 + 1$;　　(3)$4_+ = 1 + 2 + 10_+$;

(4)$4_+ = 10_+ + 2 + 1$;　(5)$4_+ = 2 + 1 + 10_+$;　(6)$4_+ = 2 + 10_+ + 1$;

(7)$4_+ = 2 + 10_+ + 10_+$;(8)$4_+ = 10_+ + 2 + 10_+$.

构造了 4 个数组：$(1,2,1),(2,1,1),(1,2,10_+),(10_+,2,1),(2,1, 10_+),(2,10_+,1),(2,10_+,10_+),(10_+,2,10_+)$. 因为 10_+ 包含 4 个数 19, 37,73,91,仅有 3 个组数：1,2 与 1;1,2 与 10_+;2,10_+ 与 10_+ 构造产生素数.

由第一无序数组 $(1,2,1)$ 构成的三位数的奇数是 121,211.经过素数表筛选符合的 1 个素数是 211.

由第二无序数组 $(1,2,10_+)$，按照 $10_+=1+9=9+1=3+7=7+3=4+6=6+4=5+5=2+8=1+0$ 分解，可产生 49 个奇数，又有 6 个组数分解：

（1）由无序数组 $(1,2,1,9)$ 构成的四位数的 9 个奇数是：1129，1219，2119，1291，1921，2191，2911，9121，9211.经过素数表筛选符合的 2 个素数是 1129，1291.

（2）由无序数组 $(1,2,3,7)$ 构成的四位数的 18 个奇数是：1237，1327，2137，2317，3127，3217，1273，1723，2173，2713，7123，7213，2371，2731，3271，3721，7231，7321.经过素数表筛选符合的有 11 个素数：1237，1327，2137，3217，1723，2713，7213，2371，2731，3271，7321.

（3）由无序数组 $(1,2,4,6)$ 构成的四位数的 6 个奇数是：2461，2641，4261，4621，6241，6421. 经过素数表筛选符合的有 3 个素数：4261，4621，6421.

（4）由无序数组 $(1,2,5,5)$ 构成的四位数的 9 个奇数：5521，5251，2551，2515，5215，1525，5125，1255，2155.经过素数表筛选符合的有 2 个素数：5521，2551.

（5）由无序数组 $(1,2,2,8)$ 构成的四位数的 3 个奇数：2281，2821，8221.经过素数表筛选符合的有 2 个素数：2281，8221.

（6）由无序数组 $(1,2,1,0)$ 构成的四位数的 4 个奇数：1201，2101，2011，1021.经过素数表筛选符合的有 3 个素数：1201，2011，1021.

由第三无序数组 $(2,10_+,10_+)$，按照 $10_+=1+9=3+7=5+5=2+8=4+6=1+0$ 分解，可产生 249 个奇数，有 2 个组数分解：

（1）由无序数组 $(2,1,9,1,9)$ 构成的五位数的有 $C_4^1 \times A_4^4/2 \times 2 = 12$ 个奇数：11299，12199，21199，11929，19129，91129，12919，21919，19219，91219，29119，92119.经过素数表筛选符合的有 4 个素数：11299，91129，19219，92119.

（2）由无序数组 $(2,1,9,3,7)$ 构成的五位数的有 $C_4^1 \times A_4^4 = 96$ 个奇数：37921，39721，73921，79321，93721，97321，27931，29731，72931，79231，92731，97231，23971，29371，32971，39271，92371，93271，23791，27391，32791，37291，72391，73291，27913，29713，72913，79213，92713，

97213,17923,19723,71923,79123,91723,97123,12973,19273,21973,
29173,91273,92173,12793,17293,21793,27193,71293,72193,23917,
29317,32917,39217,92317,93217,13927,19327,31927,39127,91327,
93127,12937,19237,21937,29137,91237,92137,12397,13297,21397,
23197,31297,32197,23719,27319,32719,37219,72319,73219,13729,
17329,31729,37129,71329,73129,12739,17239,21739,27139,71239,
72139,12379,13279,21379,23179,31279,32179.

经过素数表筛选符合的有 36 个素数:72931,79231,97231,23971,
32971,73291,97213,17923,12973,19273,29173,92173,17293,71293,
23917,32917,39217,92317,19237,21937,29137,91237,13297,21397,
23197,23719,32719,13729,31729,71329,12739,17239,21739,72139,
12379,21379.

(3)由无序数组(2,1,9,4,6)构成的五位数的有 $C_2^1 \times A_4^4 = 48$ 个奇
数:46921,64921,49621,94621,69421,96421,26941,62941,29641,
92641,69241,9624149261,94261,29461,92461,24961,42961,46291,
64291,26491,62491,24691,42691,46219,64219,26419,62419,24619,
42619,46129,64129,16429,61429,14629,41629,26149,62149,16249,
61249,12649,21649,24169,42169,14269,41269,12469,21469.

经过素数表筛选符合的有 16 个素数:64921,94621,29641,92641,
49261,94261,92461,42961,24691,46219,14629,16249,21649,24169,
42169,41269.

(4)由无序数组(2,1,9,2,8)构成的五位数的有 $C_2^1 \times A_4^4/2 = 24$ 个奇
数:89221,98221,29821,92821,28921,82921,22981,29281,92281,
22891,28291,82291,22819,28219,82219,28129,82129,18229,81229,
12829,21829,12289,21289,22189.经过素数表筛选符合的有 10 个素数:
98221,92821,28921,28219,82219,82129,18229,12829,12289,22189.

(5)由无序数组(2,1,9,5,5)构成的五位数的有 $C_3^1 \times A_4^4/2 - 6 = 36$
$-6 = 30$ 个奇数:55921,59521,95521,59251,95251,29551,92551,25951,
52951,55291,52591,25591,59215,95215,29515,92515,25915,52915,
59125,95125,19525,91525,15925,51925,25195,52195,15295,51295,
12595,21595.经过素数表筛选符合的有 5 个素数:55921,92551,25951,

52951,55291.

(6) 由无序数组 (2,1,9,1,0) 构成的五位数的有 27 个奇数:29101,92101,19201,91201,12901,21901,92011,29011,90211,20911,19021,91021,90121,10921,12091,21091,20191,10291,11209,12109,21109,12019,21019,20119,10219,11029,10129.经过素数表筛选符合的有 4 个素数:29101,90121,12109,21019.

第三类是 $4_+ = 1 + 1_+ + 1_+ + 1_+$.

因为 $1_+ = 10_+$,按 10_+ 所在的位置又可分为 15 种分解形式:

(1)$4_+ = 1 + 1 + 1 + 1$;　(2)$4_+ = 1 + 1 + 1 + 10_+$;

(3)$4_+ = 1 + 1 + 10_+ + 1$;　(4)$4_+ = 1 + 10_+ + 1 + 1$;

(5)$4_+ = 10_+ + 1 + 1 + 1$;　(6)$4_+ = 1 + 1 + 10_+ + 10_+$;

(7)$4_+ = 1 + 10_+ + 10_+ + 1$;　(8)$4_+ = 10_+ + 10_+ + 1 + 1$;

(9)$4_+ = 10_+ + 1 + 1 + 10_+$;　(10)$4_+ = 10_+ + 1 + 10_+ + 1$;

(11)$4_+ = 1 + 10_+ + 1 + 10_+$;　(12)$4_+ = 1 + 10_+ + 10_+ + 10_+$;

(13)$4_+ = 10_+ + 1 + 10_+ + 10_+$;　(14)$4_+ = 10_+ + 10_+ + 1 + 10_+$;

(15)$4_+ = 10_+ + 10_+ + 10_+ + 1$.

构造了 15 个数组:(1,1,1,1),(1,1,1,10_+),(1,1,10_+,1),(1,10_+,1,1),(10_+,1,1,1),(1,1,10_+,10_+),(1,10_+,10_+,1),(10_+,10_+,1,1),(10_+,1,1,10_+),(10_+,1,10_+,1),(1,10_+,1,10_+),(1,10_+,10_+,10_+),(10_+,1,10_+,10_+),(10_+,10_+,1,10_+),(10_+,10_+,10_+,1).因为 10_+ 包含 4 个数 19,37,73,91,仅有 4 个组数:1,1,1 与 1;1,1,1 与 10_+;1,1,10_+ 与 10_+;1,10_+,10_+ 与 10_+ 构造产生素数.

由第一无序数组 (1,1,1,1) 构成的四位数的奇数是 1111.经过素数表筛选不符合.

由第二无序数组 (1,1,1,10_+),按照 $10_+ = 1 + 9 = 3 + 7 = 4 + 6 = 5 + 5 = 2 + 8 = 1 + 0$ 分解,可产生 58 个奇数,又有 6 个组数分解:

(1) 由无序数组 (1,1,1,1,9) 构成的五位数的 5 个奇数是:11119,11191,11911,19111,91111.经过素数表筛选符合的 1 个素数是 11119.

(2) 由无序数组 (1,1,1,3,7) 构成的五位数的 20 个奇数:37111,73111,17311,71311,13711,31711,11731,17131,71131,11371,13171,31171,11713,17113,71113,11173,11317,13117,31117,11137.经过素数

表筛选符合的 5 个素数是 13711,11731,13171,11173,11317.

(3) 由无序数组 $(1,1,1,4,6)$ 构成的五位数的 12 个奇数:46111, 64111,16411,61411,14611,41611,11641,16141,61141,11461,14161, 41161. 经过素数表筛选符合的 5 个素数是 16411,41611,16141, 61141,41161.

(4) 由无序数组 $(1,1,1,2,8)$ 构成的五位数的 12 个奇数:28111, 82111,18211,81211,12811,21811,11821,18121,81121,11281,12181, 21181.经过素数表筛选符合的 4 个素数是 28111,18211,11821,18121.

(5) 由无序数组 $(1,1,1,5,5)$ 构成的五位数的 6 个奇数是:55111, 51511,15511,11551,15151,51151.其他个位数含"5"的奇数不是素数,在此略去.经过素数表筛选符合的 4 个素数是 51511,15511,11551,51151.

(6) 由无序数组 $(1,1,1,0,1)$ 构成的五位数的 3 个奇数:11101, 11011,10111.经过素数表筛选符合的 1 个素数是 10111.

由第三无序数组 $(1,1,10_+,10_+)$,按照 $10_+ = 1+9 = 3+7 = 5+5 = 2+8 = 4+6 = 1+0$ 分解,又有 $C_6^1 + C_5^1 + C_4^1 + C_3^1 + C_2^1 + C_1^1 = 21$ 个组数分解.这 21 个序数组分别为:

$(1,1,1,9,1,9);(1,1,1,9,3,7);(1,1,1,9,5,5);(1,1,1,9,2,8);$ $(1,1,1,9,4,6);(1,1,1,9,1,0);(1,1,3,7,3,7);(1,1,3,7,5,5);(1,1,$ $3,7,2,8);(1,1,3,7,4,6);(1,1,3,7,1,0);(1,1,5,5,5,5);(1,1,5,5,2,$ $8);(1,1,5,5,4,6);(1,1,5,5,1,0);(1,1,2,8,2,8);(1,1,2,8,4,6);(1,$ $1,2,8,1,0);(1,1,4,6,4,6);(1,1,4,6,1,0);(1,1,0,1,1,0).$

这 21 个无序数组可构造产生很多奇数,对照素数表可筛选出符合的素数.有兴趣的读者可自行列出.

由第四无序数组 $(1,10_+,10_+,10_+)$,按照 $10_+ = 1+9 = 3+7 = 5+5 = 2+8 = 4+6 = 1+0$ 分解,又有 $C_{21}^1 + C_{20}^1 + C_{19}^1 + C_{18}^1 + C_{17}^1 + C_{16}^1 = 6 \times (16+21)/2 = 111$ 个组数分解,也可构造产生很多奇数,对照素数表可筛选出符合的素数.有兴趣的读者可自行列出.

第四类是 $4_+ = 1_+ + 1_+ + 1_+ + 1_+$,即 $4_+ = 10_+ + 10_+ + 10_+ + 10_+$.

由无序数组 $(10_+,10_+,10_+,10_+)$,按照 $10_+ = 1+9 = 3+7 = 5+5 = 2+8 = 4+6 = 10+0$ 分解,又有 $C_{111}^1 + C_{110}^1 + C_{109}^1 + C_{108}^1 + C_{107}^1 + C_{106}^1 = 6 \times (106+111)/2 = 651$ 个组数分解,也可构造产生很多奇数,对照素数

表可筛选出符合的素数.有兴趣的读者可自行列出.

综上所述,众数和"4_+"的素数分解规律有 4 大类分解形式:

第一类是 $4_+ = 3 + 1_+$.又可分为 5 种分解形式:

(1)$4_+ = 1 + 3$;　　　　　　(2)$4_+ = 3 + 1$;

(3)$4_+ = 3 + 10_+$;　　　　　(4)$4_+ = 10_+ + 3$;

(5)$4_+ = 4 + 9$.

第二类是 $4_+ = 1_+ + 1_+ + 2$.又可分为 8 种分解形式:

(1)$4_+ = 1 + 2 + 1$;　　(2)$4_+ = 2 + 1 + 1$;　　(3)$4_+ = 1 + 2 + 10_+$;

(4)$4_+ = 10_+ + 2 + 1$;　(5)$4_+ = 2 + 1 + 10_+$;　(6)$4_+ = 2 + 10_+ + 1$;

(7)$4_+ = 2 + 10_+ + 10_+$;(8)$4_+ = 10_+ + 2 + 10_+$.

第三类是 $4_+ = 1 + 1_+ + 1_+ + 1_+$.又可分为 15 种分解形式:

(1)$4_+ = 1 + 1 + 1 + 1$;　　　　(2)$4_+ = 1 + 1 + 1 + 10_+$;

(3)$4_+ = 1 + 1 + 10_+ + 1$;　　　(4)$4_+ = 1 + 10_+ + 1 + 1$;

(5)$4_+ = 10_+ + 1 + 1 + 1$;　　　(6)$4_+ = 1 + 1 + 10_+ + 10_+$;

(7)$4_+ = 1 + 10_+ + 10_+ + 1$;　　(8)$4_+ = 10_+ + 10_+ + 1 + 1$;

(9)$4_+ = 10_+ + 1 + 1 + 10_+$;　　(10)$4_+ = 10_+ + 1 + 10_+ + 1$;

(11)$4_+ = 1 + 10_+ + 1 + 10_+$;　　(12)$4_+ = 1 + 10_+ + 10_+ + 10_+$;

(13)$4_+ = 10_+ + 1 + 10_+ + 10_+$;　(14)$4_+ = 10_+ + 10_+ + 1 + 10_+$;

(15)$4_+ = 10_+ + 10_+ + 10_+ + 1$.

第四类是 $4_+ = 1_+ + 1_+ + 1_+ + 1_+$,即 $4_+ = 10_+ + 10_+ + 10_+ + 10_+$.

6.2　众数和"4_+"的派生素数与派生素数集

如素数 13 的各位数字的众数和运算是:$1 + 3 = 4$.即素数 13 的众数和是"4".

用众数和数学符号表示为$(13)_+ = 1 + 3 = 4$.

如素数 11173 的各位数字的众数和运算是:$1 + 1 + 1 + 7 + 3 = 13$,$1 + 3 = 4$.即素数 11173 的众数和是"4".

用众数和数学符号表示为:$(11173)_+ = 1 + 1 + 1 + 7 + 3 = 13$,$(13)_+ = 1 + 3 = 4$.即$(11173)_+ = (13)_+ = 4$.

众数和"4_+"产生的二位数的派生素数仅有 2 个:13 与 31.其二位数的派生素数集是:$[p(4_+)] = \{13, 31\}$.

众数和"4₊"产生的三位数的派生素数有 11 个. 其三位数的派生素数集是：$[p(4_+)] = \{103,139,193,211,283,337,373,463,643,733,823\}$.

众数和"4₊"产生的四位数的派生素数有 23 个. 其四位数的派生素数集是：$[p(4_+)] = \{1129,1201,1021,1237,1291,1327,1723,2011,2137,$ $2281,2371,2551,2713,2731,3217,3271,4261,4621,5521,6421,7213,$ $7321,8221\}$.

众数和"4₊"产生的五位数的派生素数有 95 个. 其五位数的派生素数集是：$[p(4_+)] = \{10111,11119,11173,11299,11317,11551,11731,$ $11821,12109,12289,12379,12739,12829,12973,13171,13297,13711,$ $13729,14629,15511,16141,16249,16411,17239,17293,17923,18121,$ $18211,18229,19219,19237,19273,21019,21379,21397,21649,21739,$ $21937,22189,23197,23719,23917,23971,24169,24691,25951,28111,$ $28219,28921,29101,29137,29173,29641,31729,32719,32917,32971,$ $39217,41161,41269,41611,42169,42961,46219,49261,51151,51511,$ $52951,55291,55921,61141,64921,71293,71329,72139,72931,73291,$ $79231,82129,82219,90121,91129,91237,92119,92173,92317,92461,$ $92551,92641,92821,94261,94621,97213,97231,98221\}$.

众数和"4₊"产生的六位数及六位数以上的派生素数与派生素数集，有兴趣的读者自行列出.

6.3　众数和"4₊"的衍生素数与衍生素数集

简要地，给出众数和"4₊"的衍生素数与衍生素数集的构造方法.

(1)$4_+ = 1 + 3$

由分解规律"$4 = 1 + 3$"产生的派生素数是 13.

如派生素数"13"的衍生素数集是：

$$[p(4_+)]_{13} = \{103,\underline{1003},\underline{10003},100003,\cdots,1\overset{n\text{个}0}{\overbrace{0\cdots0}}3,\cdots\}$$

$$[p(4_+)]_{13} = \{139,\underline{1399},13999,139999,\cdots,13\overset{n\text{个}9}{\overbrace{9\cdots9}},\cdots\}$$

$$[p(4_+)]_{13} = \{193,1993,19993,\underline{199993},\cdots,1\overset{n\text{个}9}{\overbrace{9\cdots9}}93,\cdots\}$$

$$[p(4_+)]_{13} = \{\underline{913},9913,99913,\underline{999913},\cdots,\overset{n\text{个}9}{\overbrace{9\cdots9}}913,\cdots\}$$

(2)$4_+ = 3 + 1$

由分解规律"$4 = 3 + 1$"产生的派生素数是 31.

如派生素数"31"的衍生素数集是:

$$[p(4_+)]_{13} = \{\underline{301},\underline{3001},\underline{30001},\underline{300001},\cdots,3\overset{n \uparrow 0}{0\cdots01},\cdots\}$$

$$[p(4_+)]_{13} = \{\underline{319},\underline{3199},\underline{31999},\underline{319999},\cdots,31\overset{n \uparrow 9}{9\cdots9},\cdots\}$$

$$[p(4_+)]_{13} = \{\underline{391},\underline{3991},\underline{39991},\underline{399991},\cdots,3\overset{n \uparrow 9}{9\cdots91},\cdots\}$$

$$[p(4_+)]_{13} = \{\underline{931},\underline{9931},\underline{99931},\underline{999931},\cdots,\overset{n \uparrow 9}{9\cdots931},\cdots\}$$

(3)$4_+ = 3 + 10_+$

由分解规律"$4 = 3 + 10_+$"产生的派生素数是 $103,139,193,283,337,$ $373,463,643,733,823.$ 这 10 个派生素数产生的衍生素数与衍生素数集与派生素数"13、31"产生的衍生素数与衍生素数集的镶嵌方法类同. 其它众数和"4_+"产生的衍生素数与衍生素数集镶嵌方法也类同. 下面不一一赘述,有兴趣的读者自行列出.

7　众数和"5_+"的素数分解与分布规律

现将众数和"5_+"产生的素数与素数分布规律列举如下:

7.1　众数和"5_+"产生的素数与素数分布规律

依据实数加法的分解规律,实数"5"按一分为二的原则有 3 种分解形式:$5 = 0 + 5$;$5 = 2 + 3$;$5 = 4 + 1.$ 但 2 种分解形式:$5 = 3 + 2$;$5 = 1 + 4.$ 对应着偶数 32 与 14,不是素数,应舍去. 按一分为五的原则有 1 种分解形式:$5 = 1 + 1 + 1 + 1 + 1.$

根据众数和的加法运算规律与法则:

$(19)_+ = (28)_+ = (37)_+ = (46)_+ = (55)_+ = (91)_+ = (82)_+ = (73)_+ = (64)_+ = (10)_+ = 1,$

则实数 5 的众数和"5_+"对应着如下 6 大类分解形式:

第一类是 $5_+ = 0 + 5$.

又有 3 种分解形式:

(1) $5_+ = 0 + 5$;   (2) $5_+ = 2 + 3$;   (3) $5_+ = 5 + 9$.

由第一无序数组 $(0,5)$ 构成的奇数是 5. 很显然,"5"是素数.

由第二无序数组 $(2,3)$ 构成的奇数是 23. 很显然,"23"是素数.

由第三无序数组 $(5,9)$ 构成的奇数是 59、95. 很显然,"59"是素数.

第二类是 $5_+ = 4 + 1_+$.

因为 $1_+ = 10_+$,按 10_+ 所在的位置又可分解为:

(1) $5_+ = 4 + 1$;   (2) $5_+ = 4 + 10_+$.

构造了 2 个数组: $(1,4),(4,10_+)$. 因为 10_+ 包含 4 个数 19,37,73,91,仅有 2 个组数:1 与 4;4 与 10_+ 构造产生素数.

由第一无序数组 $(1,4)$ 构成的两位数的奇数是 41. 很显然,"41"是素数.

由第二无序数组 $(4,10_+)$,按照 $10_+ = 1 + 9 = 9 + 1 = 3 + 7 = 7 + 3 = 4 + 6 = 6 + 4 = 5 + 5 = 2 + 8 = 8 + 2 = 1 + 0$ 分解,可产生 6 个奇数,又有 4 个组数分解:

由第 1 个无序数组 $(4,1,9)$ 构成的三位数的 4 个奇数是 491,941,149,419. 经过素数表筛选这 4 个奇数都符合,即 4 个素数是 149,419,491,941.

由第 2 个无序数组 $(4,3,7)$ 构成的三位数的 4 个奇数是 473,743,347,437. 经过素数表筛选符合的 2 个素数是 347,743.

由第 3 个无序数组 $(4,5,5)$ 构成的三位数的 4 个奇数是 455,545. 经过素数表筛选都不是素数.

由第 4 个无序数组 $(4,1,0)$ 构成的三位数的 4 个奇数是 401. 经过素数表筛选符合,这个素数是 401.

第三类是 $5_+ = 3 + 1_+ + 1_+$. 又有 6 种分解形式:

(1) $5_+ = 1 + 1 + 3$;   (2) $5_+ = 1 + 3 + 10_+$;

(3) $5_+ = 1 + 10_+ + 3$;   (4) $5_+ = 10_+ + 1 + 3$;

(5) $5_+ = 10_+ + 3 + 10_+$;   (6) $5_+ = 10_+ + 3 + 10_+$.

由第一无序数组 $(1,1,3)$ 构成的三位数的奇数是 311,131,113. 经过素数表筛选这 3 个奇数都符合,即 3 个素数是 113,131,311.

由第二无序数组 $(1,3,10_+)$,按照 $10_+ = 1 + 9 = 3 + 7 = 5 + 5 = 4 +$

$6 = 2 + 8 = 1 + 0$ 分解,又有 6 个组数分解:

由第 1 个无序数组 $(1,3,1,9)$ 构成的四位数的 12 个奇数是 3911, 9311,1931,9131,1391,3191,9113,1913,1193,3119,1319,1139. 经过素数表筛选符合的 8 个素数是 3911,9311,1931,3191,1913,1193, 3119,1319.

由第 2 个无序数组 $(1,3,3,7)$ 构成的四位数的 12 个奇数是 7331, 3731,3371,3713,7313,1733,7133,1373,3173,3317,1337,3137. 经过素数表筛选符合的 5 个素数是 7331,3371,1733,1373,3137.

由第 3 个无序数组 $(1,3,5,5)$ 构成的四位数的 12 个奇数是 5531, 5351,3551,5513,5153,1553,3515,5315,1535,5135,1355,3155. 经过素数表筛选符合的 4 个素数是 5531,5351,5153,1553.

由第 4 个无序数组 $(1,3,2,8)$ 构成的四位数的 12 个奇数是 3821, 8321,2831,8231,2381,3281,2813,8213,1823,8123,1283,2183. 经过素数表筛选符合的 6 个素数是 3821,8231,2381,1823,8123,1283.

由第 5 个无序数组 $(1,3,4,6)$ 构成的四位数的 12 个奇数是 4631, 6431,3641,6341,3461,4361,4613,6413,1643,6143,1463,4163. 经过素数表筛选符合的 2 个素数是 3461,6143.

由第 6 个无序数组 $(1,3,1,0)$ 构成的四位数的 6 个奇数是 3101, 1301,3011,1031,1103,1013.经过素数表筛选符合的 5 个素数是 1301, 3011,1031,1103,1013.

由第三无序数组 $(3,10_+,10_+)$,按照 $10_+ = 1 + 9 = 3 + 7 = 5 + 5 = 2 + 8 = 4 + 6 = 10 + 0$ 分解,又有 $21(= 6 + 5 + 4 + 3 + 2 + 1)$ 个组数分解.这 21 个序数组分别为:

$(3,1,9,1,9)$;$(3,1,9,3,7)$;$(3,1,9,5,5)$;$(3,1,9,2,8)$;$(3,1,9,4,6)$;$(3,1,9,1,0)$;$(3,3,7,3,7)$;$(3,3,7,5,5)$;$(3,3,7,2,8)$;$(3,3,7,4,6)$;$(3,3,7,1,0)$;$(3,5,5,5,5)$;$(3,5,5,2,8)$;$(3,5,5,4,6)$;$(3,5,5,1,0)$;$(3,2,8,2,8)$;$(3,2,8,4,6)$;$(3,2,8,1,0)$;$(3,4,6,4,6)$;$(3,4,6,1,0)$;$(3,0,1,1,0)$.

这 21 个无序数组可构造产生很多奇数,对照素数表可筛选出符合的素数.有兴趣的读者可自行列出.

第四类是 $5_+ = 2 + 1_+ + 1_+ + 1_+$.又可分解为:

$(1)5_+ = 2+1+1+1$;　　　　　$(2)5_+ = 2+1+1+10_+$;

$(3)5_+ = 2+1+1+10_+$;　　　　$(4)5_+ = 2+1+10_++10_+$;

$(5)5_+ = 2+10_++10_++10_+$.

由第一无序数组$(2,1,1,1)$构成的四位数的奇数是 $2111,1211$,1121.经过素数表筛选这 3 个奇数都符合,即 3 个素数是 $2111,1211,1121$.

由第二无序数组$(2,1,1,10_+)$,按照 $10_+=1+9=3+7=5+5=4+6=2+8=1+0$ 分解,有 6 个组数分解:

由第 1 个无序数组$(2,1,1,1,9)$构成的五位数的 16 个奇数是 29111,$92111,19211,91211,12911,21911,91121,19121,11921,21191,12191$,$11291,12119,21119,11219,11129$.经过素数表筛选符合的 8 个素数是 $19211,12911,21911,19121,21191,12119,91121,92111$.

由第 2 个无序数组$(2,1,1,3,7)$构成的五位数的 48 个奇数是 37211,$73211,27311,72311,23711,32711,37121,73121,17321,71321,13721$,$31721,27131,72131,17231,71231,12731,21731,23171,32171,13271$,$31271,12371,21371,27113,72113,17213,71213,12713,21713,17123$,$71123,11723,11273,12173,21173,23117,32117,13217,31217,12317$,$21317,11327,13127,31127,11237,12137,21137$.经过素数表筛选符合的 15 个素数是 $73121,17321,13721,31721,17231,31271,12713,21713$,$17123,11273,23117,32117,13217,21317,13127$.

由第 3 个无序数组$(2,1,1,5,5)$构成的五位数的奇数是 55211,$52511,25511$,其它个位数含 5 的五位数的奇数都不能构成素数.经过素数表筛选符合的 1 个素数是 52511.

由第 4 个无序数组$(2,1,1,2,8)$构成的五位数的 3 个奇数是 82211,$28211,22811$.经过素数表筛选符合的 2 个素数是 $28211,22811$.

由第 5 个无序数组$(2,1,1,4,6)$构成的五位数的 24 个奇数是 46211,$64211,26411,62411,24611,42611,46121,64121,16421,61421,14621$,$41621,26141,62141,16241,61241,12641,21641,24161,42161,14261$,$41261,12461,21461$.经过素数表筛选符合的 8 个素数是 $24611,42611$,$16421,14621,41621,26141,62141,12641$.

由第 6 个无序数组$(2,1,1,1,0)$构成的五位数的 9 个奇数是 21101,$12101,11201,12011,21011,20111,10211,11021,10121$.经过素数表筛选

符合的 5 个素数是 21101,12101,12011,21011,10211.

第五类是 $5_+ = 1_+ + 1_+ + 1_+ + 1_+ + 1$. 又可分解为 5 种形式:

(1)$5_+ = 1 + 1 + 1 + 1 + 1$;　　　(2)$5_+ = 1 + 1 + 1 + 1 + 10_+$;

(3)$5_+ = 1 + 1 + 1 + 10_+ + 10_+$;　　(4)$5_+ = 1 + 1 + 10_+ + 10_+ + 10_+$;

(5)$5_+ = 1 + 10_+ + 10_+ + 10_+ + 10_+$.

由第一无序数组$(1,1,1,1,1)$构成的五位数的奇数是 11111. 经过素数表筛选不是素数.

由第二无序数组$(1,1,1,1,10_+)$,按照 $10_+ = 1 + 9 = 3 + 7 = 5 + 5 = 4 + 6 = 2 + 8 = 1 + 0$ 分解,又有 6 个组数分解:

由第 1 个无序数组$(1,1,1,1,1,9)$构成的五位数的奇数是 911111, 191111,119111,111911,111191,111119. 经过素数表筛选符合的 3 个素数是 911111,111191,111119.

由第 2 个无序数组$(1,1,1,1,3,7)$构成的六位数的 28 个奇数是 371111,731111,173111,713111,137111,317111,711311,171311, 117311,311711,131711,113711,711131,171131,117131,111731, 311171,131171,113171,111371,711113,171113,117113,111713, 311117,131117,113117,111137. 经过素数表筛选符合的 7 个素数是 311711,131711,711131,171131,111731,131171,113171.

由第 3 个无序数组$(1,1,1,1,5,5)$构成的不含个位数是"5"的 $10 = C_4^1 + C_4^2 = 4 + 6$ 个六位奇数是 551111,155111,115511,111551,515111, 511511,511151,151511,151151,115151. 经过素数表筛选符合的 3 个素数是 515111,511151,115151.

由第 4 个无序数组$(1,1,1,1,2,8)$构成的六位数的 20 个奇数是 281111,821111,182111,812111,128111,218111,811211,181211, 118211,211811,121811,112811,811121,181121,118121,111821, 211181,121181,112181,111281. 经过素数表筛选符合的 10 个素数是 182111,128111,218111,181211,118211,211811,112811,111821, 121181,112181.

由第 5 个无序数组$(1,1,1,1,4,6)$构成的六位数的 20 个奇数是 461111,641111,164111,614111,146111,416111,611411,161411,116411, 411611,141611,114611,611141,161141,116141,111641,411161,141161,

114161,111461.经过素数表筛选符合的9个素数是611411,161411,116411,411611,161141,116141,111641,141161,114161.

由第 6 个无序数组$(1,1,1,1,0,1)$构成的六位数的 4 个奇数是111101,111011,110111,101111.经过素数表筛选符合的 1 个素数是101111.

由第三无序数组$(1,1,1,10_+,10_+)$,按照 $10_+=1+9=3+7=5+5=4+6=2+8=1+0$分解,又有 $C_6^1+C_5^1+C_4^1+C_3^1+C_2^1+C_1^1=21$ 个组数分解.这 21 个序数组分别为:

$(1,1,1,1,9,1,9)$;$(1,1,1,1,9,3,7)$;$(1,1,1,1,9,5,5)$;$(1,1,1,1,9,2,8)$;$(1,1,1,1,9,4,6)$;$(1,1,1,1,9,1,0)$;$(1,1,1,3,7,3,7)$;$(1,1,1,3,7,5,5)$;$(1,1,1,3,7,2,8)$;$(1,1,1,3,7,4,6)$;$(1,1,1,3,7,1,0)$;$(1,1,1,5,5,5,5)$;$(1,1,1,5,5,2,8)$;$(1,1,1,5,5,4,6)$;$(1,1,1,5,5,1,0)$;$(1,1,1,2,8,2,8)$;$(1,1,1,2,8,4,6)$;$(1,1,1,2,8,1,0)$;$(1,1,1,4,6,4,6)$;$(1,1,1,4,6,1,0)$;$(1,1,1,0,1,1,0)$.

这 21 个无序数组可构造产生很多奇数,对照素数表可筛选出符合的素数.有兴趣的读者可自行列出.

由第四无序数组$(1,1,10_+,10_+,10_+)$,按照 $10_+=1+9=3+7=5+5=4+6=2+8=1+0$分解,又有 $C_{21}^1+C_{20}^1+C_{19}^1+C_{18}^1+C_{17}^1+C_{16}^1=6\times(16+21)/2=111$ 个组数分解.有兴趣的读者可列出相符合的素数.

由第五无序数组$(1,10_+,10_+,10_+,10_+)$,按照 $10_+=1+9=3+7=5+5=4+6=2+8=1+0$分解,又有 $C_{111}^1+C_{110}^1+C_{109}^1+C_{108}^1+C_{107}^1+C_{106}^1=6\times(106+111)/2=651$ 个组数分解.有兴趣的读者可列出相符合的素数.

第六类是 $5_+=1_++1_++1_++1_++1_+$.即 $5_+=10_++10_++10_++10_++10_+$.

由无序数组$(10_+,10_+,10_+,10_+,10_+)$,按照 $10_+=1+9=3+7=5+5=4+6=2+8=1+0$分解,又有 $C_{26796}^1+C_{26795}^1+C_{26794}^1+\cdots+C_2^1+C_1^1=26796\times(1+26796)/2=359026206$ 个组数分解.有兴趣的读者可列出相符合的素数.

7.2 众数和"5_+"的派生素数与派生素数集

如素数 23 的各位数字的众数和运算是:$2+3=5$.即素数 23 的众数

和是"5".

用众数和数学符号表示为$(23)_+ = 2 + 3 = 5$.

如素数 1193711 的各位数字的众数和运算是：$1 + 1 + 9 + 3 + 7 + 1 + 1 = 23, 2 + 3 = 5$.即素数 1193711 的众数和是"5".

用众数和数学符号表示为：$(1193711)_+ = 1 + 1 + 9 + 3 + 7 + 1 + 1 = 23, (23)_+ = 2 + 3 = 5$.即$(1193711)_+ = (23)_+ = 5$.

众数和"5_+"产生的一位数的派生素数仅有 1 个：5.其一位数的派生素数集是：$[p(5_+)] = \{5\}$.

众数和"5_+"产生的两位数的派生素数仅有 3 个：23、41 与 59.其两位数的派生素数集是：$[p(5_+)] = \{23, 41, 59\}$.

众数和"5_+"产生的三位数的派生素数有 10 个.其三位数的派生素数集是：$[p(5_+)] = \{113, 131, 149, 311, 347, 401, 419, 491, 743, 941\}$.

众数和"5_+"产生的四位数的派生素数有 33 个.其四位数的派生素数集是：

$$[p(5_+)] = \{1013, 1031, 1121, 1103, 1193, 1211, 1283, 1301, 1319,$$
$$1373, 1553, 1733, 1823, 1913, 1931, 2111, 2381, 3011, 3119, 3137, 3191,$$
$$3371, 3461, 3821, 3911, 5153, 5351, 5531, 6143, 7331, 8123, 8231, 9311\}.$$

众数和"5_+"产生的五位数的派生素数有 39 个.其五位数的派生素数群是：

$$[p(5_+)] = \{10211, 11273, 12011, 12101, 12119, 12641, 12713,$$
$$12911, 13127, 13217, 13721, 14621, 16421, 17123, 17231, 17321, 19121,$$
$$19211, 21011, 21101, 21191, 21317, 21713, 21911, 22811, 23117, 24611,$$
$$26141, 28211, 31271, 31721, 32117, 42611, 41621, 52511, 62141, 73121,$$
$$91121, 92111\}.$$

7.3　众数和"5_+"的衍生素数与衍生素数集

简要地，给出众数和"5_+"的衍生素数与衍生素数集的构造方法.

(1)$5_+ = 0 + 5$

众数和"5_+"的分解规律$5_+ = 0 + 5$与实数 2 的分解规律$5(= 0 + 5)$一样，其产生的源生素数为"5".

如源生素数"5"的衍生素数集是：

$$[p(5_+)]_5 = \{\underline{59}, \underline{599}, 5999, \underline{59999}, \cdots, 5\overset{n\text{个}9}{\overbrace{9\cdots9}}, \cdots\}$$

$(2)5_+ = 2+3$

由分解规律"$5 = 2+3$"产生的派生素数是 23.

如派生素数"23"的衍生素数集是：

$$[p(5_+)]_{23} = \{203, \underline{2003}, 20003, \underline{200003}, \cdots, 2\overset{n\text{个}0}{\overbrace{0\cdots0}}03, \cdots\}$$

$$[p(5_+)]_{23} = \{\underline{239}, \underline{2399}, 23999, \underline{239999}, \cdots, 23\overset{n\text{个}9}{\overbrace{9\cdots9}}, \cdots\}$$

$$[p(5_+)]_{23} = \{\underline{293}, \underline{2993}, 29993, \underline{299993}, \cdots, 2\overset{n\text{个}9}{\overbrace{9\cdots9}}3, \cdots\}$$

$$[p(5_+)]_{23} = \{\underline{923}, \underline{9923}, 99923, \underline{999923}, \cdots, \overset{n\text{个}9}{\overbrace{9\cdots923}}, \cdots\}$$

$(3)5_+ = 4_+ + 1_+$

由分解规律"$5 = 4+1$"产生的派生素数是 41.

如派生素数"41"的衍生素数集是：

$$[p(5_+)]_{41} = \{\underline{401}, \underline{4001}, 40001, 400001, \cdots, 4\overset{n\text{个}0}{\overbrace{0\cdots0}}01, \cdots\}$$

$$[p(5_+)]_{41} = \{\underline{419}, 4199, \underline{41999}, \underline{419999}, \cdots, 41\overset{n\text{个}9}{\overbrace{9\cdots9}}9, \cdots\}$$

$$[p(5_+)]_{41} = \{\underline{491}, 4991, \underline{49991}, 499991, \cdots, 4\overset{n\text{个}9}{\overbrace{9\cdots9}}91, \cdots\}$$

$$[p(5_+)]_{41} = \{\underline{941}, \underline{9941}, 99941, 999941, \cdots, \overset{n\text{个}9}{\overbrace{9\cdots941}}, \cdots\}$$

$(4)5_+ = 4+10_+$

由分解规律"$5 = 4+10_+$"产生的派生素数是 419、491、437、473.

派生素数"419、491、437、473"产生的衍生素数与衍生素数集与派生素数"23、41"产生的衍生素数与衍生素数集的镶嵌方法类同. 其他众数和"5_+"产生的衍生素数与衍生素数集镶嵌方法也类同. 下面不一一赘述, 有兴趣的读者自行列出.

8　众数和"7_+"的素数分解与分布规律

现将众数和"7_+"产生的素数与素数分布规律列举如下：

8.1 众数和"7_+"产生的素数与素数分布规律

依据实数加法的分解规律,实数"7"按一分为二的原则有 3 种分解形式:$7 = 0 + 7$;$7 = 4 + 3$;$7 = 6 + 1$.但 5 种分解形式:$7 = 7 + 0$;$7 = 1 + 6$;$7 = 2 + 5$;$7 = 5 + 2$;$7 = 3 + 4$.对应着偶数 70、16、25、52 与 34,不是素数,应舍去.按一分为七的原则有一种分解形式:$7 = 1 + 1 + 1 + 1 + 1 + 1 + 1$.

根据众数和的加法运算规律与法则:

$(19)_+ = (28)_+ = (37)_+ = (46)_+ = (55)_+ = (91)_+ = (82)_+ = (73)_+ = (64)_+ = (10)_+ = 1$,

则实数 7 的众数和"7_+"对应着如下 8 大类分解形式:

第一类是 $7_+ = 0 + 7$.

按一分为二的原则,有 3 种分解形式:

(1)$7_+ = 0 + 7$;　　　　(2)$7_+ = 4 + 3$;　　　　(3)$7_+ = 7 + 9$.

由第一无序数组 $(0,7)$ 构成的一位数的奇数是 7. 很显然,"7"是素数.

由第二无序数组 $(4,3)$ 构成的两位数的奇数是 43. 很显然,"43"是素数.

由第三无序数组 $(7,9)$ 构成的两位数的奇数是 79、97. 很显然,"79、97"是素数.

第二类是 $7_+ = 6 + 1_+$.

因为 $1_+ = 10_+$,按 10_+ 所在的位置又可分为 2 种分解形式:

(1)$7_+ = 6 + 1$;　　　　　　(2)$7_+ = 6 + 10_+$.

由第一无序数组 $(6,1)$ 构成的二位数的奇数是 61. 很显然,"61"是素数.

由第二无序数组 $(6,10_+)$,按照 $10_+ = 1 + 9 = 3 + 7 = 5 + 5 = 4 + 6 = 2 + 8 = 1 + 0$ 有 6 种分解,可以产生奇数,但是 $(6,5,5)$、$(6,2,8)$、$(6,4,6)$3 个无序数组产生的数不能构成素数,不予考虑,因此只有 3 个组数分解:

由第 1 个无序数组 $(6,1,9)$ 构成的三位数的 4 个奇数是 691,961,169,619.经过素数表筛选符合的 2 个素数是 691,619.

由第 2 个无序数组 $(6,3,7)$ 构成的三位数的 4 个奇数是 $673,763$, $367,637$. 经过素数表筛选符合的 2 个素数是 $673,367$.

由第 3 个无序数组 $(6,1,0)$ 构成的三位数的 1 个奇数是 601. 经过素数表筛选符合, 即 601 是素数.

第三类是 $7_+ = 5 + 1_+ + 1_+$.

因为 $1_+ = 10_+$, 按 10_+ 所在的位置又可分为 3 种分解形式:

(1) $7_+ = 5 + 1 + 1$;   (2) $7_+ = 5 + 1 + 10_+$;

(3) $7_+ = 5 + 10_+ + 10_+$.

由第一无序数组 $(5,1,1)$ 构成的三位数的 3 个奇数是 $151,511,115$. 经过素数表筛选符合的 1 个素数是 151.

由第二无序数组 $(5,1,10_+)$, 按照 $10_+ = 1 + 9 = 3 + 7 = 5 + 5 = 4 + 6 = 2 + 8 = 1 + 0$ 有 6 种分解, 这 6 个组数的分解为:

由第 1 个无序数组 $(5,1,1,9)$ 构成的四位数的奇数是 $5911,9511$, $1951,9151,1591,5191,5119,1519,1159$, 其他个位数含"5"的四位数的奇数都不能构成素数. 经过素数表筛选符合的 4 个素数是 $9511,1951,9151$, 5119.

由第 2 个无序数组 $(5,1,3,7)$ 构成的四位数的 18 个奇数是 5731, $7531,3751,7351,3571,5371,5713,7513,1753,7153,1573,5173,3517$, $5317,1537,5137,1357,3157$, 其他个位数含"5"的四位数的奇数都不能构成素数. 经过素数表筛选符合的 4 个素数是 $7351,3571,1753,3517$.

由第 3 个无序数组 $(5,1,5,5)$ 构成的四位数的 1 个奇数是 5551, 其他个位数含"5"的四位数的奇数都不能构成素数. 经过素数表筛选, "5551" 也不是素数.

由第 4 个无序数组 $(5,1,2,8)$ 构成的四位数的奇数是 $5821,8521$, $2851,8251,2581,5281$, 其他个位数含"5"的四位数的奇数都不能构成素数. 经过素数表筛选符合的 4 个素数是 $5821,8521,2851,5281$.

由第 5 个无序数组 $(5,1,4,6)$ 构成的四位数的奇数是 $5614,6514$, $4651,6451,4561,5461$, 其他个位数含"5"的四位数的奇数都不能构成素数. 经过素数表筛选符合的 3 个素数是 $4651,6451,4561$.

由第 6 个无序数组 $(5,1,1,0)$ 构成的四位数的奇数是 $1501,5101$, $5011,1051$, 其它个位数含"5"的四位数的奇数都不能构成素数. 经过素数表筛选符合的 3 个素数是 5101,5011,1051.

第四类是 $7_+ = 4 + 1_+ + 1_+ + 1_+$.

因为 $1_+ = 10_+$,按 10_+ 所在的位置又可分为 4 种分解形式:

(1)$7_+ = 4 + 1 + 1 + 1$;　　　　　(2)$7_+ = 4 + 1 + 1 + 10_+$;

(3)$7_+ = 4 + 1 + 10_+ + 10_+$;　　　(4)$7_+ = 4 + 10_+ + 10_+ + 10_+$.

由第一无序数组(4,1,1,1)构成的四位数的 3 个奇数是 4111,1411,1141.经过素数表筛选符合的 1 个素数 4111.

由第二无序数组(4,1,1,10_+),按照 $10_+ = 1+9 = 3+7 = 5+5 = 4+6 = 2+8 = 1+0$ 有 6 种分解,这 6 个组数的分解为:

由第 1 个无序数组(4,1,1,1,9)构成的五位数的 12 个奇数是 49111,94111,19411,91411,14911,41911,19141,91141,11941,14191,41191,11491.经过素数表筛选符合的 7 个素数是 94111,91411,41911,19141,91141,11941,11491.

由第 2 个无序数组(4,1,1,3,7)构成的五位数的 $72 = C_3^1 \times A_4^4$ 个奇数是 47311,74311,37411,73411,34711,43711,47131,74131,17431,71431,14731,41731,37141,73141,17341,71341,13741,31741,34171,43171,14371,41371,13471,31471,47113,74113,17413,71413,14713,41713,17143,71143,11743,14173,41173,11473,34117,43117,14317,41317,13417,31417,41137,14137,11437,13147,31147,11347.经过素数表筛选符合的 19 个素数是 74311,43711,74131,17431,14731,73141,17341,71341,31741,34171,71413,14713,71143,11743,43117,13417,11437,13147,31147.

由第 3 个无序数组(4,1,1,5,5)构成的五位数的 12 个奇数是 55411,54511,45511,55141,51541,15541,45151,54151,15451,51451,14551,41551,其他个位数含 5 的五位数的奇数都不能构成素数.经过素数表筛选符合的 5 个素数是 55411,15541,54151,15451,14551.

由第 4 个无序数组(4,1,1,2,8)构成的五位数的 24 个奇数是 48211,84211,28411,82411,24811,42811,48121,84121,18421,81421,14821,41821,28141,82141,18241,81241,12841,21841,24181,42181,14281,41281,12481,21481.经过素数表筛选符合的 14 个素数是 84211,28411,48121,84121,81421,14821,82141,12841,21841,24181,42181,14281,

41281, 21481.

由第 5 个无序数组 $(4,1,1,4,6)$ 构成的五位数的 12 个奇数是 46411, 64411, 44611, 46141, 64141, 16441, 61441, 14641, 41641, 44161, 41461, 14461. 经过素数表筛选符合的 5 个素数是 46411, 46141, 61441, 41641, 14461.

由第 6 个无序数组 $(4,1,1,1,0)$ 构成的五位数的 9 个奇数是 41101, 14101, 11401, 14011, 41011, 40111, 10411, 11041, 10141. 经过素数表筛选符合的 4 个素数是 14011, 41011, 40111, 10141.

由第三无序数组 $(4,1,10_+,10_+)$, 按照 $10_+ = 1+9 = 3+7 = 5+5 = 4+6 = 2+8 = 1+0$.

分解, 又有 $C_6^1 + C_5^1 + C_4^1 + C_3^1 + C_2^1 + C_1^1 = 21$ 个组数分解. 有兴趣的读者可列出相符合的素数.

由第四无序数组 $(4,10_+,10_+,10_+)$, 按照 $10_+ = 1+9 = 3+7 = 5+5 = 4+6 = 2+8 = 1+0$ 分解, 又有 $C_{21}^1 + C_{20}^1 + C_{19}^1 + C_{18}^1 + C_{17}^1 + C_{16}^1 = 6 \times (16+21)/2 = 111$ 个组数分解. 有兴趣的读者可列出相符合的素数.

以下第五、六、七、八类, 有兴趣的读者可列出相符合的素数. 不再赘述.

第五类是 $7_+ = 3 + 1_+ + 1_+ + 1_+ + 1_+$.

因为 $1_+ = 10_+$, 按一分为五的原则有 5 种分解形式:

(1) $7 = 3+1+1+1+1$;   (2) $7 = 3+1+1+1+10_+$;

(3) $7 = 3+1+1+10_+ + 10_+$;   (4) $7 = 3+1+10_+ + 10_+ + 10_+$;

(5) $7 = 3+10_+ + 10_+ + 10_+ + 10_+$.

第六类是 $7_+ = 2 + 1_+ + 1_+ + 1_+ + 1_+ + 1_+$.

因为 $1_+ = 10_+$, 按一分为六的原则有 6 种分解形式:

(1) $7 = 2+1+1+1+1+1$;

(2) $7 = 2+1+1+1+1+10_+$;

(3) $7 = 2+1+1+1+10_+ + 10_+$;

(4) $7 = 2+1+1+10_+ + 10_+ + 10_+$;

(5) $7 = 2+1+10_+ + 10_+ + 10_+ + 10_+$;

(6) $7 = 2+10_+ + 10_+ + 10_+ + 10_+ + 10_+$.

第七类是 $7_+ = 1 + 1_+ + 1_+ + 1_+ + 1_+ + 1_+ + 1_+$.

因为 $1_+ = 10_+$,按一分为七的原则有 7 种分解形式:

(1)$7 = 1+1+1+1+1+1+1$;

(2)$7 = 1+1+1+1+1+1+10_+$;

(3)$7 = 1+1+1+1+1+10_++10_+$;

(4)$7 = 1+1+1+1+10_++10_++10_+$;

(5)$7 = 1+1+1+10_++10_++10_++10_+$;

(6)$7 = 1+1+10_++10_++10_++10_++10_+$;

(7)$7 = 1+10_++10_++10_++10_++10_++10_+$.

第八类是 $7_+ = 1_++1_++1_++1_++1_++1_++1_+$.

因为 $1_+ = 10_+$,只有 1 种分解形式,即:$7 = 10_++10_++10_++10_++$ $10_++10_++10_+$.

8.2   众数和"7_+"的派生素数与派生素数集

如素数 43 的各位数字的众数和运算是:$4+3 = 7$.即素数 43 的众数和是"7".

用众数和数学符号表示为$(43)_+ = 4+3 = 7$.

如素数 61441 的各位数字的众数和运算是:$6+1+4+4+1 = 16$,$1+6 = 7$.即素数 61441 的众数和是"7".

用众数和数学符号表示为:$(61441)_+ = 6+1+4+4+1 = 16$,$(16)_+ = 1+6 = 7$.即$(61441)_+ = (16)_+ = 7$.

众数和"7_+"产生的一位数的派生素数仅有 1 个:7.其一位数的派生素数集是:$[p(7_+)] = \{7\}$.

众数和"7_+"产生的两位数的派生素数仅有 4 个:43、61、79 与 97.其二位数的派生素数集是:$[p(7_+)] = \{43,61,79,97\}$.

众数和"7_+"产生的三位数的派生素数有 5 个:151,619,637,673,691.其三位数的派生素数集是:$[p(7_+)] = \{151,619,637,673,691\}$.

众数和"7_+"产生的四位数的派生素数仅有 19 个.其四位数的派生素数集是:$[p(7_+)] = \{1051,1753,1951,2851,3517,3571,4111,4561,$ $4651,5011,5101,5119,5281,5821,6451,7351,8521,9151,9511\}$.

8.3   众数和"7_+"的衍生素数与衍生素数集

简要地,给出众数和"7_+"的衍生素数与衍生素数集的构造方法.

$(1)7_+ = 0 + 7$

众数和"7_+"的分解规律 $7_+ = 0_+ + 7_+$ 与实数 7 的分解规律 $7 = 0 + 7$ 一样,其产生的源生素数为"7".

如源生素数"7"的衍生素数集是:

$$[p(7_+)]_7 = \{79, 799, 7999, 79999, \cdots, 7\overbrace{9\cdots9}^{n个9}, \cdots\}$$

$(2)7_+ = 4 + 3$

由分解规律"$7 = 4 + 3$"产生的派生素数是 43.

如派生素数"43"的衍生素数集是:

$$[p(7_+)]_{43} = \{403, \underline{4003}, 40003, 400003, \cdots, 4\overbrace{0\cdots0}^{n个0}3, \cdots\}$$

$$[p(7_+)]_{43} = \{\underline{439}, 4399, 43999, 439999, \cdots, 43\overbrace{9\cdots9}^{n个9}, \cdots\}$$

$$[p(7_+)]_{43} = \{493, \underline{4993}, \underline{49993}, 499993, \cdots, 4\overbrace{9\cdots9}^{n个9}3, \cdots\}$$

$$[p(7_+)]_{43} = \{943, 9943, 99943, 999943, \cdots, \overbrace{9\cdots9}^{n个9}43, \cdots\}$$

$(3)7_+ = 6_+ + 1_+$

由分解规律"$7 = 6 + 1$"产生的派生素数是 61.

如派生素数"61"的衍生素数集是:

$$[p(7_+)]_{61} = \{\underline{601}, 6001, 60001, 600001, \cdots, 6\overbrace{0\cdots0}^{n个0}1, \cdots\}$$

$$[p(7_+)]_{61} = \{619, 6199, 61999, \underline{619999}, \cdots, 61\overbrace{9\cdots9}^{n个9}, \cdots\}$$

$$[p(7_+)]_{61} = \{\underline{691}, \underline{6991}, \underline{69991}, 699991, \cdots, 6\overbrace{9\cdots9}^{n个9}1, \cdots\}$$

$$[p(7_+)]_{61} = \{961, 9961, 99961, \underline{999961}, \cdots, \overbrace{9\cdots9}^{n个9}961, \cdots\}$$

$(4)7_+ = 6 + 10_+$

由分解规律"$7 = 6 + 10_+$"产生的派生素数是 619、691、637、673.

派生素数"619、691、637、673"产生的衍生素数与衍生素数集与派生素数"7、43、61"产生的衍生素数与衍生素数集的镶嵌方法类同. 其他众数和"7_+"产生的衍生素数与衍生素数集镶嵌方法也类同. 下面不一一赘述,有兴趣的读者自行列出.

9 众数和"8_+"的素数分解与分布规律

现将众数和"8_+"产生的素数与素数分布规律列举如下：

9.1 众数和"8_+"产生的素数与素数分布规律

依据实数加法的分解规律,实数"8"按一分为二的原则有 3 种分解形式:$8 = 1 + 7$;$8 = 7 + 1$;$8 = 5 + 3$.但 6 种分解形式:$8 = 0 + 8$;$8 = 8 + 0$;$8 = 2 + 6$;$8 = 6 + 2$;$8 = 3 + 5$;$8 = 4 + 4$.对应着偶数 8、80、26、62、35 与 44,不是素数,应舍去.按一分为八的原则有 1 种分解形式:$8 = 1 + 1 + 1 + 1 + 1 + 1 + 1 + 1$.

根据众数和的加法运算规律与法则:

$(19)_+ = (28)_+ = (37)_+ = (46)_+ = (55)_+ = (91)_+ = (82)_+ = (73)_+ = (64)_+ = (10)_+ = 1$,

则实数 8 的众数和"8_+"对应着如下 8 大类分解形式：

第一类是 $8_+ = 1_+ + 7$(共 4 个分解,即 $N = 1 + C_2^0 + C_2^1 = 2^2 - 1 + 1 = 4$ 个)

因为 $1_+ = 10_+$,按 10_+ 所在的位置又可分为 5 种分解形式：

(1)$8_+ = 1 + 7$;   (2)$8_+ = 7 + 1$;   (3)$8_+ = 5 + 3$;

(4)$8_+ = 7 + 10_+$;   (5)$8_+ = 8 + 9$.

由第一无序数组$(1,7)$构成的两位数的奇数是 17,71.很显然,"17"与"71"都是素数.

由第二无序数组$(3,5)$构成的两位数的奇数是 35,53.很显然,"53"是素数.

由第三无序数组$(7,10_+)$,按照 $10_+ = 1 + 9 = 3 + 7 = 5 + 5 = 4 + 6 = 2 + 8 = 1 + 0$ 有 6 种分解形式：

由第 1 个无序数组$(7,1,9)$构成的三位数的 6 个奇数是 791,971,197,917,179,719.经过素数表筛选符合的 4 个素数是 971,197,179,719.

由第 2 个无序数组$(7,3,7)$构成的三位数的 3 个奇数是 773,737,377.经过素数表筛选符合的 1 个素数是 773.

由第 3 个无序数组 $(7,5,5)$ 构成的三位数的 3 个奇数是 755,575,557.经过素数表筛选符合的 1 个素数是 557.

由第 4 个无序数组 $(7,2,8)$ 构成的三位数的 2 个奇数是 287,827.经过素数表筛选符合的 1 个素数是 827.

由第 5 个无序数组 $(7,4,6)$ 构成的三位数的 2 个奇数是 467,647.经过素数表筛选符合的 2 个素数是 467,647.

由第 6 个无序数组 $(7,1,0)$ 构成的三位数的 2 个奇数是 701,107.经过素数表筛选符合的 2 个素数是 701,107.

由第四无序数组 $(8,9)$ 构成的两位数的奇数是 89.很显然,"89"是素数.

第二类是 $8_+ = 1_+ + 1_+ + 6$.

因为 $1_+ = 10_+$,按一分为三的原则有 3 种分解形式:

$(1)8_+ = 6+1+1$; $(2)8_+ = 6+1+1_+$; $(3)8_+ = 6+1_++1_+$.

由第一无序数组 $(6,1,1)$ 构成的三位数的奇数是 611,161.经过素数表筛选都不是素数.

由第二无序数组 $(6,1,10_+)$,按照 $10_+ = 1+9 = 3+7 = 5+5 = 4+6 = 2+8 = 1+0$ 有 6 种分解形式:

由第 1 个无序数组 $(6,1,1,9)$ 构成的四位数的 9 个奇数是 6911,9611,1961,9161,1691,6191,1619,6119,1169.经过素数表筛选符合的 3 个素数是 6911,9161,1619.

由第 2 个无序数组 $(6,1,3,7)$ 构成的四位数的 18 个奇数是 6731,7631,3761,7361,3671,6371,6713,7613,1763,7163,1673,6173,3617,6317,1637,6137,1367,3167.经过素数表筛选符合的 8 个素数是 3761,3671,6173,3617,6317,1637,1367,3167.

由第 3 个无序数组 $(6,1,5,5)$ 构成的四位数的奇数是 5651,6551,5561,其他个位数含"5"的四位数的奇数都不能构成素数.经过素数表筛选符合的 2 个素数是 5651,6551.

由第 4 个无序数组 $(6,1,2,8)$ 构成的四位数的 6 个奇数是 6821,8621,2861,8261,2681,6281.经过素数表筛选符合的 1 个素数是 2861.

由第 5 个无序数组 $(6,1,4,6)$ 构成的四位数的 3 个奇数是 4661,6461,6641.经过素数表筛选都不是素数.

由第 6 个无序数组 $(6,1,1,0)$ 构成的四位数的 4 个奇数是 1601，6101，6011，1061. 经过素数表筛选都符合，这 4 个素数是 1601，6101，6011，1061.

由第三无序数组 $(6,10_+,10_+)$，按照 $10_+ = 1+9 = 3+7 = 5+5 = 4+6 = 2+8 = 1+0$

分解，又有 $C_6^1 + C_5^1 + C_4^1 + C_3^1 + C_2^1 + C_1^1 = 21$ 个组数分解. 有兴趣的读者可列出相符合的素数.

第三类是 $8_+ = 1_+ + 1_+ + 1_+ + 5.$（共 4 个分解，即 $N = 1 + C_2^0 + C_2^1 = 2^2 - 1 + 1 = 4$ 个）

因为 $1_+ = 10_+$，按一分为四的原则有 4 种分解形式：

(1)$8 = 5 + 1 + 1 + 1$；　　　　(2)$8 = 5 + 1 + 1 + 10_+$；

(3)$8 = 5 + 1 + 10_+ + 10_+$；　　(4)$8 = 5 + 10_+ + 10_+ + 10_+$.

由第一无序数组 $(5,1,1,1)$ 构成的四位数的奇数是 5111，1511，5111，其他个位数含 5 的四位数的奇数都不能构成素数.. 经过素数表筛选符合的 1 个素数是 1511.

由第二无序数组 $(5,1,1,10_+)$，按照 $10_+ = 1+9 = 3+7 = 5+5 = 4+6 = 2+8 = 1+0$ 又有 6 种分解形式：

由第 1 个无序数组 $(5,1,1,1,9)$ 构成的五位数的奇数是 59111，95111，91151，19151，11951，51191，15191，11591，51119，15119，11519，其他个位数含"5"的五位数的奇数都不能构成素数. 经过素数表筛选符合的 3 个素数是 95111，91151，11519.

由第 2 个无序数组 $(5,1,1,3,7)$ 构成的五位数的 42 个奇数是 57311，75311，37511，73511，35711，53711，57131，75131，17531，71531，15731，51731，35171，53171，15371，51371，13571，31571，57113，75113，17513，71513，15713，51713，17153，71153，11753，15173，51173，11573，35117，53117，15317，51317，13517，31517，15137，51137，11537，13157，31157，11357. 经过素数表筛选符合的 13 个素数是 37511，57131，15731，35171，53171，51713，71153，15173，35117，53117，31517，15137，51137.

由第 3 个无序数组 $(5,1,1,5,5)$ 构成的五位数的奇数是 55511，55151，15551，51551，其他个位数含"5"的五位数的奇数都不能构成素数. 经过素数表筛选符合的 3 个素数是 55511，15551，51551.

由第 4 个无序数组 $(5,1,1,2,8)$ 构成的五位数的奇数是 58211, 85211, 28511, 82511, 25811, 52811, 58121, 85121, 18521, 81521, 15821, 51821, 28151, 82151, 18251, 81251, 12851, 21851, 其他个位数含"5"的五位数的奇数都不能构成素数. 经过素数表筛选符合的 6 个素数是 58211, 85121, 18521, 28151, 18251, 21851.

由第 5 个无序数组 $(5,1,1,4,6)$ 构成的五位数的奇数是 56411, 65411, 46511, 64511, 45611, 54611, 56141, 65141, 16541, 61541, 15641, 51641, 46151, 64151, 16451, 61451, 14651, 41651, 45161, 54161, 15461, 51461, 14561, 41561, 其他个位数含"5"的五位数的奇数都不能构成素数.. 经过素数表筛选符合的 10 个素数是 46511, 65141, 15641, 64151, 16451, 41651, 45161, 15461, 51461, 14561.

由第 6 个无序数组 $(5,1,1,1,0)$ 构成的五位数的奇数是 51101, 15101, 51101, 其他个位数含"5"的五位数的奇数都不能构成素数. 经过素数表筛选符合的 1 个素数是 15101.

以下第四、五、六、七、八类, 有兴趣的读者列出相符合的素数. 不再赘述.

第四类是 $8_+ = 1_+ + 1_+ + 1_+ + 1_+ + 4$.

因为 $1_+ = 10_+$, 按一分为五的原则有 5 种分解形式:

(1)$8 = 4 + 1 + 1 + 1 + 1$;   (2)$8 = 4 + 1 + 1 + 1 + 10_+$;

(3)$8 = 4 + 1 + 1 + 10_+ + 10_+$;   (4)$8 = 4 + 1 + 10_+ + 10_+ + 10_+$;

(5)$8 = 4 + 10_+ + 10_+ + 10_+ + 10_+$.

由无序数组 $(4,1,1,1,1)$ 构成的 4 个奇数是 41111, 14111, 11411, 11141. 经过素数表筛选符合的 1 个素数是 11411.

第五类是 $8_+ = 1_+ + 1_+ + 1_+ + 1_+ + 1_+ + 3$.

因为 $1_+ = 10_+$, 按一分为六的原则又有 6 种分解形式:

(1)$8 = 3 + 1 + 1 + 1 + 1 + 1$;

(2)$8 = 3 + 1 + 1 + 1 + 1 + 10_+$;

(3)$8 = 3 + 1 + 1 + 1 + 10_+ + 10_+$;

(4)$8 = 3 + 1 + 1 + 10_+ + 10_+ + 10_+$;

(5)$8 = 3 + 1 + 10_+ + 10_+ + 10_+ + 10_+$;

(6)$8 = 3 + 10_+ + 10_+ + 10_+ + 10_+ + 10_+$.

第六类是 $8_+ = 1_+ + 1_+ + 1_+ + 1_+ + 1_+ + 1_+ + 2$.

因为 $1_+ = 10_+$, 按一分为七的原则有 7 种分解形式:

(1) $8 = 2 + 1 + 1 + 1 + 1 + 1 + 1$;

(2) $8 = 2 + 1 + 1 + 1 + 1 + 1 + 10_+$;

(3) $8 = 2 + 1 + 1 + 1 + 1 + 10_+ + 10_+$;

(4) $8 = 2 + 1 + 1 + 1 + 10_+ + 10_+ + 10_+$;

(5) $8 = 2 + 1 + 1 + 10_+ + 10_+ + 10_+ + 10_+$;

(6) $8 = 2 + 1 + 10_+ + 10_+ + 10_+ + 10_+ + 10_+$;

(7) $8 = 2 + 10_+ + 10_+ + 10_+ + 10_+ + 10_+ + 10_+$.

第七类是 $8_+ = 1_+ + 1_+ + 1_+ + 1_+ + 1_+ + 1_+ + 1_+ + 1$.

因为 $1_+ = 10_+$, 按一分为七的原则有 8 种分解形式:

(1) $8 = 1 + 1 + 1 + 1 + 1 + 1 + 1 + 1$;

(2) $8 = 1 + 1 + 1 + 1 + 1 + 1 + 1 + 10_+$;

(3) $8 = 1 + 1 + 1 + 1 + 1 + 1 + 10_+ + 10_+$;

(4) $8 = 1 + 1 + 1 + 1 + 1 + 10_+ + 10_+ + 10_+$;

(5) $8 = 1 + 1 + 1 + 1 + 10_+ + 10_+ + 10_+ + 10_+$;

(6) $8 = 1 + 1 + 1 + 10_+ + 10_+ + 10_+ + 10_+ + 10_+$;

(7) $8 = 1 + 1 + 10_+ + 10_+ + 10_+ + 10_+ + 10_+ + 10_+$;

(8) $8 = 1 + 1 + 10_+ + 10_+ + 10_+ + 10_+ + 10_+ + 10_+$.

第八类是 $8_+ = 1_+ + 1_+ + 1_+ + 1_+ + 1_+ + 1_+ + 1_+ + 1_+$, 即 $8_+ = 10_+ + 10_+ + 10_+ + 10_+ + 10_+ + 10_+ + 10_+ + 10_+$.

9.2 "众数和 8_+" 的派生素数与派生素数集

如素数 53 的各位数字的众数和运算是: $5 + 3 = 8$. 即素数 53 的众数和是 "8". 用众数和数学符号表示为 $G(53) += 5 + 3 = 8$.

众数和 "8_+" 产生的两位数的派生素数仅有 4 个: 17,53,71 与 89. 其二位数的派生素数集是: $[p(8_+)] = \{17,53,71,89\}$.

众数和 "8_+" 产生的三位数的派生素数有 11 个: 179,197,719,971,773,557,827,467,647,701,107. 其三位数的派生素数集是: $[p(8_+)] = \{107,179,197,467,557,647,701,719,773,827,971\}$.

众数和 "8_+" 产生的四位数的派生素数有 19 个. 其四位数的派生素数

集是：$[p(8_+)] = \{1061,1367,1511,1601,1619,1637,2861,3167,3617,$
$3671,3761,5651,6011,6101,6173,6317,6551,6911,9161\}$.

众数和"8_+"产生的五位数的派生素数有37个.其五位数的派生素数
集是：$[p(8_+)] = \{11411,11519,14561,15101,15137,15173,15461,$
$15551,15641,15731,16451,18251,18521,21851,28151,31517,35117,$
$35171,37511,41651,45161,46511,51137,51461,51551,51713,53117,$
$53171,55511,57131,58211,64151,65141,71153,85121,91151,95111\}$.

9.3 众数"8_+"的衍生素数与衍生素数集

简要地,给出众数和"8_+"的衍生素数与衍生素数集的构造方法.
(1)$8_+ = 1+7$

由分解规律"$8 = 1+7$"产生的派生素数是17.

如源生素数"17"的衍生素数集是：

$$[p(8_+)]_{17} = \{\underline{107},1007,\underline{10007},100007,\cdots,1\overset{n个0}{\overbrace{0\cdots0}}7,\cdots\}$$

$$[p(8_+)]_{17} = \{\underline{179},1799,17999,\underline{179999},\cdots,17\overset{n个9}{\overbrace{9\cdots9}},\cdots\}$$

$$[p(8_+)]_{17} = \{\underline{197},\underline{1997},\underline{19997},199997,\cdots,1\overset{n个9}{\overbrace{9\cdots9}}97,\cdots\}$$

$$[p(8_+)]_{17} = \{\underline{917},9917,99917,\underline{999917},\cdots,\overset{n个9}{\overbrace{9\cdots9}}17,\cdots\}$$

(2)$8_+ = 5+3$

由分解规律"$8 = 5+3$"产生的派生素数是53.

如派生素数"53"的衍生素数集是：

$$[p(8_+)]_{53} = \{\underline{503},5003,50003,500003,\cdots,5\overset{n个0}{\overbrace{0\cdots0}}3,\cdots\}$$

$$[p(8_+)]_{53} = \{\underline{539},\underline{5399},53999,539999,\cdots,53\overset{n个9}{\overbrace{9\cdots9}},\cdots\}$$

$$[p(8_+)]_{53} = \{\underline{593},5993,59993,\underline{599993},\cdots,5\overset{n个9}{\overbrace{9\cdots9}}93,\cdots\}$$

$$[p(8_+)]_{53} = \{\underline{953},9953,99953,999953,\cdots,\overset{n个9}{\overbrace{9\cdots9}}953,\cdots\}$$

(3)$8_+ = 7_+ + 1_+$

由分解规律"$8 = 7+1$"产生的派生素数是71.

如派生素数"71"的衍生素数集是:

$$[p(8_+)]_{71} = \{\underline{701},\underline{7001},\underline{70001},700001,\cdots,7\overbrace{0\cdots01}^{n\uparrow 0},\cdots\}$$

$$[p(8_+)]_{71} = \{\underline{719},7199,\underline{71999},719999,\cdots,71\overbrace{9\cdots9}^{n\uparrow 9},\cdots\}$$

$$[p(8_+)]_{71} = \{\underline{791},7991,79991,\underline{799991},\cdots,7\overbrace{9\cdots9}^{n\uparrow 9}91,\cdots\}$$

$$[p(8_+)]_{71} = \{\underline{971},9971,99971,999971,\cdots,\overbrace{9\cdots9}^{n\uparrow 9}71,\cdots\}$$

(4)$8_+ = 7_+ \, 10_+$

由分解规律"$8 = 7 + 10_+$"产生的派生素数是 719、791、737、773.

派生素数"719、791、737、773"产生的衍生素数与衍生素数集与派生素数"17、53、71"产生的衍生素数与衍生素数集的镶嵌方法类同.其他众数和"8_+"产生的衍生素数与衍生素数集镶嵌方法也类同.下面不一一赘述,有兴趣的读者自行列出.

10   素数圈与素数链

食物链,简而言之,就是在生态系统内各种生物之间由于食物营养关系而形成的一种链条联系.

笔者发现,在素数与素数之间,也像生物链(食物链)一样存在一系列衍生或派生的链条关系 —— 一环扣一环.把它们之间的这种数学网状关系有如生物圈一样,简称"素数圈".各种素数之间由于衍生或派生产生的链条,叫"素数链".经过笔者研究、发现所有素数存在众数和"1、2、4、5、7、8"共 6 个"素数圈".众数和"3",只构成"源生素数 3",不能产生、衍生或派生其他素数,是孤素数 3,无"素数链".素数不存在众数和"3、6、9",也就不存在关于众数和"3、6、9"的"素数链"."素数链"按照数的奇偶性,可以分为奇偶素数链:众数和"1、5、7"产生的素数链,称为"奇素数链";众数和"2、4、8"产生的素数链,称为"偶素数链".

为方便,在这里按照二位数、三位数的派生素数,分别给出众数和"1或 10_+"产生的素数表,如表 3-1、表 3-2 所示.其中众数和"1或 10_+"产生的衍生素数"19"与伪素数"91"(因 $91 = 7 \times 13$,不是素数,为方便称"91"

为"伪素数".以下类同),又产生了各 3 条派生素数链,但"919"在下面 2
条素数链中重复,所以实数在一些系统中是不完备的,存在重复.

$$1 \to 91 \to \boxed{919} \to 9199 \to 91999 \to \overset{n个9}{91\,9\cdots9} \to \cdots$$

$$1 \to 19 \to \boxed{919} \to 9919 \to 99919 \to \overset{n个9}{9\cdots919} \to \cdots$$

表 3-1　众数和"1 或 10₊"构成的素数表(两位数的派生素数)

无序数组	源生素数	派生素数	衍生素数
(1,9)	为方便在这里把 1 看作素数,即 1 当作源生素数.	19	$109,1009,10009,\cdots,\overset{n个0}{1\,0\cdots09},\cdots$
			$199,1999,19999,\cdots,\overset{n个9}{19\,9\cdots9},\cdots$
			$919,9919,99919,\cdots,\overset{n个9}{9\cdots919},\cdots$
(3,7)		37	$307,3007,30007,\cdots,\overset{n个0}{3\,0\cdots07},\cdots$
			$379,3799,37999,\cdots,\overset{n个9}{37\,9\cdots9},\cdots$
			$397,3997,39997,\cdots,\overset{n个9}{3\,9\cdots97},\cdots$
			$937,9937,99937,\cdots,\overset{n个9}{9\cdots937},\cdots$
		73	$703,7003,70003,\cdots,\overset{n个0}{7\,0\cdots03},\cdots$
			$739,7399,73999,\cdots,\overset{n个9}{73\,9\cdots9},\cdots$
			$793,7993,79993,\cdots,\overset{n个9}{79\,9\cdots93},\cdots$
			$973,9973,99973,\cdots,\overset{n个9}{9\cdots973},\cdots$
	第 1 素数级	第 2 素数级	第 3 素数级,第 4 素数级,$\cdots$,第 n 素数级,$\cdots$

为此,把全部由素数构成的素数链称为"纯素数链".出现一个伪素
数或两个以上的伪素数构成的素数链称为"混素数链".素数"19"构成的
素数链,在有限个素数上是"纯素数链",如 $19 \to 109 \to 1009 \to 10009$.也
称"有穷素数链".又如伪素数"91"构成的素数链是"混素数链",是无限
多个素数构成的"无穷素数链".即"纯素数链"是有穷素数链,但无穷素
数链不一定是"纯素数链".

表 3-2 众数和"1 或 10_{+}"构成的素数表(三位数的派生素数)

无序数组	源生素数	派生素数	衍生素数
(1,0,9)		109	$1009,10009,100009,\cdots,1\overbrace{0\cdots0}^{n个0}9,\cdots$
			$1099,10999,109999,\cdots,109\overbrace{9\cdots9}^{n个9},\cdots$
			$1909,19909,199909,\cdots,1\overbrace{9\cdots9}^{n个9}09,\cdots$
			$9109,99109,999109,\cdots,\overbrace{9\cdots9}^{n个9}109,\cdots$
(1,1,8)	为方便在这里把 1 看作素数,即 1 当作源生素数.	118	$1108,11008,110008,\cdots,11\overbrace{0\cdots0}^{n个0}8,\cdots$
			$1018,10018,100018,\cdots,1\overbrace{0\cdots0}^{n个0}18,\cdots$
			$1189,11899,118999,\cdots,118\overbrace{9\cdots9}^{n个9},\cdots$
		118	$1198,11998,119998,\cdots,11\overbrace{9\cdots9}^{n个9}98,\cdots$
			$1918,19918,199918,\cdots,1\overbrace{9\cdots9}^{n个9}18,\cdots$
			$9118,99118,999118,\cdots,\overbrace{9\cdots9}^{n个9}118,\cdots$
		811	$8101,81001,810001,\cdots,81\overbrace{0\cdots0}^{n个0}01,\cdots$
			$8011,80011,800011,\cdots,8\overbrace{0\cdots0}^{n个0}011,\cdots$
			$8119,81199,811999,\cdots,811\overbrace{9\cdots9}^{n个9},\cdots$
			$8191,81991,819991,\cdots,81\overbrace{9\cdots9}^{n个9}91,\cdots$
			$8911,89911,899911,\cdots,8\overbrace{9\cdots9}^{n个9}911,\cdots$
			$9811,99811,999811,\cdots,\overbrace{9\cdots9}^{n个9}811,\cdots$

续 表

无序数组	源生素数	派生素数	衍生素数
(1,2,7)	为方便在这里把 1 看作素数,即 1 当作源生素数.	127	$1207,12007,120007,\cdots,12\overbrace{0\cdots0}^{n\uparrow0}7,\cdots$
			$1027,10027,100027,\cdots,1\overbrace{0\cdots0}^{n\uparrow0}27,\cdots$
			$1279,12799,127999,\cdots,127\overbrace{9\cdots9}^{n\uparrow9},\cdots$
			$1297,12997,129997,\cdots,12\overbrace{9\cdots9}^{n\uparrow9}7,\cdots$
			$1927,19927,199927,\cdots,1\overbrace{9\cdots9}^{n\uparrow9}27,\cdots$
			$9127,99127,999127,\cdots,\overbrace{9\cdots9}^{n\uparrow9}127,\cdots$
		271	$2701,27001,270001,\cdots,27\overbrace{0\cdots0}^{n\uparrow0}1,\cdots$
			$2071,20071,200071,\cdots,2\overbrace{0\cdots0}^{n\uparrow0}71,\cdots$
			$2719,27199,271999,\cdots,271\overbrace{9\cdots9}^{n\uparrow9},\cdots$
			$2791,27991,279991,\cdots,27\overbrace{9\cdots9}^{n\uparrow9}1,\cdots$
			$2971,29971,299971,\cdots,2\overbrace{9\cdots9}^{n\uparrow9}71,\cdots$
			$9271,99271,999271,\cdots,\overbrace{9\cdots9}^{n\uparrow9}271,\cdots$
(1,3,6)		163	构造方法类同
		613	构造方法类同
		631	构造方法类同
(1,4,5)		541	构造方法类同
(1,9,9)		199	构造方法类同
		919	构造方法类同
		991	构造方法类同
(3,0,7)		307	构造方法类同
(3,2,5)		523	构造方法类同
(3,3,4)		433	构造方法类同
	第 1 素数级	第 2 素数级	第 3 素数级,第 4 素数级,$\cdots$,第 n 素数级,$\cdots$

如纯素数"19"构成的 3 条素数链是:

$$1 \to 19 \to 109 \to 1009 \to 10009 \to \cdots \to 1 \underbrace{0 \cdots 0}_{n\text{个}0} 9 \to \cdots$$

$$1 \to 19 \to 199 \to 1999 \to 19999 \to \cdots \to 19 \underbrace{9 \cdots 9}_{n\text{个}9} \to \cdots$$

$$1 \to 19 \to 919 \to 9919 \to 99919 \to \cdots \to \underbrace{9 \cdots 9}_{n\text{个}9} 19 \to \cdots$$

如伪素数"91"构成的 3 条"混素数链"是:

$$1 \to 91 \to 901 \to 9001 \to 90001 \to \cdots \to 9 \underbrace{0 \cdots 0}_{n\text{个}0} 1 \to \cdots$$

$$1 \to 91 \to 919 \to 9199 \to 91999 \to \cdots \to 91 \underbrace{9 \cdots 9}_{n\text{个}9} \to \cdots$$

$$1 \to 91 \to 991 \to 9991 \to 99991 \to \cdots \to \underbrace{9 \cdots 9}_{n\text{个}9} 91 \to \cdots$$

众数和"1_+ 或 10_+"产生的派生素数"37"与"73",又产生了各 4 条衍生素数链. 这 8 条素数链是:

$$1 \to 37 \to 307 \to 3007 \to 30007 \to \cdots \to 3 \underbrace{0 \cdots 0}_{n\text{个}0} 7 \to \cdots$$

$$1 \to 37 \to 379 \to 3799 \to 37999 \to \cdots \to 37 \underbrace{9 \cdots 9}_{n\text{个}9} \to \cdots$$

$$1 \to 37 \to 397 \to 3997 \to 39997 \to \cdots \to 3 \underbrace{9 \cdots 9}_{n\text{个}9} 7 \to \cdots$$

$$1 \to 37 \to 937 \to 9937 \to 99937 \to \cdots \to \underbrace{9 \cdots 9}_{n\text{个}9} 37 \to \cdots$$

$$1 \to 73 \to 703 \to 7003 \to 70003 \to \cdots \to 7 \underbrace{0 \cdots 0}_{n\text{个}0} 3 \to \cdots$$

$$1 \to 73 \to 739 \to 7399 \to 73999 \to \cdots \to 73 \underbrace{9 \cdots 9}_{n\text{个}9} \to \cdots$$

$$1 \to 73 \to 793 \to 7993 \to 79993 \to \cdots \to 7 \underbrace{9 \cdots 9}_{n\text{个}9} 3 \to \cdots$$

$$1 \to 73 \to 973 \to 9973 \to 99973 \to \cdots \to \underbrace{9 \cdots 9}_{n\text{个}9} 73 \to \cdots$$

为方便,在这里按照三位数、四位数的派生素数,给出众数和"2"产生的素数表,如表 3-3 所示.

表 3-3　众数和"2"构成的素数表(三位数的派生素数)

无序数组	源生素数	派生素数	衍生素数
(0,2)		2	**29**,299,**2999**,29999,…,29…9,…
(1,1)	2	11	**101**,1001,10001,100001,…,10…01,…
			119,1199,11999,**119999**,…,119…9,…
			191,1991,**19991**,199991,…,19…91,…
			911,9911,99911,999911…,9…911,…
(1,1,9)	11	191	**1901**,19001,190001,1900001,…,190…01,…
			1091,**10091**,100091,1000091,…,10…091,…
			1919,19199,**191999**,1919999,…,1919…9,…
			1991,**19991**,199991,1999991,…,19…991,…
			9191,**99191**,999191,9999191,…,9…9191,…
		911	9101,91001,910001,9100001,…,910…01,…
			9011,**90011**,900011,**9000011**,…,90…011,…
			9119,**91199**,911999,9119999,…,9119…9,…
			9191,91991,919991,**9199991**,…,919…91,…
			9911,99911,999911,9999911,…,9…9911,…
(1,3,7)		137	**1307**,**13007**,130007,1300007,…,130…07,…
			1037,**10037**,100037,**1000037**,…,10…037,…
			1379,**13799**,**137999**,1379999,…,1379…9,…
			1397,**13997**,139997,1399997,…,139…97,…
			1937,**19937**,199937,1999937,…,19…937,…
			9137,**99137**,999137,9999137,…,9…9137,…

续 表

无序数组	源生素数	派生素数	衍生素数
(1,3,7)	11	173	1703,17003,**170003**,1700003,…,17$\overbrace{0\cdots0}^{\text{个零}}$03,…
			1073,10073,100073,1000073,…,1$\overbrace{0\cdots0}^{\text{个零}}$073,…
			1739,17399,173999,1739999,…,173$\overbrace{9\cdots9}^{\text{个九}}$9,…
			1793,17993,179993,1799993,…,17$\overbrace{9\cdots9}^{\text{个九}}$93,…
			1973,**19973**,199973,1999973,…,1$\overbrace{9\cdots9}^{\text{个九}}$973,…
			9173,**99173**,999173,9999173,…,9$\overbrace{9\cdots9}^{\text{个九}}$9173,…
		317	3107,31007,310007,**3100007**,…,31$\overbrace{0\cdots0}^{\text{个零}}$07,…
			3017,30017,**300017**,**3000017**,…,3$\overbrace{0\cdots0}^{\text{个零}}$017,…
			3719,**37199**,**371999**,**3719999**,…,371$\overbrace{9\cdots9}^{\text{个九}}$9,…
			3197,31997,319997,**3199997**,…,31$\overbrace{9\cdots9}^{\text{个九}}$97,…
			3917,39917,399917,**3999917**,…,3$\overbrace{9\cdots9}^{\text{个九}}$917,…
			9317,**99317**,999317,**9999317**,…,9$\overbrace{9\cdots9}^{\text{个九}}$9317,…
(1,2,8)		281	**2801**,**28001**,**280001**,**2800001**,…,28$\overbrace{0\cdots0}^{\text{个零}}$01,…
			2081,20081,200081,2000081,…,2$\overbrace{0\cdots0}^{\text{个零}}$081,…
			2819,28199,281999,2819999,…,281$\overbrace{9\cdots9}^{\text{个九}}$9,…
			2891,28991,289991,**2899991**,…,28$\overbrace{9\cdots9}^{\text{个九}}$91,…
			2981,29981,299981,2999981,…,2$\overbrace{9\cdots9}^{\text{个九}}$981,…
			9281,99281,999281,9999281,…,9$\overbrace{9\cdots9}^{\text{个九}}$9281,…
		821	8201,82001,820001,8200001,…,82$\overbrace{0\cdots0}^{\text{个零}}$01,…
			8021,**80021**,800021,8000021,…,8$\overbrace{0\cdots0}^{\text{个零}}$021,…
			8219,82199,**821999**,8219999,…,821$\overbrace{9\cdots9}^{\text{个九}}$9,…
			8291,82991,829991,8299991,…,82$\overbrace{9\cdots9}^{\text{个九}}$91,…
			8921,89921,899921,8999921,…,8$\overbrace{9\cdots9}^{\text{个九}}$921,…
			9821,99821,999821,9999821,…,9$\overbrace{9\cdots9}^{\text{个九}}$9821,…

续 表

无序数组	源生素数	派生素数	衍生素数
(1,4,6)	11	461	$4601,46001,460001,4600001,\cdots,460\overbrace{0\cdots0}^{共n位}1,\cdots$
			$4061,40061,400061,4000061,\cdots,4\overbrace{0\cdots0}^{共n位}061,\cdots$
			$4619,\mathbf{46199},461999,4619999,\cdots,461\overbrace{9\cdots9}^{共n位},\cdots$
			$\mathbf{4691},46991,469991,\mathbf{4699991},\cdots,46\overbrace{9\cdots9}^{共n位}91,\cdots$
			$4961,49961,499961,4999961,\cdots,4\overbrace{9\cdots9}^{共n位}961,\cdots$
			$\mathbf{9461},99461,999461,9999461,\cdots,9\overbrace{\cdots}^{共n位}9461,\cdots$
		641	$6401,64001,640001,6400001,\cdots,64\overbrace{0\cdots0}^{共n位}1,\cdots$
			$6041,\mathbf{60041},600041,\mathbf{6000041},\cdots,6\overbrace{0\cdots0}^{共n位}041,\cdots$
			$6419,64199,641999,6419999,\cdots,641\overbrace{9\cdots9}^{共n位},\cdots$
			$\mathbf{6491},64991,\mathbf{649991},\mathbf{6499991},\cdots,64\overbrace{9\cdots9}^{共n位}91,\cdots$
			$6941,\mathbf{69941},699941,6999941,\cdots,6\overbrace{9\cdots9}^{共n位}941,\cdots$
			$9641,99641,999641,9999641,\cdots,9\overbrace{\cdots}^{共n位}9641,\cdots$
(1,1,0)		101	$1001,10001,100001,1000001,\cdots,1\overbrace{0\cdots0}^{共n位}1,\cdots$
			$\mathbf{1019},10199,101999,1019999,\cdots,101\overbrace{9\cdots9}^{共n位},\cdots$
			$\mathbf{1091},10991,109991,1099991,\cdots,10\overbrace{9\cdots9}^{共n位}91,\cdots$
			$\mathbf{1901},19901,199901,1999901,\cdots,1\overbrace{9\cdots9}^{共n位}901,\cdots$
			$9101,99101,\mathbf{999101},9999101,\cdots,9\overbrace{\cdots}^{共n位}9101,\cdots$
	第1素数级	第2素数级	第3素数级,第4素数级,$\cdots$,第n素数级,$\cdots$

众数和"1或10_+"产生的两位数的3个素数,共有素数链$2\times2\times3-1=11$条.众数和"1或10_+"产生的三位数的11个素数,共有素数链$2\times3\times11-2=64$条.众数和"1或10_+"产生的四位数的12个素数,共有素数链$2\times4\times12-3=93$条.众数和"1或10_+"产生的五位数的10个素数,

共有素数链 $2\times5\times10-1=99$ 条.众数和"1 或 10_+"产生的六位数的 13 个素数,共有素数链 $2\times6\times13-6=150$ 条.众数和"1 或 10_+"产生的七位数的 12 个素数,共有素数链 $2\times7\times12-4=164$ 条.八位数以上的素数链总数计算规律与上述类同.由这些素数链就产生了众数和"1 或 10_+"组成的素数圈.如第 176 页插图 1.

众数和"2"产生的一位数的素数是 2,共有素数链 1 条.其源生素数"2"产生的素数链是:

$$2\to29\to299\to2999\to29999\to\cdots\to2\overbrace{9\cdots9}^{n\text{个}9}\to\cdots$$

众数和"2"产生的两位数的 1 个素数是"11",共有素数链 $2\times2\times1=4$ 条.如源生素数"2"产生的两位数的派生素数是"11",素数链有 4 条:

$$2\to11\to101\to1001\to10001\to\cdots\to1\overbrace{0\cdots0}^{n\text{个}0}1\to\cdots$$

$$2\to11\to119\to1199\to11999\to\cdots\to11\overbrace{9\cdots9}^{n\text{个}9}\to\cdots$$

$$2\to11\to191\to1991\to19991\to\cdots\to1\overbrace{9\cdots9}^{n\text{个}9}1\to\cdots$$

$$2\to11\to911\to9911\to99911\to\cdots\to\overbrace{9\cdots9}^{n\text{个}9}11\to\cdots$$

众数和"2"产生的三位数的 10 个素数,共有素数链 $2\times3\times10-3=57$ 条.素数"11"产生的三位数的派生素数是"101、137、173、191、281、317、461、641、821、911",派生素数"101、191、911"又各产生了 5 条素数链,派生素数"137、173、281、317、461、641、821"又各产生了 6 条素数链,因此源生素数"2"由 10 个三位数的派生素数共产生了 57 条素数链.

如"191"的 5 条素数链是:

$$2\to11\to191\to1901\to19001\to190001\to\cdots\to19\overbrace{0\cdots0}^{n\text{个}0}1\to\cdots$$

$$2\to11\to191\to1091\to10091\to100091\to\cdots\to1\overbrace{0\cdots0}^{n\text{个}0}091\to\cdots$$

$$2\to11\to191\to1919\to19199\to191999\to\cdots\to191\overbrace{9\cdots9}^{n\text{个}9}\to\cdots$$

$$2\to11\to191\to1991\to19991\to199991\to\cdots\to1\overbrace{9\cdots9}^{n\text{个}9}991\to\cdots$$

$$2\to11\to191\to9191\to99191\to999191\to\cdots\to\overbrace{9\cdots9}^{n\text{个}9}9191\to\cdots$$

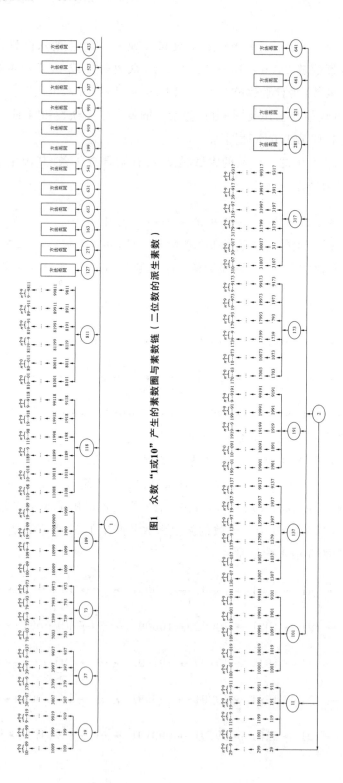

图1 众数"1或10"产生的素数圈与素数链（二位数的派生素数）

图2 众数"2"产生的素数圈与素数链（一位数、二位数、三位数的派生素数）

如"137"的 6 条素数链是：

$$2 \to 11 \to 137 \to 1307 \to 13007 \to 130007 \to \cdots \to 13\,\overbrace{0\cdots0}^{n\text{个}0}7 \to \cdots$$

$$2 \to 11 \to 137 \to 1037 \to 10037 \to 100037 \to \cdots \to 1\,\overbrace{0\cdots0}^{n\text{个}0}37 \to \cdots$$

$$2 \to 11 \to 137 \to 1379 \to 13799 \to 137999 \to \cdots \to 137\,\overbrace{9\cdots9}^{n\text{个}9} \to \cdots$$

$$2 \to 11 \to 137 \to 1397 \to 13997 \to 139997 \to \cdots \to 13\,\overbrace{9\cdots9}^{n\text{个}9}7 \to \cdots$$

$$2 \to 11 \to 137 \to 1937 \to 19937 \to 199937 \to \cdots \to 1\,\overbrace{9\cdots9}^{n\text{个}9}37 \to \cdots$$

$$2 \to 11 \to 137 \to 9137 \to 99137 \to 999137 \to \cdots \to \overbrace{9\cdots9}^{n\text{个}9}137 \to \cdots$$

众数和"2"产生的四位数的 43 个素数，共有素数链 $2 \times 4 \times 43 - 12 = 309$ 条．五位数以上的素数链总数计算规律与上述类同．由这些素数链就产生了众数和"2"组成的素数圈．如第 176 页插图 2．

有兴趣的读者可按照派生素数"191、137"的规律依次给出"1019，1109，1289，1307，1559，1901，1973，2081，2801，2819，2837，3467，3557，3701，3719，3917，4637，4673，4691，5051，5501，5519，5573，5591，6473，6491，7013，7103，7283，7193，7643，7823，8219，8237，8273，8291，9011，9137，9173，9281，9371，9461，9551"四位数的派生素数的众数和"2"构成的素数表，这里再不重复．也可以给出两次求众数和"2"构成四位数（1181、1811、8111、2711、7211、7121、1451、2153、2351、2531、5231、1433、4133）的派生素数的众数和"2"的素数表，这里也再不重复．

众数和"1、2、4、5、7、8"产生的素数圈与素数链，限于篇幅，有兴趣的读者自行给出．（因为素数"3"，只是孤素数，不能构成众数和，即素数不能构成众数和"3、6、9"，故不能产生素数圈与素数链．在此强调．）在这里只给出各众数和"1、2、4、5、7、8"产生的素数链总数统计表．如表 3-4 所示．

表 3-4　各众数和产生的素数链总数

		一位数	二位数	三位数	四位数	五位数	六位数	七位数
众数和 1₊	素数	0 个	3 个	11 个	12 个	10 个	13 个	12 个
	素数链	0 条	11 条	64 条	93 条	99 条	150 条	164 条

		一位数	二位数	三位数	四位数	五位数	六位数	七位数
众数和 5_+	素数	1个	3个	10个	33个	39个	/	/
	素数链	1条	11条	55条	251条	377条	/	/
众数和 7_+	素数	1个	4个	5个	19个	/	/	/
	素数链	1条	14条	28条	145条			
众数和 2_+	素数	1个	2个	10个	43个	/	/	/
	素数链	1条	7条	57条	309条			
众数和 4_+	素数	0个	3个	11个	23个	95个	/	/
	素数链	0条	8条	63条	179条	884条	/	/
众数和 8_+	素数	0个	4个	11个	19个	/	/	/
	素数链	0条	15条	60条	145条	/	/	/

计算公式:素数链的个数 = 2×素数的位数×素数的总数 — 每一个素数中出现0
或9的总数.如四位数的众数和 8_+ 产生的素数链是 $2 \times 4 \times 19 - 7 = 145$ 条.

11　链级与链级对应

我们知道"螳螂捕蝉,黄雀在后"的生物链:植物 → 蝉 → 螳螂 → 黄
雀.在这个生物链中,只有4个营养级:植物是第一级营养级,蝉是第二级
营养级是一级消费者,螳螂是第三级营养级是二级消费者,黄雀是第四级
营养级是三级消费者.

我们仿照生物链的营养级,在素数链中,按照素数所占的位置也定义
"素数级"与"链级数".如纯素数链"19":

$$1 \to 19 \to 109 \to 1009 \to 10009 \to \cdots \to 1\overbrace{0\cdots0}^{n\text{个}0}9 \to \cdots$$

源生素数"1",为第一素数级,且链级数为1;派生素数"19",为第二
素数级,且链级数为2;衍生素数"109",为第三素数级,且链级数为3;衍
生素数"1009",为第四素数级,且链级数为4;衍生素数"10009",为第五
素数级,且链级数为5;… 依次类推,衍生素数"$1\overbrace{0\cdots0}^{n\text{个}0}9$",为第 n 素数级,
且链级数为 n.

一般来说,生物链不会太长,因为能量通过各营养级流动时会大幅度减少,下一营养级只能接收上一营养级 15% 左右的能量.因此,营养级也不会太长,一般只有四、五级,很少有超过六级的.但是,素数链可以很长,可以有无穷级.

如由伪素数"91"构成的混素数链:

$$1 \rightarrow 91 \rightarrow 901 \rightarrow \underline{9001} \rightarrow \underline{90001} \rightarrow \cdots \rightarrow 9\overset{n\uparrow 0}{\overbrace{0\cdots0}}1 \rightarrow \cdots$$

是一个 n 级链.源生素数"1",为第一素数级,且链级数为1;派生伪素数"91"($91 = 7 \times 13$),为第二素数级,且链级数为 2;衍生伪素数"901"($901 = 17 \times 53$),为第三素数级,且链级数为3;衍生素数"9001",为第四素数级,且链级数为 4;衍生素数"90001",为第五素数级,且链级数为5;衍生素数"900001",为第六素数级,且链级数为6;⋯ 依次类推,衍生素数" $9\overset{n\uparrow 0}{\overbrace{0\cdots0}}1$ ",为第 n 素数级,且链级数为 n.而且素数级一一相连,一级连一级,像扣着的环,一环扣一环.

由此,我们找到了产生素数的规律以及分布规律(如表3-1~3-3中,第 176 页插图).

如果我们把每一条素数链中的素数用其他符号来替代,就是一串信息一组密码,这样素数链、素数表、素数圈就与信息、编码、密码、程序设计联系了起来,从而更好地完善信息论、编码组合论、密码学、控制论,也更好地提高密码的加密级别,从而促进计算机技术、编码技术、密码技术、程序设计技术和计算机检测技术的快速发展.

如纯素数链"37":

$$1 \rightarrow 37 \rightarrow 379 \rightarrow 3799 \rightarrow 37999 \rightarrow \cdots \rightarrow 37\overset{n\uparrow 9}{\overbrace{9\cdots9}} \rightarrow \cdots$$

数字"1"用符号"○"代替,数字"3"用符号"△"代替,数字"7"用符号"⊥"代替,数字"9"用符号"♯"代替,则纯素数链"37"就是一串密码:

○ → △⊥ → △⊥♯ → △⊥♯♯ → △⊥♯♯♯ → ⋯

读者不妨换成英文字母、希腊字母、罗马数字等数字、符号,再试一试.

12　众数和链、数学链

前节我们主要强调了素数链、素数级、链级数等问题,下面我们按照众数和所占的位置定义"众数和链"与"数学链".

例 1　求素数 9986573 的各级众数和.

解:9986573 的各位数字之和是:$9+9+8+6+5+7+3=47$,即 9986573 的众数和是 47.

47 的各位数字之和是:$4+7=11$,即 47 的众数和是 11.

11 的各位数字之和是:$1+1=2$,即 11 的众数和是 2.

9986573 与 3 个众数和"47,11,2"都是素数,4 个数构成了一条众数和链:$9986573 \rightarrow 47 \rightarrow 11 \rightarrow 2$.

其实,求素数 9986573 的几个众数和,相当于寻找食物链中的各级消费者,而每一个素数相当于食物链中的各级营养级.

为方便,我们在这里定义"众数和素数链":

素数 9986573,是第一素数级,且链级数为 1;素数 47,是第一级众数和,是第二素数级,且链级数为 2;素数 11,是第二级众数和,是第三素数级,且链级数为 3;素数 2,是第三级众数和,是第四素数级,且链级数为 4.

为此,我们给出由 n 个素数求众数和组成的"n 级众数和素数链"的定义:

第一个素数,是第一素数级,且链级数为 1;第二个素数,是第一级众数和,是第二素数级,且链级数为 2;第三个素数,是第二级众数和,是第三素数级,且链级数为 3;第四个素数,是第三级众数和,是第四素数级,且链级数为 4.… 依次类推,第 n 个素数,是第 $n-1$ 级众数和,是第 n 级素数级,且链级数为 n.而且众数和级一一相连,一级连着一级,像扣着的环,一环扣着一环.

所以,众数和链:$9986573 \rightarrow 47 \rightarrow 11 \rightarrow 2$,是一个由三级众数和,4 次素数级组成的 4 级众数和链.

例 2　求 79256814586756 的各级众数和.

解:79256814586756 的各位数字之和是:

$7+9+2+5+6+8+1+4+5+8+6+7+5+6=79$,即

79256814586756 的众数和是 79.

79 的各位数字之和是：$7+9=16$，即 79 的众数和是 16.

16 的各位数字之和是：$1+6=7$，即 16 的众数和是 7.

79256814586756 与 3 个众数和"79,16,7"，构成了一条众数和链：79256814586756 → 79 → 16 → 7.

为方便，我们在这里定义"众数和链"：

79256814586756，是第一实数级，且链级数为 1；数 79，是第一级众数和，是第二实数级，且链级数为 2；实数 16，是第二级众数和，是第三实数级，且链级数为 3；实数 7，是第三级众数和，是第四实数级，且链级数为 4.

由 n 个实数求众数和组成的"n 级众数和链"的定义：

第一个实数，是第一实数级，且链级数为 1；第二个实数，是第一级众数和，是第二实数级，且链级数为 2；第三个实数，是第二级众数和，是第三实数级，且链级数为 3；第四个实数，是第三级众数和，是第四实数级，且链级数为 4.…依次类推，第 n 个实数，是第 $n-1$ 级众数和，是第 n 级实数级，且链级数为 n. 而且众数和级一一相连，一级连着一级，像扣着的环，一环扣着一环.

所以，众数和素数链：9986573 → 47 → 11 → 2，是一个由三级众数和，四次素数级组成的 4 级众数和链. 众数和链：79256814586756 → 79 → 16 → 7，也是一个由三级众数和，4 次实数级组成的四级众数和链.

仿照众数和链，我们也可以定义"n 级众数差链""n 级众数积链""n 级众数商链""n 级众数幂链". 下面，只给出定义，不给出具体事例.

由 n 个实数求众数差组成的"n 级众数差链"的定义：

第一个实数，是第一实数级，且链级数为 1；第二个实数，是第一级众数差，是第二实数级，且链级数为 2；第三个实数，是第二级众数差，是第三实数级，且链级数为 3；第四个实数，是第三级众数差，是第四实数级，且链级数为 4.…依次类推，第 n 个实数，是第 $n-1$ 级众数差，是第 n 级实数级，且链级数为 n. 而且众数差级一一相连，一级连着一级，像扣着的环，一环扣着一环.

由 n 个实数求众数积组成的"n 级众数积链"的定义：

第一个实数，是第一实数级，且链级数为 1；第二个实数，是第一级众数积，是第二实数级，且链级数为 2；第三个实数，是第二级众数积，是第三实数级,且链级数为 3；第四个实数,是第三级众数积,是第四实数级,且链级数为 4. … 依次类推 …,第 n 个实数,是第 $n-1$ 级众数积,是第 n 级实数级,且链级数为 n. 而且众数积级一一相连,一级连着一级,像扣着的环,一环扣着一环.

由 n 个实数求众数商组成的"n 级众数商链"的定义：

第一个实数,是第一实数级,且链级数为 1；第二个实数,是第一级众数商,是第二实数级,且链级数为 2；第三个实数,是第二级众数商,是第三实数级,且链级数为 3；第四个实数,是第三级众数商,是第四实数级,且链级数为 4. …. 依次类推,第 n 个实数,是第 $n-1$ 级众数商,是第 n 级实数级,且链级数为 n. 而且众数商级一一相连,一级连着一级,像扣着的环,一环扣着一环.

由 n 个实数求众数幂组成的"n 级众数幂链"的定义：

第一个实数,是第一实数级,且链级数为 1；第二个实数,是第一级众数幂,是第二实数级,且链级数为 2；第三个实数,是第二级众数幂,是第三实数级,且链级数为 3；第四个实数,是第三级众数幂,是第四实数级,且链级数为 4. …. 依次类推,第 n 个实数,是第 $n-1$ 级众数幂,是第 n 级实数级,且链级数为 n. 而且众数幂级一一相连,一级连着一级,像扣着的环,一环扣着一环.

在这里,把"众数和链""众数差链""众数积链"众数商链""众数幂链"以及素数链,笼统地统称为"众数链". 在数学上,把由数学知识、关系、变量、形式、空间等之间形成的各种知识链、关系链、结构链、思维链,统称为"数学链".

世界上,小至分子、原子、电子、光子、微子,大至民族、国家、地球、太阳系、银河系、宇宙,存在着许许多多的经济关系、政治关系、文化关系、军事关系、教育关系、宗教关系、信仰关系、…,这些关系链条,一一就组成了包括"素数链""数学链"、知识链、结构链、思维链、生物链、经济链、政治链、文化链、军事链、教育链、宗教链、信仰链 … 等在内的"宇宙链"条,进而由许许多多的"宇宙链"条,组成了囊括生物、微生物、民族、国家、地球、太阳系、银河系、宇宙在内的各种链条关系 ——"宇宙圈".

"素数链"、"数学链"、知识链、结构链、思维链、生物链、经济链、政治链、文化链、军事链、教育链、宗教链、信仰链、… 的形成与组成,一级连着一级,像扣着的环,一环扣着一环.正如《易·系辞上》高度归纳概括的宇宙推演图:"易有太极,太极生二仪,二仪生四象,四象生八卦,八卦生十六卦,十六卦生三十二卦,三十二卦生六十四卦."也验证了老子在《道德经》第42章囊括提炼的有穷与无穷转化的哲学思想:"道生一,一生二,二生三,三生万物."因此,万事万物的机理与规律在不同的侧面,所体现的道理是万法同宗、规律统一的.

13　面对素数的两个诘问

在阅读本章的过程中,也许你是一个爱思考的读者,在你的头脑中会不间断地跳出有关素数的两个困惑问题:

一是素数链外是否还有其他素数?

二是利用"镶嵌法"构造的素数是否有严格的数学证明?

其实在本章开篇就基本上回答了这两个问题,现在我们继续回答这两个问题,以解决你心中的困惑.

13.1　素数链外无其他素数,即所有的素数都在链内

素数,隶属正整数的范畴.按照我们通常所使用的十进制运算法则与规律,素数与整数、自然数等其他实数使用的十进制一样,由这些数组成:0、1、2、3、4、5、6、7、8、9.如果不是这些数,还有其他数,那就是说素数的十进制运算法则与规律是不封闭的.即实数的十进制运算法则与规律也是不封闭的.所以,素数的十进制运算法则与规律是封闭的.

按照素数的奇偶性质以及众数和性质与结论,素数存在3种情形:

(1)素数存在众数和"1、5、7"的结论.如素数19、37、811、3511的众数和都是"1",素数23、41、203、401的众数和都是"5",素数43、151、691、2851的众数和都是"7".

(2)素数存在众数和"2、4、8"的结论.如素数11、29、101的众数和都是"2",素数13、139、1327、12973的众数和都是"4",素数17、53、467、1367、15641的众数和都是"8".

(3)素数只存在孤素数"3"的结论.素数不存在众数和"3、6、9"的结

论.即任何一个素数的各位数字之和都不能被"3、6 或 9"整除.

所以,素数的众数和运算法则与规律也是封闭的.即素数的众数和运算结果都在众数和"1、5、7、2、4、8"运算之中.换句话说,除去孤素数"3"之外,所有素数的众数和运算结果都包含在众数和"1、5、7、2、4、8"这 6 大类素数链与素数圈中.

如众数和"2"是源生素数,容易遗漏众数和分解:2 = 2 + 9.其产生的一条混素数链:2 → $\underline{29}$ → 299 → $\underline{2999}$ → 29999 → 299999 → … → $2\overbrace{999\cdots999}^{n \uparrow 9}$ → …,也就容易遗漏 29、2999 等素数.但是仍在众数和"2"的素数链或素数圈中.

如众数和"4"不是源生素数,容易遗漏众数和分解:$4_+ = 4 + 9$.其产生的一条混素数链:4 → 49 → $\underline{499}$ → $\underline{4999}$ → 49999 → 499999 → … → $4\overbrace{999\cdots999}^{n \uparrow 9}$ → …,也就容易遗漏 499、4999、49999 等素数.但是仍在众数和"4"的素数链或素数圈中.

如众数和"8"不是源生素数,容易遗漏众数和分解:8 = 8 + 9.其产生的一条混素数链:8 → $\underline{89}$ → 899 → $\underline{8999}$ → 89999 → 899999 → … → $8\overbrace{999\cdots999}^{n \uparrow 9}$ → …,也就容易遗漏 89、8999 等素数.但是仍在众数和"8"的素数链或素数圈中.

13.2 用数学归纳法证明"镶嵌法"构造素数

13.2.1 用数学归纳法证明"中间镶嵌法"构造素数

我们考察中间"镶嵌法"对素数 37 进行——镶嵌 0,00,000,0000,$\overbrace{00000,\cdots,000\cdots000}^{n \uparrow 0}$,…,构造产生新数,并验证是否是素数.

当 $n = 1$ 或 $n = 2$ 时,镶嵌法构造新数,命题成立.

素数 37 的众数和是"1",即 3 + 7 = 10,1 + 0 = 1.

在素数 37 的中间镶嵌一个"0",即"0",即构造的新数 307 是一个素数,其素数 307 的众数和是:3 + 0 + 7 = 10,1 + 0 = 1.

其实质是:37 + 3 × 90 = 307,即素数 37 在十位上 3 次进位"逢九进一"得到素数 307.

在素数 37 的中间镶嵌 2 个 0,即"00",构造的新数 $3007(=31\times97)$ 是一个素数,其新数 3007 的众数和是:$3+0+0+7=10,1+0=1$.

其实质是:$37+3\times990=3007$,即素数 37 在十位上 3 次进位"逢九进一",在百位上 3 次进位"逢九进一"得到新数 3007,不是素数.

假设当 $m=n(n\geqslant1,n\in\mathrm{N})$ 时,镶嵌法构造新数,命题成立.

即在素数 37 的中间镶嵌 n 个 0,即"$\overbrace{000\cdots000}^{n\uparrow0}$",构造的新数 $3\overbrace{000\cdots0007}^{n\uparrow0}$ 是一个素数,其素数 $3\overbrace{000\cdots0007}^{n\uparrow0}$ 的众数和是:$3+\overbrace{0+0+0+\cdots+0+0+0}^{n\uparrow0}+7=\cdots=10_+,1+0=1$.

其实质是:$37+3\times\overbrace{999\cdots9990}^{n\uparrow9}=3\overbrace{000\cdots0007}^{n\uparrow0}$,即素数 37 在十位上 3 次进位"逢九进一",在百位上 3 次进位"逢九进一",在千位上 3 次进位"逢九进一",在万位上 3 次进位"逢九进一",$\cdots$,依次类推,在 n 位上 3 次进位"逢九进一"得到素数 $3\overbrace{000\cdots0007}^{n\uparrow0}$,有可能是素数.

当 $m=n+1(n\geqslant1,n\in\mathrm{N})$ 时,镶嵌法构造新数,命题也成立.

等式两边 $37+3\times\overbrace{999\cdots9990}^{n\uparrow9}=3\overbrace{000\cdots0007}^{n\uparrow0}$,同加上 $9\times\overbrace{000\cdots0000}^{n\uparrow0}$,得 $3\overbrace{000\cdots0007}^{n\uparrow0}+3\times9\overbrace{000\cdots0000}^{n\uparrow0}=37+3\times\overbrace{999\cdots9990}^{n\uparrow9}+3\times9\overbrace{000\cdots0000}^{n\uparrow0}$

$=37+3\times\overbrace{999\cdots9990}^{n+1\uparrow9}=3\overbrace{000\cdots0007}^{n+1\uparrow0}$.

在素数 37 的中间镶嵌 $n+1$ 个 0,即"$\overbrace{000\cdots000}^{n+1\uparrow0}$",构造的新数 $3\overbrace{000\cdots0007}^{n+1\uparrow0}$ 是一个素数,其素数 $3\overbrace{000\cdots0007}^{n+1\uparrow0}$ 的众数和是:$3+\overbrace{0+0+0+\cdots+0+0+0}^{n+1\uparrow0}+7=10,1+0=1$.

其实质是:$37+3\times\overbrace{999\cdots9990}^{n+1\uparrow9}=3\overbrace{000\cdots0007}^{n+1\uparrow0}$,即素数 37 在十位上 3 次进位"逢九进一",在百位上 3 次进位"逢九进一",在千位上 3 次进位"逢九进一",在万位上 3 次进位"逢九进一",$\cdots$,依次类推,在 $n+1$ 位上 3 次进位"逢九进一"得到新数 $3\overbrace{000\cdots0007}^{n+1\uparrow0}$.

我们考察中间"镶嵌法"对素数 37 进行——镶嵌 $9,99,999,9999,$

$99999,\cdots,\overbrace{999\cdots999}^{n\uparrow9},\cdots,$构造产生新素数.

当 $n=1$ 或 $n=2$ 时,镶嵌法构造新数,命题成立.

素数 37 的众数和是"1",即 $3+7=10,1+0=1.$

在素数 37 的中间镶嵌一个"9",即"9",即构造的新数 397 是一个素数,其素数 397 的众数和是:$3+9+7=19,1+9=10,1+0=1.$

其实质是:$37+4\times90=397,$即素数 37 在十位上 4 次进位"逢九进一"得到素数 397.

在素数 37 的中间镶嵌 2 个 9,即"99",构造的新数 $3997(=7\times571),$不是素数,其新数 3997 的众数和是:$3+9+9+7=28,2+8=10,1+0=1.$

其实质是:$37+4\times990=3997,$即素数 37 在十位上 4 次进位"逢九进一",在百位上 4 次进位"逢九进一"得到新数 3997.

假设当 $m=n(n\geqslant1,n\in N)$ 时,镶嵌法构造新数,命题成立.

即在素数 37 的中间镶嵌 n 个 9,即"$\overbrace{999\cdots999}^{n\uparrow9}$",构造的新数 $3\overbrace{999\cdots9997}^{n\uparrow9},$有可能是素数,其新数 $3\overbrace{999\cdots9997}^{n\uparrow9}$ 的众数和是:

$$3+\overbrace{9+9+9+\cdots+9+9+9}^{n\uparrow9}+7=\cdots=10_+,1+0=1.$$

$(10=1+9,10=2+8,10=3+7,10=4+6,10=5+5)$

其实质是:$37+4\times\overbrace{999\cdots9990}^{n\uparrow9}=3\overbrace{999\cdots9997}^{n\uparrow9},$即素数 37 在十位上 4 次进位"逢九进一",在百位上 4 次进位"逢九进一",在千位上 4 次进位"逢九进一",在万位上 4 次进位"逢九进一",$\cdots,$依次类推,在 n 位上 4 次进位"逢九进一"得到新数 $3\overbrace{999\cdots9997}^{n\uparrow9},$有可能是素数.

当 $m=n+1(n\geqslant1,n\in N)$ 时,镶嵌法构造新数,命题也成立.

等式两边 $37+4\times9\overbrace{000\cdots0000}^{n\uparrow0}=3\overbrace{999\cdots9997}^{n\uparrow9},$同时加上 $9\times$ $\overbrace{000\cdots0000}^{n\uparrow0},$得 $3\overbrace{999\cdots9997}^{n\uparrow9}+9\overbrace{000\cdots0000}^{n\uparrow0}=37+4\times\overbrace{999\cdots9990}^{n\uparrow9}+$ $9\overbrace{000\cdots0000}^{n\uparrow0}=37+4\times\overbrace{999\cdots9990}^{n+1\uparrow9}=3\overbrace{999\cdots9997}^{n+1\uparrow9}.$

在素数 37 的中间镶嵌 $n+1$ 个 9,即"$\overbrace{999\cdots999}^{n+1\uparrow9}$",构造的新数 3

$\overset{n+1\text{个}9}{\overbrace{999\cdots9997}}$，有可能是素数，其新数 $3\overset{n+1\text{个}9}{\overbrace{999\cdots9997}}$ 的众数和是：$3+$

$\overset{n+1\text{个}9}{\overbrace{9+9+9+\cdots+9+9+9}}+7=\cdots=10_+,1+0=1.$

其实质是：$37+4\times\overset{n+1\text{个}9}{\overbrace{999\cdots9990}}=3\overset{n+1\text{个}9}{\overbrace{999\cdots9997}}$，即素数 37 在十位上 4 次进位"逢九进一"，在百位上 4 次进位"逢九进一"，在千位上 4 次进位"逢九进一"，在万位上 4 次进位"逢九进一"，…，依次类推，在 $n+1$ 位上 4 次进位"逢九进一"得到新数 $3\overset{n+1\text{个}9}{\overbrace{999\cdots9997}}$，有可能是素数.

13.2.2　用数学归纳法证明"左镶嵌法"构造素数

我们考察"左镶嵌法"对素数 37 进行一一镶嵌 $9,99,999,9999$，$99999,\cdots,\overset{n\text{个}9}{\overbrace{999\cdots999}},\cdots$，有可能产生新数并验证是否是素数.

当 $n=1$ 或 $n=2$ 时，镶嵌法构造新数，命题成立.

素数 37 的众数和是"1"，即 $3+7=10,1+0=1.$

在素数 37 的左边镶嵌一个"9"，即"9"，即构造的新数 937 是一个素数，其素数 937 的众数和是：$9+3+7=19,1+9=10,1+0=1.$

其实质是：$37+10\times90=937$，即素数 37 在十位上 10 次进位"逢九进一"得到素数 937.

在素数 37 的左边镶嵌 2 个 9，即"99"，构造的新数 $9937(=19\times523)$，不是素数，其新数 9937 的众数和是：$9+9+3+7=28,2+8=10,1+0=1.$

其实质是：$37+10\times990=9937$，即素数 37 在 10 位上十次进位"逢九进一"，在百位上 10 次进位"逢九进一"得到新数 9937.

假设当 $m=n(n\geqslant1,n\in\mathrm{N})$ 时，镶嵌法构造新数，命题成立.

即在素数 37 的左边镶嵌 n 个 9，即"$\overset{n\text{个}9}{\overbrace{999\cdots999}}$"，构造的新数 $\overset{n\text{个}9}{\overbrace{999\cdots99937}}$，有可能是一个素数，其素数 $\overset{n\text{个}9}{\overbrace{999\cdots99937}}$ 的众数和是：

$\overset{n\text{个}9}{\overbrace{9+9+9+\cdots+9+9+9}}+3+7=\cdots=10_+,1+0=1.$

$(10=1+9,10=2+8,10=3+7,10=4+6,10=5+5)$

其实质是：$37+10\times\overset{n\text{个}9}{\overbrace{999\cdots9990}}=\overset{n\text{个}9}{\overbrace{999\cdots99937}}$，即素数 37 在十位上 10

次进位"逢九进一",在百位上 10 次进位"逢九进一",在千位上 10 次进位"逢九进一",在万位上 10 次进位"逢九进一",…,依次类推,在 n 位上 10 次进位"逢九进一"得到新数 $\overbrace{999\cdots99937}^{n\uparrow 9}$.

当 $m = n + 1(n \geq 1, n \in N)$ 时,镶嵌法构造新数,命题也成立.

等式两边 $37 + 10 \times \overbrace{999\cdots9990}^{n\uparrow 9} = \overbrace{999\cdots99937}^{n\uparrow 9}$,同时加上 $9 \times \overbrace{000\cdots0000}^{n+1\uparrow 0}$,得 $\overbrace{999\cdots99937}^{n\uparrow 9} + 9\overbrace{000\cdots0000}^{n+1\uparrow 0} = 37 + 10 \times \overbrace{999\cdots9990}^{n\uparrow 9} + 9\overbrace{000\cdots0000}^{n+1\uparrow 0} = 37 + 10 \times \overbrace{999\cdots9990}^{n+1\uparrow 9} = \overbrace{999\cdots99937}^{n+1\uparrow 9}$.

在素数 37 的中间镶嵌 $n + 1$ 个 9,即"$\overbrace{999\cdots999}^{n+1\uparrow 9}$",构造的新数 $\overbrace{999\cdots99937}^{n+1\uparrow 9}$,有可能是素数,其新数 $\overbrace{999\cdots99937}^{n+1\uparrow 9}$ 的众数和是:

$$\overbrace{9 + 9 + 9 + \cdots + 9 + 9 + 9}^{n+1\uparrow 9} + 3 + 7 = \cdots = 10_+, 1 + 0 = 1.$$

其实质是:$37 + 10 \times \overbrace{999\cdots9990}^{n+1\uparrow 9} = \overbrace{999\cdots99937}^{n+1\uparrow 9}$,即素数 37 在十位上 10 次进位"逢九进一",在百位上 10 次进位"逢九进一",在千位上 10 次进位"逢九进一",在万位上 10 次进位"逢九进一",…,依次类推,在 $n + 1$ 位上 10 次进位"逢九进一"得到新数 $\overbrace{999\cdots99937}^{n+1\uparrow 9}$,有可能是素数.

13.2.3 用数学归纳法证明"右镶嵌法"构造素数

我们考察"右镶嵌法"对素数 37 进行一一镶嵌 $9, 99, 999, 9999, 99999, \cdots, \overbrace{999\cdots999}^{n\uparrow 9}, \cdots$,有可能产生新数并验证是否是素数.

当 $n = 1$ 时,镶嵌法构造新数,命题成立.

素数 37 的众数和是"1",即 $3 + 7 = 10, 1 + 0 = 1$.

在素数 37 的右边镶嵌一个"9",即"9",即构造的新数 379 是一个素数,其素数 379 的众数和是:$3 + 7 + 9 = 19, 1 + 9 = 10, 1 + 0 = 1$.

其实质是:$37 + 38 \times 9 = 379$,即素数 37 在个位上 38 次进位"逢九进一"得到素数 379.

当 $n = 2$ 时,命题成立.

在素数 37 的右边镶嵌两个 9，即"99"，构造的新数 $3799(=29\times131)$，不是素数，其新数 3799 的众数和是：$3+7+9+9=28,2+8=10,1+0=1$.

其实质是：$37+38\times99=3799$，即素数 37 在个位上 38 次进位"逢九进一"，在十位上 38 次进位"逢九进一"，得到新数 3799.

当 $n=3$ 时，镶嵌法构造新数，命题成立.

在素数 37 的右边镶嵌 3 个 9，即"999"，构造的新数 $37999(=13\times2923)$，不是素数，其新数 37999 的众数和是：$3+7+9+9+9=37,3+7=10,1+0=1$.

其实质是：$37+38\times999=37999$，即素数 37 在个位上 38 次进位"逢九进一"，在十位上 38 次进位"逢九进一"，在百位上 38 次进位"逢九进一"，得到新数 37999，有可能是素数.

假设当 $m=n(n\geqslant1,n\in\mathbf{N})$ 时，镶嵌法构造新数，命题成立.

即在素数 37 的右边镶嵌 n 个 9，即"$\overbrace{999\cdots999}^{n\uparrow9}$"，构造的新数 37 $\overbrace{999\cdots999}^{n\uparrow9}$，有可能是素数，其新数 37 $\overbrace{999\cdots999}^{n\uparrow9}$ 的众数和是：$3+7+\overbrace{9+9+9+\cdots+9+9+9}^{n\uparrow9}=\cdots=10_+,1+0=1$.

$(10=1+9,10=2+8,10=3+7,10=4+6,10=5+5)$

其实质是：$37+38\times\overbrace{999\cdots999}^{n\uparrow9}=37\overbrace{999\cdots999}^{n\uparrow9}$，即素数 37 在十位上 38 次进位"逢九进一"，在百位上 38 次进位"逢九进一"，在千位上 38 次进位"逢九进一"，在万位上 38 次进位"逢九进一"，…，依次类推，在 n 位上 38 次进位"逢九进一"得到新数 37 $\overbrace{999\cdots999}^{n\uparrow9}$.

当 $m=n+1(n\geqslant1,n\in\mathbf{N})$ 时，镶嵌法构造新数，命题也成立.

等式两边 $37+38\times\overbrace{999\cdots999}^{n\uparrow9}=37\overbrace{999\cdots999}^{n\uparrow9}$，同时加上 $38\times\overbrace{9\,000\cdots000}^{n\uparrow0}$，得 $37\overbrace{999\cdots999}^{n\uparrow9}+38\times\overbrace{9\,000\cdots000}^{n\uparrow0}=37+38\times\overbrace{999\cdots999}^{n\uparrow9}+38\times\overbrace{9\,000\cdots000}^{n\uparrow0}=37+38\times\overbrace{999\cdots999}^{n+1\uparrow9}=37\overbrace{999\cdots999}^{n+1\uparrow9}$.

在素数 37 的右边镶嵌 $n+1$ 个 9，即"$\overbrace{999\cdots999}^{n+1\uparrow9}$"，构造的新数 $\overbrace{999\cdots99937}^{n+1\uparrow9}$，有可能是素数，其新数 37 $\overbrace{999\cdots999}^{n+1\uparrow9}$ 的众数和是：

$$3+7+\overbrace{9+9+9+\cdots+9+9+9}^{n个9}=\cdots=10_{+},1+0=1.$$

其实质是：$37+38\times\overbrace{999\cdots999}^{n+1个9}=37\overbrace{999\cdots999}^{n+1个9}$，即素数 37 在十位上 38 次进位"逢九进一"，在百位上 38 次进位"逢九进一"，在千位上 38 次进位"逢九进一"，在万位上 38 次进位"逢九进一"，$\cdots$，依次类推，在 $n+1$ 位上 38 次进位"逢九进一"得到新数 $37\overbrace{999\cdots999}^{n+1个9}$.

综上所述，"镶嵌法"——镶嵌 $0,00,000,0000,00000,\cdots,\overbrace{000\cdots000}^{n个0}$，$\cdots$，或 $9,99,999,9999,99999,\cdots,\overbrace{999\cdots999}^{n个9},\cdots$，都有可能构造出素数.

分 3 种类型：

（1）镶嵌 $0,00,000,0000,00000,\cdots,\overbrace{000\cdots000}^{n个0},\cdots$，构造素数，只能是"中间镶嵌法".

若两位数的素数 $\overline{ab}$（a、b 均为 $1\sim9$ 的正整数），则构造规律是：

$$\overline{ab}+a\times\overbrace{999\cdots9990}^{n个9}=a\overbrace{000\cdots000}^{n个0}b,$$

即素数 $\overline{ab}$ 在十位上 a 次进位"逢九进一"，在百位上 a 次进位"逢九进一"，在千位上 a 次进位"逢九进一"，在万位上 a 次进位"逢九进一"，$\cdots$，依次类推，在 n 位上 a 次进位"逢九进一"得到新数 $a\overbrace{000\cdots000}^{n个0}b$.

很显然，三位数或三位数以上的素数，用"中间镶嵌法"构造素数，其构造规律相类同，再不重复.

（2）中间镶嵌 $9,99,999,9999,99999,\cdots,\overbrace{999\cdots999}^{n个9},\cdots$，即用"中间镶嵌法"构造素数.

若两位数的素数 $\overline{ab}$（a、b 均为 $1\sim9$ 的正整数），则构造规律是：

$$\overline{ab}+(a+1)\times\overbrace{999\cdots9990}^{n个9}=a\overbrace{999\cdots999}^{n个9}b,$$

即素数 $\overline{ab}$ 在十位上 $a+1$ 次进位"逢九进一"，在百位上 $a+1$ 次进位"逢九进一"，在千位上 $a+1$ 次进位"逢九进一"，在万位上 $a+1$ 次进位"逢九进一"，$\cdots$，依次类推，在 n 位上 $a+1$ 次进位"逢九进一"得到新数 $a\overbrace{999\cdots999}^{n个9}b$.

很显然，三位数或三位数以上的素数，用"中间镶嵌法"构造素数，其构造规律与两位数的相类同，再不重复.

（3）左边镶嵌 $9,99,999,9999,99999,\cdots,\overbrace{999\cdots999}^{n\uparrow9},\cdots$，即用"左镶嵌法"构造素数.

若两位数的素数 $\overline{ab}$（a、b 均为 $1\sim9$ 的正整数），则构造规律是：

$$\overline{ab}+10\times\overbrace{999\cdots9990}^{n\uparrow9}=\overbrace{999\cdots999}^{n\uparrow9}ab,$$

即素数 $\overline{ab}$ 在十位上十次进位"逢九进一"，在百位上十次进位"逢九进一"，在千位上十次进位"逢九进一"，在万位上十次进位"逢九进一"，$\cdots$，依次类推，在 n 位上十次进位"逢九进一"得到新数 $\overbrace{999\cdots999}^{n\uparrow9}ab$.

很显然，三位数或三位数以上的素数，用"左镶嵌法"构造素数，其构造规律与二位数的相类同，再不重复.

（4）右边镶嵌 $9,99,999,9999,99999,\cdots,\overbrace{999\cdots999}^{n\uparrow9},\cdots$，即用"右镶嵌法"构造素数.

若两位数的素数 $\overline{ab}$（a、b 均为 $1\sim9$ 的正整数），则构造规律是：

$$\overline{ab}+(ab+1)\times\overbrace{999\cdots9990}^{n\uparrow9}=ab\overbrace{999\cdots999}^{n\uparrow9},$$

即素数 $\overline{ab}$ 在十位上"$ab+1$"次进位"逢九进一"，在百位上"$ab+1$"次进位"逢九进一"，在千位上"$ab+1$"次进位"逢九进一"，在万位上"$ab+1$"次进位"逢九进一"，$\cdots$，依次类推，在 n 位上"$ab+1$"次进位"逢九进一"得到新数 $ab\overbrace{999\cdots999}^{n\uparrow9}$.

很显然，三位数或三位数以上的素数，用"右镶嵌"构造素数，其构造规律与两位数的相类同，再不重复.

因此，用"镶嵌法"构造素数都是在每个数占据的位置"逢九进一"，即九进制运算规律，亦即"精准九定律".

第四章　众数学在数论中的应用

本章导读：

众数学是解决数论难题的一种新方法、新认识、新思维、新发现.本章揭示了完美数满足众数和"1"的规律,婚约数与相亲数满足众数和"9"的规律,梅森素数的众数和结果只在众数和"1、4、7"中循环出现,费马数的众数和结果只在众数和"3、5、8"中循环出现.同时,利用众数学的运算规律解决了"众数和"的哥德巴赫猜想成立,费马大定理存在 23 组"众数和"整数解,并强调指出 $3x \pm 1$ 问题都是二进制迭代运算,其幂 2^n（n 为自然数）的各位数字的众数之和 —— 仅在众数和 1、2、4、5、7、8 中循环出现.

1　完美数的众数和规律

完美数,是指一个数正好等于它的各因子(真约数,去掉该数本身)之和.如第一个完美数 6 的真约数是 1、2、3,第二个完美数 28 的真约数是 1、2、4、7、14,第三个完美数 496 的真约数是 1、2、4、8、16、31、62、124、248.

迄今为止,已经发现了 48 个完美数,而且发现的完美数都具有以下形式:

$$2^{p-1}(2^p - 1) \quad (p \text{ 为素数})$$

事实上,欧几里得在他的《几何原本》卷九中,明确给出了一个有关完美数的定理陈述:

"如果 $2^n - 1$ 是一个素数,则 $2^{n-1}(2^n - 1)$ 是一个完美数(n 为素数)."

所有发现的 48 个完美数:6,28,496,8128,130816,2096128,33550336,….

经笔者证明:除完美数 6 以外,其余 47 个完美数的各位数字的众数和均为众数和"1".也就是说,它们的各位数字反复相加所得的结果均等于众数和"1".

下面是前 12 个完美数的众数和运算,列举如下:

第 2 个完美数是 28.

众数和是 $2+8=10,1+0=1$.

第 3 个完美数是 496.

众数和是 $4+9+6=19,1+9=10,1+0=1$.

第 4 个完美数是 8 128.

众数和是 $8+1+2+8=19,1+9=10,1+0=1$

第 5 个完美数是 33 550 336.

众数和是 $3+3+5+5+0+3+3+6=28,2+8=10,1+0=1$.

第 6 个完美数是 8 589 869 056.

众数和是 $8+5+8+9+8+6+9+0+5+6=64,6+4=10,1+0=1$.

第 7 个完美数是 137 438 691 328.

众数和是 $1+3+7+4+3+8+6+9+1+3+2+8=55,5+5=10,1+0=1$.

第 8 个完美数是 2 305 843 008 139 952 128.

众数和是 $2+3+0+5+8+4+3+0+0+8+1+3+9+9+5+2+1+2+8=73,7+3=10,1+0=1$.

第 9 个完美数是 2 658 455 991 569 831 744 654 692 615 953 842 176.

众数和是: $2+6+5+8+4+5+5+9+9+1+5+6+9+8+3+1+7+4+4+6+5+4+6+9+2+6+1+5+9+5+3+8+4+2+1+7+6=190,1+9+0=10,1+0=1$.

第 10 个完美数是 191 561 942 608 236 107 294 793 378 084 303 638 130 997 321 548 169 216.

众数和是: $1+9+1+5+6+1+9+4+2+6+0+8+2+3+6+1+0+7+2+9+4+7+9+3+3+7+8+0+8+4+3+0+3+6+3+8+1+3+0+9+9+7+3+2+1+5+4+8+1+6+9+2+1+6=235,2+3+5=10,1+0=1$.

第 11 个完美数是 13 164 036 458 569 648 337 239 753 460 458 722 910 223 472 318 386 943 117 783 728 128.

众数和是:1＋3＋1＋6＋4＋0＋3＋6＋4＋5＋8＋5＋6＋9＋6＋4＋8＋3＋3＋7＋2＋3＋9＋7＋5＋3＋4＋6＋0＋4＋5＋8＋7＋2＋2＋9＋1＋0＋2＋2＋3＋4＋7＋2＋3＋1＋8＋3＋8＋6＋9＋4＋3＋1＋1＋7＋7＋8＋3＋7＋2＋8＋1＋2＋8＝289,2＋8＋9＝19,1＋9＝10,1＋0＝1.

第 12 个完美数是 14 474 011 154 664 524 427 946 373 126 085 988 481 573 677 491 474 835 889 066 354 349 131 199 152 128.

众数和是:1＋4＋4＋7＋4＋0＋1＋1＋1＋5＋4＋6＋6＋4＋5＋2＋4＋4＋2＋7＋9＋4＋6＋3＋7＋3＋1＋2＋6＋0＋8＋5＋9＋8＋8＋4＋8＋1＋5＋7＋3＋6＋7＋7＋4＋9＋1＋4＋7＋4＋8＋3＋5＋8＋8＋9＋0＋6＋6＋3＋5＋4＋3＋4＋9＋1＋3＋1＋1＋9＋9＋1＋5＋2＋1＋2＋8＝352,3＋5＋2＝10,1＋0＝1.

由以上前 12 个完美数可猜测归纳出除第一个完美数 6 之外,其它完美数的众数和都是众数和"1".(其结论证明的推理过程在本章 2 小节结尾的地方)这就为下面发现梅森素数和费马数提供了新的认识依据和佐证.

2　梅森素数的众数和规律

形如 2^p-1(p 为素数)型的数,称为梅森数;若梅森数 M_p 是素数,就称为梅森素数.下面列举出部分梅森素数,并计算其众数和.

当 $p=2$,则 $M_2=2^2-1=3$.

当 $p=3$,则 $M_3=2^3-1=7$.

当 $p=5$,则 $M_5=2^5-1=32-1=31$.

梅森素数 $M_5=31$ 的众数和运算的结果是:3＋1＝4.

当 $p=7$,则 $M_7=2^7-1=128-1=127$.

梅森素数 $M_7=127$ 的众数和运算的结果是:1＋2＋7＝10,1＋0＝1.

当 $p=13$,则 $M_{13}=2^{13}-1=2^7 2^6-1=8192-1=8191$.

梅森素数 $M_{13}=8\ 191$ 的众数和运算的结果是:8＋1＋9＋1＝19,1＋9＝10,1＋0＝1.

当 $p = 17$，则 $M_{17} = 2^{17} - 1 = 2^{10} 2^7 - 1 = 131\ 072 - 1 = 131\ 071$.

梅森素数 $M_{17} = 131\ 071$ 的众数和运算的结果是：$1 + 3 + 1 + 0 + 7 + 1 = 13, 1 + 3 = 4$.

当 $p = 19$，则 $M_{19} = 2^{19} - 1 = 2^{17} 2^2 - 1 = 524\ 288 - 1 = 524\ 287$.

梅森素数 $M_{19} = 524\ 287$ 的众数和运算的结果是：$5 + 2 + 4 + 2 + 8 + 7 = 28, 2 + 8 = 10, 1 + 0 = 1$.

当 $p = 31$，则 $M_{31} = 2^{31} - 1 = 2^{13} 2^{17} 2 - 1 = 2\ 147\ 483\ 648 - 1 = 2\ 147\ 483\ 647$.

梅森素数 $M_{31} = 2\ 147\ 483\ 647$ 的众数和运算的结果是：$2 + 1 + 4 + 7 + 4 + 8 + 3 + 6 + 4 + 7 = 46, 4 + 6 = 10, 1 + 0 = 1$.

当 $p = 67$，则 $M_{67} = 2^{67} - 1 = 193\ 707\ 721 \times 76\ 183\ 825\ 787 = 147\ 573\ 952\ 589\ 676\ 412\ 927$.

梅森素数 $M_{67} = 147\ 573\ 952\ 589\ 676\ 412\ 927$ 的众数和运算的结果是 $[M_{67}]_+ = 1$.

当 $p = 127$，则 $M_{127} = 2^{127} - 1 = 170\ 141\ 183\ 460\ 469\ 231\ 731\ 687\ 303\ 715\ 884\ 105\ 727$.

梅森素数 $M_{127} = 170\ 141\ 183\ 460\ 469\ 231\ 731\ 687\ 303\ 715\ 884\ 105\ 727$ 的众数和运算的结果是 $[M_{127}]_+ = 1$.

下面我们证明梅森素数 $2^p - 1$（p 为素数）的众数之和规律：

观察幂 2^n（n 为自然数）的形式，现证明如下：

$2^0 = 1$；

$2^1 = 2$；

$2^2 = 4$；

$2^3 = 8$；

$2^4 = 16, 16$ 的各位数字之和运算的结果是 7，即 $1 + 6 = 7$；

$2^5 = 32, 32$ 的各位数字之和运算的结果是 5，即 $3 + 2 = 5$；

$2^6 = 64, 64$ 的各位数字之和运算的结果是 10，即 $6 + 4 = 10$；10 的各位数字之和运算的结果是 1，即 $1 + 0 = 1$；

$2^7 = 128, 128$ 的各位数字之和运算的结果是 11，即 $1 + 2 + 8 = 11$；11 的各位数字之和运算的结果是 2，即 $1 + 1 = 2$；

$2^8 = 256, 256$ 的各位数字之和运算的结果是 13，即 $2 + 5 + 6 = 13$；13

的各位数字之和运算的结果是 4,即 $1+3=4$;

$2^9=512,512$ 的各位数字之和运算的结果是 8,即 $5+1+2=8$;

$2^{10}=1024,1024$ 的各位数字之和运算的结果是 7,即 $1+0+2+4=7$;

$2^{11}=2048,2048$ 的各位数字之和运算的结果是 14,即 $2+0+4+8=14$;14 的各位数字之和运算的结果是 5,即 $1+4=5$;

$2^{12}=4096,4096$ 的各位数字之和运算的结果是 19,即 $4+0+9+6=19$;19 的各位数字之和运算的结果是 10,即 $1+9=10$;10 的各位数字之和运算的结果是 1,即 $1+0=1$.

… 以此下去.便可猜想归纳出幂 2^n(n 为自然数)的各位数字之和运算的结果,是按照 1、2、4、8、7、5 循环.为方便归纳如下,即

2^{6n} 与 2^0 的各位数字之和相等都是 1;

2^{6n+1} 与 2^1 的各位数字之和相等都是 2;

2^{6n+2} 与 2^2 的各位数字之和相等都是 4;

2^{6n+3} 与 2^3 的各位数字之和相等都是 8;

2^{6n+4} 与 2^4 的各位数字之和相等都是 7;

2^{6n+5} 与 2^5 的各位数字之和相等都是 5.

幂 2^n(n 为自然数)的众数之和,用数学符号表示为:

$[2^{6n}]_+=[2^0]_+=1$;

$[2^{6n+1}]_+=[2]_+=2$;

$[2^{6n+2}]_+=[2^2]_+=[4]_+=4$;

$[2^{6n+3}]_+=[2^3]_+=[8]_+=8$; $(n\in \mathrm{N})$

$[2^{6n+4}]_+=[2^4]_+=[16]_+=7$;

$[2^{6n+5}]_+=[2^5]_+=[32]_+=5$.

由于当 $p=2$,梅森数 $M_2=2^2-1=3$ 是素数,是梅森素数.在梅森数 2^p-1(p 为素数)中,除 $p=2$ 外,其他 p 均为奇素数.对于 $n\in \mathrm{N}$,且 $p>2$,梅森素数用众数和运算的结果,只存在 3 种情形,其逻辑推理过程证明如下:

(1)$[2^{6n+1}-1]_+=[2^{6n+1}]_+-1=2-1=1$;

(2)$[2^{6n+3}-1]_+=[2^{6n+3}]_+-1=[2^3]_+-1=8-1=7$;

(3)$[2^{6n+5}-1]_+=[2^{6n+5}]_+-1=[2^5]_+-1=[32]_+-1=5-1=4$.

因此,梅森素数的众数和结果只在众数和"1、4、7"中循环出现.

而与梅森素数有密切联系的完美数也存在着 3 种情形,其逻辑推理过程证明如下:

(1) $[2^{(6n+1)-1}]_+ \cdot [2^{6n+1}-1]_+ = [2^{6n}]_+ \cdot [2^{6n+1}-1]_+ = [1]_+ \cdot ([2^{6n+1}]_+ - 1) = 1 \times (2-1) = 1$;

(2) $[2^{(6n+3)-1}]_+ \cdot [2^{6n+3}-1]_+ = [2^{6n+2}]_+ \cdot ([2^{6n+3}]_+ - 1) = [2^2]_+ \cdot ([2^3]_+ - 1) = 4 \times (8-1) = 28$;

$2+8 = 10, 1+0 = 1.$

(3) $[2^{(6n+5)-1}]_+ \cdot [2^{6n+5}-1]_+ = [2^{6n+4}]_+ \cdot ([2^{6n+5}]_+ - 1) = [2^4]_+ \cdot ([2^5]_+ - 1) = [16]_+ \cdot ([32]_+ - 1) = 7 \times (5-1) = 28$;

$2+8 = 10, 1+0 = 1.$

因此,完美数的众数和结果只有一种情形,即仅有众数和"1"一种结果.

3　费马数的众数和规律

下面我们证明费马数 $2^{2^n}+1(n$ 为自然数) 的众数之和规律.

法国数学家费马在 1640 年观察发现:

$F_0 = 2^{2^0}+1 = 3$;

$F_1 = 2^{2^1}+1 = 5$;

$F_2 = 2^{2^2}+1 = 17$;

$F_3 = 2^{2^3}+1 = 257$;

$F_4 = 2^{2^4}+1 = 65537.$

前 5 个都是素数,但是第 6 个数 F_5 实在太大,于是费马仅凭直觉草率地下结论 F_5 也是素数.后面的更武断,他没直接证明,就提出形如 $2^{2^n}+1(n$ 为自然数) 的数都是素数的著名猜想.因此,后来的人们把 $2^{2^n}+1(n$ 为自然数) 的数叫费马数.

1732 年,欧拉证明了第 5 个费马数 $F_5 = 641 \times 6700417$ 不是素数,是合数.接着又有人证明了第 6 个费马数 $F_6 = 2^{2^6}+1 = 274\ 177 \times 67\ 280\ 421\ 310\ 721$ 也不是素数,是合数.现在基本证明了第 4 个之后的

32 个费马数都是合数,不是素数.

费马数都是幂 2^n 的数,在上一节我们已经知道幂 2^n 的众数和的运算规律在"1、2、4、8、7、5"中循环出现.

下面我们先证明前 5 个费马数的众数和的运算规律:

(1)$[F_0]_+ = [2^{2^0} + 1]_+ = 3$;

(2)$[F_1]_+ = [2^{2^1} + 1]_+ = 5$;

(3)$[F_2]_+ = [2^{2^2} + 1]_+ = [17]_+ = 1 + 7 = 8$;

(4)$[F_3]_+ = [2^{2^3} + 1]_+ = [257]_+ = 2 + 5 + 7 = 14, [F_3]_+ = [14]_+ = 1 + 4 = 5$;

(5)$[F_4]_+ = [2^{2^4} + 1]_+ = [65537]_+ = 6 + 5 + 5 + 3 + 7 = 26, [F_4]_+ = [26]_+ = 2 + 6 = 8$.

即前 5 个费马数的众数和分别是"3、5、8".由此归纳推论,我们可大胆地猜测:费马数 $2^{2^n} + 1$(n 为自然数)的众数和运算规律的结果可能只在众数和"3、5、8"中循环出现.下面我们用众数和运算规律来推理这个结论成立.

费马数 $2^{2^n} + 1$(n 为自然数)存在 6 种情形,其逻辑推理过程证明如下:

(1)$[2^{2^{6n}} + 1]_+ = [2^{2^{6n}}]_+ + 1 = [2^{2^0}]_+ + 1 = 2 + 1 = 3$;

(2)$[2^{2^{6n+1}} + 1]_+ = [2^{2^{6n+1}}]_+ + 1 = [2^{2^1}]_+ + 1 = 4 + 1 = 5$;

(3)$[2^{2^{6n+2}} + 1]_+ = [2^{2^{6n+2}}]_+ + 1 = [2^{2^2}]_+ + 1 = [16]_+ + 1 = 1 + 6 + 1 = 8$;

(4)$[2^{2^{6n+3}} + 1]_+ = [2^{2^{6n+3}}]_+ + 1 = [2^{2^3}]_+ + 1 = [2^{6+2}]_+ + 1 = [2^2]_+ + 1 = 4 + 1 = 5$;

(5)$[2^{2^{6n+4}} + 1]_+ = [2^{2^{6n+4}}]_+ + 1 = [2^{2^4}]_+ + 1 = [2^{6 \times 2 + 4}]_+ + 1 = [2^4]_+ + 1 = [16]_+ + 1 = 1 + 6 + 1 = 8$;

(6)$[2^{2^{6n+5}} + 1]_+ = [2^{2^{6n+5}}]_+ + 1 = [2^{2^5}]_+ + 1 = [2^{6 \times 5 + 2}]_+ + 1 = [2^2]_+ + 1 = 4 + 1 = 5$.

由于,费马数也与幂 2^n(n 为自然数)有关.在这里,我们可归出梅森素数与费马素数的各位数字之和运算的结果也遵循同样的规律 —— 仅在众数和 1、2、4、5、7、8 中出现.利用众数和、众数幂等众数学的运算规律与法则,我们可能找到了解决梅森素数、费马素数的一种新的数学方法与手段.

4　众数和与婚约数、亲和数

在本章 1 小节归纳出完美数的另一个特点是 —— 满足众数和"1"的规律. 与完美数相联系的还有婚约数、相亲数, 于是我们提出问题: 婚约数、相亲数的各数之和即众数和是否也遵循上述规律和特点呢?

婚约数, 指两个正整数中, 彼此除了 1 和本身的其余所有因子的和与另一方相等. 婚约数又称准亲和数. 最小的一对婚约数(48, 75).

48 的除了 1 和本身的其余所有因子相加的和是: $2+3+4+6+8+12+16+24=75$. 75 的除了 1 和本身的其余所有因子相加的和是: $3+5+15+25=48$.

根据众数和运算所得的结果是: $7+5=12, 4+8=12, 1+2=3$.

最小的 10 组婚约数: (48, 75)、(140, 195)、(1050, 1925)、(1575, 1648)、 (2024, 2295)、 (5775, 6128)、 (8892, 16587)、 (9504, 20735)、(62744, 75495)、(186615, 206504).

是否存在无限多对婚约数? 是否存在都是偶数或都是奇数的一对婚约数?

(48, 75)　$4+8=12, 7+5=12, 1+2=3$.

根据众数和运算所得的结果是: $3+3=6$.

$4 \times 8 = 32, 3+2=5; 7 \times 5 = 35, 3+5=8$.

根据众数积运算所得的结果是: $5 \times 8 = 40, 4+0=4$.

(140, 195)　$1 \times 4 \times 0 = 0, 1 \times 9 \times 5 = 45, 4+5=9$,

根据众数和运算所得的结果是: $0+9=9$.

140 去掉数字"0"为 $14, 1 \times 4 = 4; 1 \times 9 \times 5 = 45, 4+5=9$,

根据众数积运算所得的结果是: $4 \times 9 = 36, 3+6=9$.

(1050, 1925)　$1+0+5+0=6, 1+9+2+5=17, 1+7=8$.

根据众数和运算所得的结果是: $6+8=14, 1+4=5$.

$1 \times 0 \times 5 \times 0 = 0, 1 \times 9 \times 2 \times 5 = 90, 9+0=9$,

根据众数和运算所得的结果是: $0+9=9$.

(1575, 1648)　$1+5+7+5=18, 1+6+4+8=18; 1+8=9$,

根据众数和运算所得的结果是：$9+9=18,1+8=9.$

$1\times5\times7\times5=175,1+7+5=12,1+2=3,$

$1\times6\times4\times8=192,1+9+2=18,1+8=9.$

根据众数积运算所得的结果是：$3\times9=27,2+7=9.$

$(2024,2295)$　$2\times0\times2\times4=0,2\times2\times9\times5=180,1+8+0=9.$

根据众数和运算所得的结果是：$0+9=9.$

$(5775,6128)$　$5\times7\times7\times5=1225,1+2+2+5=9,$

$6\times1\times2\times8=96,9\times6=54,5+4=9.$

根据众数积运算所得的结果是：$9\times9=81,8+1=9.$

$(8892,16587)$　$8\times8\times9\times2=1152,1+1+5+2=9;$

$1\times6\times5\times8\times7=1680,1+6+8+0=15,1+5$

$=6.$

根据众数积运算所得的结果是：$9\times6=54,5+4=9.$

$(9504,20735)$　$9\times5\times0\times4=0,2\times0\times7\times3\times5=0.$

根据众数和运算所得的结果是：$0+0=0.$

9504 去掉数字"0"为 954,$9\times5\times4=180,1+8+0=9,$

20735 去掉数字"0"为 2735,$2\times7\times3\times5=210,2+1+0=3.$

根据众数积运算所得的结果是：$9\times3=27,2+7=9.$

$(62744,75495)$　$6\times2\times7\times4\times4=1344,1+3+4+4=12,1+2=3.$

$7\times5\times4\times9\times5=6300,6+3+0+0=9,$

根据众数积运算所得的结果是：$3\times9=27,2+7=9.$

$(186615,206504)$　$1\times8\times6\times6\times1\times5=1440,1+4+4+0=9,$

$2\times0\times6\times5\times0\times4=0.$

根据众数和运算所得的结果是：$9+0=9.$

$1\times8\times6\times6\times1\times5=1440,1+4+4+0=9,206504$ 去掉两个数字"0"为 2654,$2\times6\times5\times4=240,240$ 再取掉数字"0"为 24,$2+4=6,$

根据众数积运算所得的结果是：$9\times6=54,5+4=9.$

最小的 10 组婚约数,除$(48,75)$组外,其他都遵循众数和运算规律：

第一步是每一个婚约数先作众数积运算（数字中有 0 的去掉 0,再作众数积运算）；

第二步是在第一步中把众数积运算的结果,再作众数和运算；

第三步是把 2 个婚约数的众数和运算的结果,再作众数积运算,其结果不是二位数众数和,再作众数和运算,其运算结果基本都是众数和"9".

根据众数积运算所得的结果是:

$$3 \times 9 = 27, 2 + 7 = 9;$$
$$4 \times 9 = 36, 3 + 6 = 9;$$
$$6 \times 9 = 54, 5 + 4 = 9;$$
$$9 \times 9 = 81, 8 + 1 = 9.$$

由于证明比较少,婚约数的众数积运算结果没有出现以下结果,可能有其他婚约数符合:

$$1 \times 9 = 9;$$
$$2 \times 9 = 18, 1 + 8 = 9;$$
$$5 \times 9 = 45, 4 + 5 = 9;$$
$$7 \times 9 = 63, 6 + 3 = 9;$$
$$8 \times 9 = 72, 7 + 2 = 9.$$

亲和数,指两个正整数中,彼此的全部约数之和(本身除外)与另一方相等.亲和数与婚约数有着千丝万缕的联系.下面,我们探讨亲和数是不是与婚约数一样,也遵循着众数和的运算规律?

目前,人们已找到了 1200 多对亲和数.但亲和数是否有无穷多对,亲和数的两个数是否都是或同是奇数,或同是偶数,而没有一奇一偶等,这些问题还有待继续探索研究.

首先,让我们证明毕达哥拉斯发现的第一对亲和数:220 与 284.按照众数和计算的结果是:

$220 + 284 = 504, 5 + 0 + 4 = 9.$

$2 + 2 + 0 = 4, 2 + 8 + 4 = 14, 1 + 4 = 5.$

因此,亲和数 220 与 284 满足众数和:$5 + 4 = 9$.

其次,证明巴格尼尼在 1866 年发现的第二对亲和数:1184 与 1210.按照众数和计算的结果是:

$1184 + 1210 = 2394, 2 + 3 + 9 + 4 = 18, 1 + 8 = 9;$

$1 + 1 + 8 + 4 = 14, 1 + 4 = 5; 1 + 2 + 1 + 0 = 4.$

因此,亲和数 1184 与 1210 满足众数和:$5 + 4 = 9$.

其次,证明费马发现的亲和数:17296 和 18416.按照众数和计算的结

果是:

$17296 + 18416 = 35712, 3 + 5 + 7 + 1 + 2 = 18, 1 + 8 = 9.$

$1 + 7 + 2 + 9 + 6 = 25, 2 + 5 = 7; 1 + 8 + 4 + 1 + 6 = 20, 2 + 0 = 2.$

因此,亲和数 17296 和 18416 满足众数和:$7 + 2 = 9.$

其次,证明笛卡尔发现的亲和数:9363584 和 9437056.按照众数和计算的结果是:

$9363584 + 9437056 = 18800640, 1 + 8 + 8 + 0 + 0 + 6 + 4 + 0 = 27,$
$2 + 7 = 9.$

$9 + 3 + 6 + 3 + 5 + 8 + 4 = 38, 3 + 8 = 11, 1 + 1 = 2; 9 + 4 + 3 + 7$
$+ 0 + 5 + 6 = 34, 3 + 4 = 7.$

因此,亲和数 9363584 和 9437056 满足众数和:$7 + 2 = 9.$

最后,证明欧拉发现的 60 对亲和数:2620 和 2924,5020 和 5564,6232 和 6368,….

亲和数对:(2620,2924)

$2620 + 2924 = 5544, 5 + 5 + 4 + 4 = 18, 1 + 8 = 9.$

$2 + 6 + 2 + 0 = 10, 1 + 0 = 1; 2 + 9 + 2 + 4 = 17, 1 + 7 = 8.$

因此,亲和数 2620 与 2924 满足众数和:$1 + 8 = 9.$

亲和数对:(5020,5564)

$5020 + 5564 = 10584, 1 + 0 + 5 + 8 + 4 = 18, 1 + 8 = 9.$

$5 + 0 + 2 + 0 = 7; 5 + 5 + 6 + 4 = 20, 2 + 0 = 2.$

因此,亲和数 5020 与 5564 满足众数和:$2 + 7 = 9.$

亲和数对:(6232,6368)

$6232 + 6368 = 12600, 1 + 2 + 6 + 0 + 0 = 9.$实质为 $1 + 8 = 9.$

$6 + 2 + 3 + 2 = 13, 1 + 3 = 4; 6 + 3 + 6 + 8 = 23, 2 + 3 = 5.$

因此,亲和数 6232 与 6368 满足众数和:$4 + 5 = 9.$

根据对毕达哥拉斯、巴格尼尼、费马、欧拉等数学家发现的亲和数的众数和计算结果,知道两个亲和数的众数和是"9",即"亲和数众数和＋亲和数众数和 = 众数和9",也即:

$$G(亲和数)_+ + G(亲和数)_+ = 9.$$

众数和"9"有 3 种分解形式:$1 + 8 = 9; 2 + 7 = 9; 4 + 5 = 9.$亲和数似乎没有 $3 + 6 = 9$ 的众数和分解形式.

本小节主要讨论了数论中的两种数:婚约数、亲和数,它们的各位数字之和均满足这样的运算规律,即基本都是众数和"9".

5 "众数和"的哥德巴赫猜想成立

5.1   哥德巴赫猜想

哥德巴赫(C. GoLdbach)是德国数学家,他在 1742 年给大数学家欧拉的信中叙述了关于把正整数表示成奇素数之和的两个猜想. 对他的语言略加修改后,这两个猜想可表示为:

命题 A:每一个大于或等于 6 的偶数都可表示成 2 个奇素数之和.

命题 B:每一个大于或等于 9 的奇数都可表示成 3 个奇素数之和.

其中,命题 A 就是通常所说的哥德巴赫猜想,命题 B 可称为奇数的哥德巴赫猜想. 显然,命题 B 是命题 A 的推论.事实上,若命题 A 成立,设 n 是任一大于或等于 9 的奇数.则 $m-3$ 是大于或等于 6 的偶数,据命题 A, $m-3$ 可表示成两个奇素数之和,所以 n 可表示成 3 个奇素数之和.于是命题 B 成立(n 与 m 均为正整数).

5.2   哥德巴赫猜想的进展

研究偶数的哥德巴赫猜想的 4 个途径. 这 4 个途径分别是:殆素数,例外集合,小变量的三素数定理及几乎哥德巴赫问题.

5.2.1   殆素数

殆素数就是素因子个数不多的正整数. 现设 n 是偶数,虽然不能证明 n 是两个素数之和,但足以证明它能够写成 2 个殆素数的和,即 $n = A + B$,其中 A 和 B 的素因子个数都不太多,譬如说素因子个数不超过 10. 用 "$a+b$" 来表示如下命题:每个大偶数 n 都可表为 $A+B$,其中 A 和 B 的素因子个数分别不超过 a 和 b. 显然,哥德巴赫猜想就可以写成"$1+1$". 在这一方向上的进展都是用所谓的筛选法得到的.

5.2.2 "$a+b$"问题的推进

1920 年,挪威的布朗证明了"9＋9".

1924 年,德国的拉特马赫证明了"7＋7".

1932 年,英国的埃斯特曼证明了"6＋6".

1937 年,意大利的蕾西先后证明了"5＋7""4＋9""3＋15"和"2＋366".

1938 年,苏联的布赫塔布证明了"5＋5".

1938 年,华罗庚证明了几乎所有的偶数都成立"1＋1".

1940 年,苏联的布赫塔布证明了"4＋4".

1947 年,匈牙利的瑞尼证明了"1＋c",其中 c 是一很大的自然数.

1955 年,中国的王元证明了"3＋4".

1955 年,中国的王元证明了"3＋3"和"2＋3".

1962 年,中国的潘承洞和苏联的巴尔巴恩证明了"1＋5",中国的王元证明了"1＋4".

1965 年,苏联的布赫塔布和小维诺格拉多夫,及意大利的邦比尼证明了"1＋3".

1966 年,中国的陈景润证明了"1＋2".

"1＋2"离"1＋1"只有一步之遥,但自从陈景润证明了"1＋2"以来至今已近 50 年,一直无人敢越雷池半步,我国的陈景润仍是此项纪录的保持者.

5.3　哥德巴赫猜想的几大解释

5.3.1　哥德巴赫猜想的代数化解释

目前,关于哥德巴赫猜想的几乎所有解释,都集中在用代数方法去解释哥德巴赫猜想,甚至最具有代表性的陈景润的筛选法(1＋2),也是代数解释,最终没有给出一般性方法解释,留下只差一步的历史哀叹.

笔者在这里利用分类思想、模剩余理论、素数对等数学思想与数学方法,找出了偶数分解为素数对的分解方法与公式,给出了哥德巴赫猜想的另一种代数化解释.

根据素数的重要性质:任何一个素数(除素数 2 和 3 外)都可以表述为 $6n+1$ 或 $6n-1$ 的形式.

所以偶数用 6 整除,按余数 0、2、4 可以分为 3 类:

第一类是偶数被 6 整除,其余数是 0 的偶数为 $6,12,18,24,30,36,42,\cdots,6n,\cdots$,记为等差数列 $\{a_n\}$,其通项公式为 $a_n=6n$. 即:

$$2n \equiv 0 (\bmod\ 6) \qquad (n \in \mathrm{N})$$

经笔者证明,满足这一类的偶数 $6n(n>1)$ 至少都存在一个素数对 (p,q) 来表示:

$$6n=(6p-1)+(6p+1) \qquad (n,p,q \in \mathrm{N}, n>1)$$

式中,$n=p+q$. 但 $6=3+3$,不能用此分解形式除外.

例如:

$(1) 12=5+7=(1\times 6-1)+(1\times 6+1)$;

$(2) 18=5+13=(1\times 6-1)+(2\times 6+1)$;

$(3)\ 24=5+19=(1\times 6-1)+(3\times 6+1)$
$\qquad =7+17=(1\times 6+1)+(3\times 6-1)$
$\qquad =11+13=(2\times 6-1)+(2\times 6+1)$;

$(4)\ 30=7+23=(1\times 6+1)+(4\times 6-1)$
$\qquad =11+19=(2\times 6-1)+(3\times 6+1)$
$\qquad =13+17=(2\times 6+1)+(3\times 6-1)$;

$(5)\ 36=5+31=(1\times 6-1)+(5\times 6+1)$
$\qquad =7+29=(1\times 6+1)+(5\times 6-1)$
$\qquad =13+23=(2\times 6+1)+(4\times 6-1)$
$\qquad =17+19=(3\times 6-1)+(3\times 6+1)$.

第二类是偶数被 6 整除,其余数是 2 的偶数为 $8,14,20,26,32,38,44,\cdots,6n+2,\cdots$,记为等差数列 $\{b_n\}$,其通项公式为 $b_n=6n+2$. 即:

$$2n \equiv 2 (\bmod\ 6) \qquad (n \in \mathrm{N})$$

经笔者证明,满足这一类的偶数 $2n$ 都可以用以下 2 个素数来表示,且都有 2 种分解形式:

$$6n+2=\begin{cases} 3+(6m-1) \\ (6p+1)+(6q+1) \end{cases} \qquad (n,m,p,q \in \mathrm{N}, n>1)$$

例如:

(1) $8 = 3 + 5 = 3 + (1 \times 6 - 1)$;

(2) $14 = 3 + 11 = 3 + (2 \times 6 - 1)$

$= 7 + 7 = (1 \times 6 + 1) + (1 \times 6 + 1)$;

(3) $20 = 3 + 17 = 3 + (3 \times 6 - 1)$

$= 7 + 13 = (1 \times 6 + 1) + (2 \times 6 + 1)$;

(4) $26 = 3 + 23 = 3 + (4 \times 6 - 1)$

$= 7 + 19 = (1 \times 6 + 1) + (3 \times 6 + 1)$

$= 13 + 13 = (2 \times 6 + 1) + (2 \times 6 + 1)$;

(5) $32 = 3 + 29 = 3 + (5 \times 6 - 1)$

$= 13 + 19 = (2 \times 6 + 1) + (3 \times 6 + 1)$.

经笔者证明，偶数 $38, 68, 98, 128, \cdots, 10n + 18, \cdots$，记为等差数列 $\{c_n\}$，其通项公式为 $c_n = 38 + 30(n-1) = 30n + 8$. 只有一种分解形式：

$$6n + 2 = (6p + 1) + (6q + 1) \qquad (n, p, q \in \mathrm{N})$$

例如：

(1) $38 = 19 + 19 = (3 \times 6 + 1) + (3 \times 6 + 1)$

$= 7 + 31 = (1 \times 6 + 1) + (5 \times 6 + 1)$;

(2) $68 = 7 + 61 = (1 \times 6 + 1) + (10 \times 6 + 1)$

$= 31 + 37 = (5 \times 6 + 1) + (6 \times 6 + 1)$;

(3) $98 = 19 + 79 = (3 \times 6 + 1) + (13 \times 6 + 1)$

$= 31 + 67 = (5 \times 6 + 1) + (11 \times 6 + 1)$

$= 37 + 61 = (6 \times 6 + 1) + (10 \times 6 + 1)$.

第三类是偶数被 6 整除，其余数是 4 的偶数为 $10, 16, 22, 28, 34, 40, 46, \cdots, 6n + 4, \cdots$，记为等差数列 $\{d_n\}$，其通项公式为 $d_n = 6n + 4$. 即：

$$2n \equiv 4 \pmod 6 \qquad (n \in \mathrm{N}_+)$$

经笔者证明，满足这一类的偶数 $2n$ 都可以用以下 2 个素数来表示：

$$6n + 4 = \begin{cases} 3 + (6m + 1) \\ (6p - 1) + (6q - 1) \end{cases} \qquad (n, m, p, q \in \mathrm{N}_+, n > 1)$$

例如：

(1) $10 = 3 + 7 = 3 + (1 \times 6 + 1)$

$= 5 + 5 = (1 \times 6 - 1) + (1 \times 6 - 1)$;

(2) $16 = 3 + 13 = 3 + (2 \times 6 + 1)$

$$= 5 + 11 = (1 \times 6 - 1) + (2 \times 6 - 1);$$
$$(3)22 = 3 + 19 = 3 + (3 \times 6 + 1)$$
$$= 5 + 17 = (1 \times 6 - 1) + (3 \times 6 - 1)$$
$$= 11 + 11 = (2 \times 6 - 1) + (2 \times 6 - 1);$$
$$(4)28 = 5 + 23 = (1 \times 6 - 1) + (4 \times 6 - 1)$$
$$= 11 + 17 = (2 \times 6 - 1) + (3 \times 6 - 1);$$
$$(5)34 = 3 + 31 = 3 + (5 \times 6 + 1)$$
$$= 5 + 29 = (1 \times 6 - 1) + (5 \times 6 - 1)$$
$$= 11 + 23 = (2 \times 6 - 1) + (4 \times 6 - 1)$$
$$= 17 + 17 = (3 \times 6 - 1) + (3 \times 6 - 1).$$

经笔者证明,偶数 $28,58,88,118,\cdots,10n+18,\cdots$,记为等差数列 $\{e_n\}$,其通项公式为 $e_n = 28 + 30(n-1) = 30n - 2$. 只有 1 种分解形式:

$$6n + 4 = (6p - 1) + (6p - 1) \qquad (n,p,q \in \mathbf{N}_+)$$

例如:

$$(1)28 = 5 + 23 = (1 \times 6 - 1) + (4 \times 6 - 1)$$
$$= 11 + 17 = (2 \times 6 - 1) + (3 \times 6 - 1);$$
$$(2)58 = 5 + 53 = (1 \times 6 - 1) + (9 \times 6 - 1)$$
$$= 11 + 47 = (2 \times 6 - 1) + (8 \times 6 - 1)$$
$$= 17 + 41 = (3 \times 6 - 1) + (7 \times 6 - 1)$$
$$= 29 + 29 = (5 \times 6 - 1) + (5 \times 6 - 1);$$
$$(3)88 = 5 + 83 = (1 \times 6 - 1) + (14 \times 6 - 1)$$
$$= 17 + 71 = (3 \times 6 - 1) + (12 \times 6 - 1)$$
$$= 29 + 59 = (5 \times 6 - 1) + (10 \times 6 - 1)$$
$$= 41 + 47 = (7 \times 6 - 1) + (8 \times 6 - 1).$$

综上所述,偶数 $18,28,38,48,58,68,78,88,\cdots,10n+8,\cdots$,记为等差数列 $\{k_n\}$,其通项公式为 $k_n = 18 + 10(n-1) = 10n + 8(n \in \mathbf{N}_+)$. 不能有如此的分解:

偶数 $\neq 3 +$ 素数

即这样的偶数不能用 3 与另一个素数来表示.

5.3.2　哥德巴赫猜想的众数和解释

笔者在这里给出哥德巴赫猜想的第二种代数化解释.

每一个偶数都可以表示为：

$$2n = a_1 a_2 \cdots a_n$$

$$(a_i = 0,1,2,3,4,5,6,7,8,9 \text{ 且 } i \in \mathbf{N}_+)$$

根据第三章素数的分布规律，在这里给出偶数 $2n$ 的素数分解规律：

1. 若 $a_1 + a_2 + \cdots + a_n = \sum\limits_{i=1}^{n} a_i = 1_+ = 10_+$，则有：

$$1_+ = 10_+ = \begin{cases} 3 + p(7_+) \\ p(5_+) + p(5_+) \end{cases}$$

分为 2 类：

$(1)2n = 10_+ = p(3_+) + p(7_+) = 3 + p(7_+)$

如：$10 = 3 + 7; 82 = 3 + 79; 100 = 3 + 97.$

$(2)2n = 10_+ = p(5_+) + p(5_+)$

如：$28 = 5 + 23; 46 = 5 + 41; 64 = 5 + 59.$

2. 若 $a_1 + a_2 + \cdots + a_n = \sum\limits_{i=1}^{n} a_i = 2_+$，则有：

$$2_+ = 10_+ = \begin{cases} p(10_+) + p(10_+) \\ 3 + p(8_+) \end{cases}$$

分为 2 类：

$(1)2n = 2_+ = p(1_+) + p(1_+) = p(10_+) + p(10_+)$

如：$56 = 19 + 37; 92 = 19 + 73; 100 = 37 + 73.$

$(2)2n = 2_+ = p(1_+) + p(10_+) = p(1_+) + p(3_+) + p(7_+) = 3 + p(8_+)$

如：$20 = 3 + 17; 56 = 3 + 53; 74 = 3 + 71.$

3. 若 $a_1 + a_2 + \cdots + a_n = \sum\limits_{i=1}^{n} a_i = 3_+$，则有：

$2n = 3_+ = p(1_+) + p(2_+) = p(10_+) + p(2_+) = p(5_+) + p(5_+) + p(2_+) = p(5_+) + p(7_+)$

如：$12 = 5 + 7; 84 = 5 + 79; 102 = 5 + 97.$

4. 若 $a_1 + a_2 + \cdots + a_n = \sum\limits_{i=1}^{n} a_i = 4_+$，则有：

$$4_+ = 10_+ = \begin{cases} 3 + p(10_+) \\ p(5_+) + p(8_+) \end{cases}$$

分为 2 类：

(1)$2n = 4_+ = p(3_+) + p(1_+) = 3 + p(10_+)$

如：$22 = 3 + 19; 40 = 3 + 37; 76 = 3 + 73.$

(2)$2n = 4_+ = p(3_+) + p(1_+) = p(3_+) + p(10_+) = p(3_+) + p(5_+) + p(5_+) = p(5_+) + p(8_+)$

如：$22 = 5 + 17; 58 = 5 + 53.$

5.若 $a_1 + a_2 + \cdots + a_n = \sum_{i=1}^{n} a_i = 5_+$,则有：

$$5_+ = 10_+ = \begin{cases} p(4_+) + p(10_+) \\ 3 + p(2_+) \end{cases}$$

分为 2 类：

(1)$2n = 5_+ = p(4_+) + p(1_+) = p(4_+) + p(10_+)$

如：$32 = 13 + 19; 104 = 31 + 73.$

(2)$2n = 5_+ = p(3_+) + p(2_+) = 3 + p(2_+)$

如：$16 = 3 + 13; 32 = 3 + 29$

6.若 $a_1 + a_2 + \cdots + a_n = \sum_{i=1}^{n} a_i = 6_+$,则有：

$$6_+ = 10_+ = \begin{cases} p(5_+) + p(10_+) \\ p(2_+) + p(4_+) \\ p(7_+) + p(8_+) \end{cases}$$

分为 3 类：

(1)$2n = 6_+ = p(5_+) + p(1_+) = p(5_+) + p(10_+)$

如：$24 = 5 + 19; 42 = 5 + 37; 78 = 5 + 73.$

(2)$2n = 6_+ = p(2_+) + p(4_+)$

如：$24 = 11 + 13; 42 = 11 + 31; 204 = 11 + 193.$

(3)$2n = 6_+ = p(5_+) + p(1_+) = p(5_+) + p(10_+) = p(5_+) + p(2_+) + p(8_+) = p(7_+) + p(8_+)$

如：$24 = 7 + 17; 60 = 7 + 53; 60 = 43 + 17.$

7.若 $a_1 + a_2 + \cdots + a_n = \sum_{i=1}^{n} a_i = 7_+$,则有：

$$7_+ = \begin{cases} p(2_+) + p(5_+) \\ 3 + p(4_+) \end{cases}$$

分为 2 类：

$(1)2n = 7_+ = p(2_+) + p(5_+)$

如:$16 = 13 + 5; 34 = 13 + 23; 70 = 29 + 41$.

$(2)2n = 7_+ = p(3_+) + p(4_+) = 3 + p(4_+)$

如:$16 = 3 + 13; 34 = 3 + 31; 70 = 3 + 67$.

8.若 $a_1 + a_2 + \cdots + a_n = \sum\limits_{i=1}^{n} a_i = 8_+$,则有:

$$8_+ = \begin{cases} 3 + p(5_+) \\ p(7_+) + p(10_+) \end{cases}$$

分为 2 类:

$(1)2n = 8_+ = p(3_+) + p(5_+) = 3 + p(5_+)$

如:$8 = 3 + 5; 26 = 3 + 23; 44 = 3 + 41$.

$(2)2n = 8_+ = p(7_+) + p(1_+) = p(7_+) + p(10_+)$

如:$26 = 7 + 19; 80 = 61 + 19; 152 = 43 + 109$

9.若 $a_1 + a_2 + \cdots + a_n = \sum\limits_{i=1}^{n} a_i = 9_+$,则有:

$$9_+ = \begin{cases} p(8_+) + p(10_+) \\ p(2_+) + p(7_+) \\ p(4_+) + p(5_+) \end{cases}$$

分为 3 类:

$(1)2n = 9_+ = p(8_+) + p(1_+) = p(8_+) + p(10_+)$

如:$36 = 17 + 19; 90 = 53 + 37; 126 = 53 + 73$.

$(2)2n = 9_+ = p(2_+) + p(7_+)$

如:$18 = 11 + 7; 54 = 11 + 43; 72 = 11 + 61$.

$(3)2n = 9_+ = p(4_+) + p(5_+)$

如:$18 = 13 + 5; 36 = 13 + 23; 72 = 31 + 41$.

任何一个偶数都可以用两个素数的众数和来表示:

$$2n = p(a_+) + p(b_+)$$

$$\{偶数\} = [p(a_+)] + [p(b_+)]$$

$(a_+, b_+ \in \{2_+, 3_+, 4_+, 5_+, 7_+, 8_+, 10_+\})$

任何一个偶数的"众数和"素数分解规律如下:

$(1)2n = 1_+ = 10_+ = \begin{cases} 3 + p(7_+) \\ p(5_+) + p(5_+) \end{cases};$

$$(2)2n = 2_+ = \begin{cases} p(10_+) + p(10_+) \\ p(4_+) + p(7_+) \\ 3 + p(8_+) \end{cases};$$

$$(3)2n = 3_+ = p(5_+) + p(7_+);$$

$$(4)2n = 4_+ = \begin{cases} 3 + p(10_+) \\ p(5_+) + p(8_+) \end{cases};$$

$$(5)2n = 5_+ = \begin{cases} p(4_+) + p(10_+) \\ 3 + p(2_+) \end{cases};$$

$$(6)2n = 6_+ = \begin{cases} p(5_+) + p(10_+) \\ p(2_+) + p(4_+) \\ p(7_+) + p(8_+) \end{cases};$$

$$(7)2n = 7_+ = \begin{cases} p(2_+) + p(5_+) \\ 3 + p(4_+) \end{cases};$$

$$(8)2n = 8_+ = \begin{cases} 3 + p(5_+) \\ p(7_+) + p(10_+) \end{cases};$$

$$(9)2n = 9_+ = \begin{cases} p(8_+) + p(10_+) \\ p(2_+) + p(7_+) \\ p(4_+) + p(5_+) \end{cases}.$$

"众数和"的素数集里都有一个或两个以上的素数,而且是奇素数存在. 如果以上的 9 条"众数和"素数分解规律里,众数和素数集 $[p(2_+)]$ 不取偶素数"2",那么很显然,任何一个偶数都可以表示为两个奇素数的和. 至此,证明了"众数和"的哥德巴赫猜想是成立的.

哥德巴赫猜想的实质是"素数+素数 = 偶数". 所有素数都可以用众数和表示,也满足精准九定律. 因此,只要把一个偶数拆分成两个众数和的素数就可以解决. 即:

(众数和)偶数 =(众数和)素数+(众数和)素数

因此,由"众数和"的哥德巴赫猜想到哥德巴赫猜想只差半步. 我们只要实现了偶数的"众数和"与素数的"众数和"的链级一一对应,就可证明哥德巴赫猜想成立. 根据第三章 11"链级与链级对应"及 12"众数和链、数学链"两小节所述,素数的"众数和"存在链级对应,偶数的"众数和"也存在链级对应,只要借助于"众数和"运算就可以完成偶数与素数的链级对应关系.在这里限于篇幅,再不展开讨论.显然,哥德巴赫猜想是成立的.

为此,以偶数 135262 分解为两个素数 62141 与 73121 作简要说明.

偶数 135262 分解为两个素数 62141 与 73121,可以用下面这个等式来表示:

$$135262(偶数) = 62141(素数) + 73121(素数).$$

偶数 135262 的众数和运算是一个三级众数和运算:第一级众数和运算结果是 19,链级数是 1;第二级众数和运算结果是 10,链级数是 2;第三级众数和运算结果是 1,链级数是 3.素数 62141 与素数 73121 的众数和运算都是一个二级众数和运算:第一级众数和运算结果都是 14,链级数都是 1;第二级众数和运算结果都是 5,链级数都是 2.其 3 个数的众运算结果如下:

因为 $(135262)_+ = 1+3+5+2+6+2 = 19, (19)_+ = 1+9 = 10,$
$(10)_+ = 1+0 = 1.$

因为 $(62141)_+ = 6+2+1+4+1 = 14, (14)_+ = 1+4 = 5.$

因为 $(73121)_+ = 7+3+1+2+1 = 14, (14)_+ = 1+4 = 5.$

而且众数和运算的链级对应关系为:

$$(19)_+ = (14)_+ + (14)_+ = (28)_+ = (10)_+ = (5)_+ + (5)_+.$$

5.3.3　哥德巴赫猜想的几何化解释

法国的数学家笛卡尔用坐标的方法把代数与几何联系了起来,开创了解析几何的先河,赋予了数学另一种全新的几何解释.

$4 = 2+2$

$6 = 3+3$

$8 = 3+5$

$10 = 3+7 = 5+5$

$12 = 5+7$

$14 = 3+11 = 7+7$

$16 = 3+13 = 5+11$

$18 = 5+13 = 7+11$

$20 = 3+17 = 7+13$

......

笔者在这里给出哥德巴赫猜想的第三种解释 —— 几何化解释.

哥德巴赫猜想抽象归纳为具有函数特征的一次函数 $x+y=2n$(n 为正整数) 描述,便可化解为 $y=-x+2n$,实质是线段 $x+y=2n(0 \leqslant x, y \leqslant 2n)$ 恰有 $2n+1$ 个整数点,其中坐标为奇素数的点恰有有限个素数点 (x,y). 例如:

当 $n=2$,即偶数 $4=2+2$,对应着一次函数 $y=-x+4$,则在线段 $x+y=4(0 \leqslant x, y \leqslant 4)$ 上恰有 5 个整数点,其中坐标为奇素数的点恰有 1 个素数点 $(2,2)$,如图 4-1 所示.

当 $n=3$,即偶数 $6=3+3$,对应着一次函数 $y=-x+6$,则在线段 $x+y=6(0 \leqslant x, y \leqslant 6)$ 上恰有 7 个整数点,其中坐标为奇素数的点恰有 1 个素数点 $(3,3)$,如图 4-2 所示.

当 $n=4$,即偶数 $8=3+5$,对应着一次函数 $y=-x+8$,则在线段 $x+y=8(0 \leqslant x, y \leqslant 8)$ 上恰有 9 个整数点,其中坐标为奇素数的点有 2 个素数点 $(3,5)$,$(5,3)$,如图 4-3 所示.

当 $n=5$,即偶数 $10=3+7=5+5$,对应着一次函数 $y=-x+10$,则在线段 $x+y=10(0 \leqslant x, y \leqslant 10)$ 上恰有 11 个整数点,其中坐标为奇素数的点恰有 3 个素数点 $(3,7)$,$(5,5)$,$(7,3)$.中点 $(5,5)$ 是素数点,是奇点,如图 4-4 所示).

当 $n=7$,即偶数 $14=3+11=7+7$,对应着一次函数 $y=-x+14$,则在线段 $x+y=14(0 \leqslant x, y \leqslant 14)$ 上恰有 15 个整数点,其中坐标为奇素数的点恰有 3 个素数点 $(3,11)$,$(7,7)$,$(11,3)$.中点 $(7,7)$ 是素数点,是奇点,如图 4-5 所示.

当 $n=10$,即偶数 $20=3+17=7+13$,对应着一次函数 $y=-x+20$,则在线段 $x+y=20(0 \leqslant x, y \leqslant 20)$ 上恰有 21 个整数点,其中坐标为奇素数的点恰有 4 个素数点 $(3,17)$,$(7,13)$,$(13,7)$,$(17,3)$.中点 $(10,10)$ 不是素数点,是偶点,如图 4-6 所示.

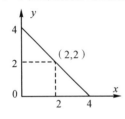

图 4-1　直线 $y=-x+4$

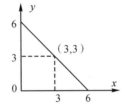

图 4-2　直线 $y=-x+6$

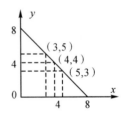

图 4-3　直线 $y=-x+8$

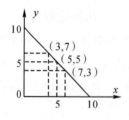
图4-4 直线 $y = -x + 10$

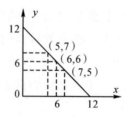
图4-5 直线 $y = -x + 12$

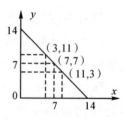
图4-6 直线 $y = -x + 14$

由上可猜测归纳出线段 $x + y = 2n(0 \leqslant x, y \leqslant 2n,$ 且 $n \in \mathbb{N})$ 上存在着有限个素数点. 可分为两大类:

当 n 不是素数, 偶数 $2n = 3 + (2n - 3) = 5 + (2n - 5) = 7 + (2n - 7) = 11 + (2n - 11) = \cdots = (n, n)$, 对应着一次函数 $y = -x + 2n$, 则在线段 $x + y = 2n$ 上恰有 $2n + 1$ 个整数点, 可能存在着有限个素数点 $(3, 2n - 3)$、$(5, 2n - 5)$、$(7, 2n - 7)$、$(11, 2n - 11)$、$\cdots$、$(2n - 7, 7)$、$(2n - 5, 5)$、$(2n - 3, 3)$, 且点 (n, n) 是以 2 点 $(0, 2n)$、$(2n, 0)$ 为线段的中点, 不是素数点, 不是奇点, 是偶点, 如图 4-7 所示.

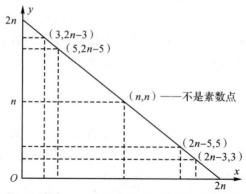
图4-7 直线 $y = -x + 2n(n \in \mathbb{N}, n \geqslant 1$ 且 n 不是素数)

当 n 是素数, 偶数 $2n = 3 + (2n - 3) = 5 + (2n - 5) = 7 + (2n - 7) = 11 + (2n - 11) = \cdots$, 对应着一次函数 $y = -x + 2n$, 则在线段 $x + y = 2n$ 上恰有 $2n + 1$ 个整数点, 可能存在着有限个素数点 $(3, 2n - 3)$、$(5, 2n - 5)$、$(7, 2n - 7)$、$(11, 2n - 11)$、$\cdots$、(n, n)、$\cdots$、$(2n - 7, 7)$、$(2n - 5, 5)$、$(2n - 3, 3)$, 且点 (n, n) 是以两点 $(0, 2n)$、$(2n, 0)$ 为线段的中点, 是素数点, 也是奇点, 如图 4-8 所示.

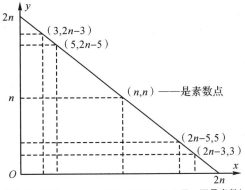

图4-8 直线 $y = -x + 2n \,(n \in \mathrm{N}, n \geqslant 1$ 且 n 不是素数$)$

因此,哥德巴赫猜想的几何解释是偶数(大于 4)的分解存在有限个素数点或有限个素数对. 即

$$偶数 = 素数 + 素数 = (素数, 素数).$$

6 费马大定理存在 23 组"众数和"整数解

根据第三章众数幂的运算规律与性质,证明"众数幂"费马大定理是否成立.

6.1 费马大定理

当整数 $n > 2$ 时,关于 x, y, z 的方程 $x^n + y^n = z^n$ 没有整数解.

费马大定理被提出后,经多人猜想辩证,历经 300 多年的历史,最终在 1995 年被英国数学家安德鲁·怀尔斯证明.

德国佛尔夫斯克宣布以 10 万马克作为奖金奖给在他逝世后 100 年内,第一个证明该定理的人,吸引了不少人尝试并递交他们的"证明". 在"一战"之后,马克大幅贬值,该定理的魅力也大大地下降.

6.2 费马大定理的提出

费马在阅读丢番图《算术》拉丁文译本时,曾在第 11 卷第 8 命题旁写道:"将一个立方数分成两个立方数之和,或一个四次幂分成两个四次幂之和,或者一般地将一个高于二次的幂分成两个同次幂之和,这是不可能的.关于此,我确信已发现了一种美妙的证法,可惜这里空白的地方太小,写不下."(拉丁文原文:"Cuius rei demonstrationem mirabiLem sane detexi. Hanc Marginis exiguitas non caperet.")毕竟费马没有写下证明,而他的其他猜想对数学贡献良多,由此激发了许多数学家对这一猜想的兴趣.数学家们的有关工作丰富了数论的内容,推动了数论向前发展.

6.3 费马大定理的进展

对很多不同的 n,费马大定理早被证明了.

1.其中欧拉证明了 $n = 3$ 的情形,用的是唯一因子分解定理.

2.费马自己证明了 $n = 4$ 的情形.

3.1825 年,狄利克雷和勒让德证明 $n = 5$ 的情形,用的是欧拉所用方法的延伸,但避开了唯一因子分解定理.

4.1839 年,法国数学家拉梅证明 $n = 7$ 的情形,他的证明使用了跟 7 本身结合得很紧密的巧妙工具,只是难以推广到 $n = 11$ 的情形.于是,他又在 1847 年提出了"分圆整数"法来证明,但没有成功.

5.1844 年,库默尔提出了"理想数"概念,他证明了:对于所有小于 100 的素指数 n,费马大定理成立,此一研究告一阶段.但对一般情况,在猜想提出的前 200 年内数学家们仍对费马大定理一筹莫展.

6.勒贝格提交了一个证明,但因有漏洞,被否决.

7.希尔伯特也研究过,但没进展.

8.1983 年,德国数学家法尔廷斯证明了一条重要的猜想——莫德尔猜想: $x^2 + y^2 = 1$ 这样的方程至多有有限个有理数解.他因这一贡献,获得了菲尔兹奖.

1922 年,英国数学家莫德尔提出一个著名猜想,人们叫莫德尔猜想.按其最初形式,这个猜想是说,任一不可约、有理系数的二元多项式,当它的"亏格"大于或等于 2 时,最多只有有限个解.记这个多项式为 $f(x, y)$,猜想便表示:最多存在有限对数偶 $x_i, y_i \in Q$,使得 $f(x_i, y_i) = 0$.后来,人们把猜想扩充到定义在任意数域上的多项式,并且随着抽象代数几何的出现,又重新用代数曲线来叙述这个猜想了.

而费马多项式 $x^n + y^n - 1$ 没有奇点,其亏格为 $(n-1)(n-2)/2$.当 $n \geqslant 4$ 时,费马多项式满足猜想的条件.因此,如果莫德尔猜想成立,那么费马大定理中的方程 $x^n + y^n = z^n$ 本质上最多有有限多个整数解.

1983 年,德国数学家法尔廷斯证明了莫德尔猜想,从而翻开了费马大定理研究的新篇章.法尔廷斯因此也获得了 1986 年菲尔兹奖.

9.1955 年,日本数学家谷山丰首先猜测椭圆曲线,与另一类数学家们了解更多的曲线 —— 模曲线之间存在着某种联系;谷山的猜测后经韦依和志村五郎进一步精确化而形成了所谓"谷山 — 志村猜想",这个猜想说明了:有理数域上的椭圆曲线都是模曲线.这个很抽象的猜想使一些学者搞不明白,但它又使"费马大定理"的证明向前迈进了一步.

10.1985 年,德国数学家弗雷指出了"谷山 — 志村猜想"和"费马大定理"之间的关系.他提出了一个命题:假定"费马大定理"不成立,即存在一组非零整数 A,B,C,使得($n > 2$),那么用这组数构造出的形如乘以($x - B^n$)的椭圆曲线,不可能是模曲线.尽管他努力了,但他的命题和"谷山 — 志村猜想"矛盾,如果能同时证明这两个命题,根据反证法就可以知道"费马大定理"不成立,这一假定是错误的,从而就证明了"费马大定理".但当时他没有严格证明他的命题.

11.1986 年,美国数学家里贝特证明弗雷命题,于是希望便集中于"谷山 — 志村猜想".

12.截止 1991 年对费马大定理指数 $n < 1,000,000$ 的费马大定理已被证明,但对指数 $n > 1,000,000$ 没有被证明,已成为世界数学难题.

13.1993 年 6 月,英国数学家安德鲁·怀尔斯宣称证明:对有理数域上的一大类椭圆曲线,"谷山 — 志村猜想"成立.由于他在报告中表明了弗雷曲线恰好属于他所说的这一大类椭圆曲线,也就表明了他最终证明了"费马大定理";但专家对他的证明审察发现有漏洞.怀尔斯不得不努力修复着一个看似简单的漏洞.怀尔斯和他以前的博士研究生理查德·泰勒用了近一年的时间,应用怀尔斯之前曾经抛弃过的一个方法修补了这个漏洞,这部分的证明与岩泽理论有关.这就证明了"谷山 — 志村猜想",从而最终证明了费马大定理.这样,怀尔斯又经过一年多的拼搏,于 1994 年 9 月彻底圆满证明了"费马大定理".他们的证明刊在 1995 年的《数学年刊》(AnnaLs of mathematics)之上.怀尔斯因此获得 1998 年国际数学家大会的特别荣誉,一个特殊制作的菲尔兹奖银质奖章.

6.4　费马大定理被证明的诘问

　　自 1637 年左右被法国数学家费马提出此定理后,在长达 350 多年的时间里,虽然许多数学家及众多的业余数学爱好者试图解决费马大定理,并为之绞尽脑汁,但都未得出证明.1995 年,怀尔斯用现代数学的方法证明了费马大定理,此事成为轰动全球的重大新闻.不过他的证明深奥而冗长:用到了模形式、谷山——志村猜想、伽罗瓦群和科利瓦金——弗莱切方法等深奥的数学知识,浓缩的论文达 130 页.另外,世界上能看懂其证明的顶级数学家寥寥无几.这与费马当时的证明构想相差甚远.因此,不少人相信费马大定理应该有一个巧妙且简易的证明.

　　据美国《科学日报》报道,美国哲学家和数学家科林·迈克拉蒂日前称:用皮亚诺算术(Peano Arithmetic)证明费马大定理比英国数学家安德鲁·怀尔斯所用的方法简单和所用的公理少,而且大多数数学家都容易看懂和理解.其言论一出,震惊了学术界.

　　迈克拉蒂 2003 年开始寻找费马大定理证明的简易方法,他在 2010 年第 3 期《符号逻辑公告》上曾发表过题为"用什么来证明费马大定理?格罗滕迪克与数论的逻辑"的论文.其文探讨了目前公布的证明费马大定理所用的集合论假设,怀尔斯如何使用这些假设以及使用较弱的假设证明费马大定理的前景.他的一些观点引起了人们的关注和讨论.读过这篇论文的中国数学家和语言学家周海中认为,迈克拉蒂从数学哲学的角度分析了证明费马大定理所用的公理化方法,提出了某些与他人有本质不同的观点,为解决数论难题提供了一种有益探索和尝试.

6.5　费马大定理存在 23 组"众数和"整数解

6.5.1　证明费马大定理的成立性

对于费马大定理:
$$a^{[n]} + b^{[n]} = c^{[n]} \quad (n > 2, \text{且} \; n \in N_+) \quad\quad (*)$$
讨论($*$)是否存在非零"众数和"整数解(a,b,c).

根据众数幂的运算规律与性质(可参阅本书第二章 5"众数幂"),可探究费马大定理是否存在"众数和"整数解？

1. 若 $C = 3_+$ 或 6_+ 或 9_+，则：

$$C^n = 9_+ = \begin{cases} 1_+ + 8_+ \\ 2_+ + 7_+ \\ 3_+ + 6_+ \\ 4_+ + 5_+ \end{cases} \quad (n \geqslant 2)$$

(1) 证明 $9_+ = 1_+ + 8_+$ 的等幂性成立

① 若 $n = 2k - 1(k \in N_+)$，则 $c^{[n]} = c^{[2k-1]} = 9^{[2k-1]} = 9_+$

$\because 1_+^{[2k-1]} + 8_+^{[2k-1]} = 1_+ + 8_+ = 9_+ = 9_+^{[2k-1]}$

$\therefore 1_+^{[2k-1]} + 8_+^{[2k-1]} = 9_+^{[2k-1]}$

即（＊）可能成立，则存在众数和整数解 $(1_+, 8_+, 9_+)$。

② 若 $n = 2k(k \in N_+)$，则 $c^{[n]} = c^{[2k]} = 9^{[2k]} = 9_+$

$\because 1_+^{[2k]} + 8_+^{[2k]} = 1_+ + 1_+ = 2_+$

$\therefore 1_+^{[2k]} + 8_+^{[2k]} \neq 9_+^{[2k]}$

即（＊）不可能成立.

(2) 证明 $9_+ = 2_+ + 7_+$ 的等幂性成立

① 若 $n = 6k - 5(k \in N_+)$，则 $c^{[n]} = c^{[6k-5]} = 9^{[6k-5]} = 9_+$

$\because 2_+^{[6k-5]} + 7_+^{[6k-5]} = 2_+ + 7_+ = 9_+ = 9_+^{[6k-5]}$

$\therefore 2_+^{[6k-5]} + 7_+^{[6k-5]} = 9_+^{[6k-5]}$

即（＊）可能成立，则存在众数和整数解 $(2_+, 7_+, 9_+)$。

② 若 $n = 6k - 4, 6k - 3, 6k - 2, 6k - 1, 6k(k \in N_+，且 k \geqslant 2)$，则有 $2_+^{[n]} + 7_+^{[n]} \neq 9_+^{[n]}$

即（＊）不可能成立.

(3) 证明 $9_+ = 3_+ + 6_+$ 的等幂性成立

$\because 3_+^{[n]} + 6_+^{[n]} = 9_+ + 9_+ = 18_+ = (1 + 8)_+ = 9_+ = 9_+^{[n]}$

即 $3_+^{[n]} + 6_+^{[n]} = 9_+^{[n]} (n \in N_+，且 n \geqslant 2)$

亦即（＊）可能成立，则存在众数和整数解 $(3_+, 6_+, 9_+)$。

(4) 证明 $9_+ = 4_+ + 5_+$ 的等幂性成立

① 若 $n = 6k - 5(k \in N_+)$，则 $c^{[n]} = c^{[6k-5]} = 9^{[6k-5]} = 9_+$

$\because 4_+^{[6k-5]} + 5_+^{[6k-5]} = 4_+ + 5_+ = 9_+ = 9_+^{[6k-5]}$

$\therefore 4_+^{[6k-5]} + 5_+^{[6k-5]} = 9_+^{[6k-5]}$

即（ * ）可能成立，则存在众数和整数解 $(4_+, 5_+, 9_+)$.

② 若 $n = 6k - 3(k \in N_+)$，则 $c^{[n]} = c^{[6k-3]} = 9^{[6k-3]} = 9_+$

$\because 4_+^{[6k-3]} + 5_+^{[6k-3]} = 1_+ + 8_+ = 9_+ = 9_+^{[6k-3]}$

$\therefore 4_+^{[6k-3]} + 5_+^{[6k-3]} = 9_+^{[6k-3]}$

即（ * ）可能成立，则存在众数和整数解 $(4_+, 5_+, 9_+)$.

③ 若 $n = 6k - 1(k \in N_+)$，则 $c^{[n]} = c^{[6k-1]} = 9^{[6k-1]} = 9_+$

$\because 4_+^{[6k-1]} + 5_+^{[6k-1]} = 1_+ + 8_+ = 9_+ = 9_+^{[6k-1]}$

$\therefore 4_+^{[6k-1]} + 5_+^{[6k-1]} = 9_+^{[6k-1]}$

即（ * ）可能成立，则存在众数和整数解 $(4_+, 5_+, 9_+)$.

④ 若 $n = 6k - 4, 6k - 2, 6k(k \in N_+)$，则有 $(k \in N_+，且 n \geqslant 2)$，即（ * ）不可能成立.

2. 若 $C = 2_+$，则：

$$C^n = 2_+^{[n]} = \begin{cases} 2_+ & (m = 6k - 5) \\ 4_+ & (m = 6k - 4) \\ 8_+ & (m = 6k - 3) \\ 7_+ & (m = 6k - 2) \\ 5_+ & (m = 6k - 1) \\ 1_+ & (m = 6k) \end{cases} \qquad (k \in N)$$

（1）若 $n = 6k - 5(k \in N_+)$，则 $c^{[n]} = c^{[6k-5]} = 2_+^{[6k-5]} = 2_+$

$\because 1_+^{[6k-5]} + 1_+^{[6k-5]} = 1_+ + 1_+ = 2_+ = 2_+^{[6k-5]}$

$\therefore 1_+^{[6k-5]} + 1_+^{[6k-5]} = 2_+^{[6k-5]}$

即（ * ）可能成立，则存在众数和整数解 $(1_+, 1_+, 2_+)$.

（2）若 $n = 6k - 4(k \in N_+)$，则有 $C^{[n]} = C_+^{[6k-4]} = 4_+$.

$$4_+ = \begin{cases} 1_+ + 3_+ \\ 2_+ + 2_+ \end{cases}$$

① 证明 $4_+ = 1_+ + 3_+$ 的等幂性成立

$\because 1_+^{[6k-4]} + 3_+^{[6k-4]} = 1_+ + 9_+ = 10_+ = (1 + 0)_+ = 1_+ \neq 4_+ = 2_+^{[6k-4]}$

$\therefore 1_+^{[6k-4]} + 3_+^{[6k-4]} \neq 2_+^{[6k-4]}$

即（ * ）不可能成立.

② 证明 $4_+ = 2_+ + 2_+$ 的等幂性成立

$\because 2_+^{[6k-4]} + 2_+^{[6k-4]} = 4_+ + 4_+ = 8_+ \neq 4_+ = 2_+^{[6k-4]}$

$\therefore 2_+^{[6k-4]} + 2_+^{[6k-4]} \neq 4_+^{[6k-4]}$

即(∗)不可能成立.

(3) 若 $n = 6k - 3(k \in N_+)$,则有 $C^{[n]} = C_+^{[6k-3]} = 2_+^{[6k-3]} = 8_+$.

$$8_+ = \begin{cases} 1_+ + 7_+ \\ 2_+ + 6_+ \\ 3_+ + 5_+ \\ 4_+ + 4_+ \end{cases}$$

① 证明 $8_+ = 1_+ + 7_+$ 的等幂性成立

$\because 1_+^{[6k-3]} + 7_+^{[6k-3]} = 1_+ + 1_+ = 2_+ \neq 8_+ = 2_+^{[6k-3]}$

$\therefore 1_+^{[6k-3]} + 7_+^{[6k-3]} \neq 2_+^{[6k-3]}$

即(∗)不可能成立.

② 证明 $8_+ = 2_+ + 6_+$ 的等幂性成立

$\because 2_+^{[6k-3]} + 6_+^{[6k-3]} = 8_+ + 9_+ = 17_+ = (1+7)_+ = 8_+ = 2_+^{[6k-3]}$

$\therefore 2_+^{[6k-3]} + 6_+^{[6k-3]} = 2_+^{[6k-3]}$

即(∗)可能成立,则存在众数和整数解$(2_+, 6_+, 2_+)$.

③ 证明 $8_+ = 3_+ + 5_+$ 的等幂性成立

$\because 3_+^{[6k-3]} + 5_+^{[6k-3]} = 9_+ + 8_+ = 17_+ = (1+7)_+ = 8_+ = 2_+^{[6k-3]}$

$\therefore 3_+^{[6k-3]} + 5_+^{[6k-3]} = 2_+^{[6k-3]}$

即(∗)可能成立,则存在众数和整数解$(3_+, 5_+, 2_+)$.

④ 证明 $8_+ = 4_+ + 4_+$ 的等幂性成立

$\because 4_+^{[6k-3]} + 4_+^{[6k-3]} = 1_+ + 1_+ = 2_+ \neq 8_+ = 2_+^{[6k-3]}$

$\therefore 4_+^{[6k-3]} + 4_+^{[6k-3]} \neq 2_+^{[6k-3]}$

即(∗)不可能成立.

(4) 若 $n = 6k - 2(k \in N_+)$,则有 $C^{[n]} = C_+^{[6k-2]} = 2_+^{[6k-2]} = 7_+$

$$7_+ = \begin{cases} 1_+ + 6_+ \\ 2_+ + 5_+ \\ 3_+ + 4_+ \end{cases}$$

① 证明 $7_+ = 1_+ + 6_+$ 的等幂性成立

$\because 1_+^{[6k-2]} + 6_+^{[6k-2]} = 1_+ + 9_+ = 10_+ = (1+0)_+ = 1_+ \neq 7_+ = 2_+^{[6k-2]}$

$\therefore 1_+^{[6k-2]} + 6_+^{[6k-2]} \neq 2_+^{[6k-2]}$

即(∗)不可能成立.

② 证明 $7_+ = 2_+ + 5_+$ 的等幂性成立

$\because 2_+^{[6k-2]} + 5_+^{[6k-2]} = 7_+ + 4_+ = 11_+ = (1+1)_+ = 2_+ \neq 7_+ = 2_+^{[6k-2]}$

$\therefore 2_+^{[6k-2]} + 5_+^{[6k-2]} \neq 2_+^{[6k-2]}$

即（＊）不可能成立.

③ 证明 $7_+ = 3_+ + 4_+$ 的等幂性成立

$\because 3_+^{[6k-2]} + 4_+^{[6k-2]} = 9_+ + 4_+ = 13_+ = (1+3)_+ = 4_+ \neq 7_+ = 2_+^{[6k-2]}$

$\therefore 3_+^{[6k-2]} + 4_+^{[6k-2]} \neq 2_+^{[6k-2]}$

即（＊）不可能成立.

（5）若 $n = 6k-1(k \in N_+)$，则有 $C^{[n]} = C_+^{[6k-1]} = 2_+^{[6k-1]} = 5_+$.

$$5_+ = \begin{cases} 1_+ + 4_+ \\ 2_+ + 3_+ \end{cases}$$

① 证明 $5_+ = 1_+ + 4_+$ 的等幂性成立

$\because 1_+^{[6k-1]} + 4_+^{[6k-1]} = 1_+ + 7_+ = 8_+ \neq 5_+ = 2_+^{[6k-1]}$

$\therefore 1_+^{[6k-1]} + 4_+^{[6k-1]} \neq 2_+^{[6k-1]}$

即（＊）不可能成立.

② 证明 $5_+ = 2_+ + 3_+$ 的等幂性成立

$\because 2_+^{[6k-1]} + 3_+^{[6k-1]} = 5_+ + 9_+ = 14_+ = (1+4)_+ = 5_+ = 2_+^{[6k-1]}$

$\therefore 2_+^{[6k-1]} + 3_+^{[6k-1]} = 2_+^{[6k-1]}$

即（＊）可能成立，则存在众数和整数解 $(2_+, 3_+, 2_+)$.

（6）若 $n = 6k(k \in N_+)$，则有 $C^{[n]} = C_+^{[6k]} = 2_+^{[6k]} = 7_+$.

证明 $1_+ = 0_+ + 1_+$ 的等幂性成立无意义. 因为费马大定理存在非零"众数和"整数解 $(0_+, 1_+, 1_+)$.

3. 若 $C = 4_+$，则：

$$C^{[n]} = 4_+^{[n]} = \begin{cases} 4_+ & (n = 3k-2) \\ 7_+ & (n = 3k-1) \\ 1_+ & (n = 3k) \end{cases} \quad (k \in N)$$

（1）若 $n = 3k-2(k \in N_+)$，则 $C^{[n]} = C_+^{[3k-2]} = 2_+^{[3k-2]} = 4_+$.

$$4_+ = \begin{cases} 1_+ + 3_+ \\ 2_+ + 2_+ \end{cases}$$

① 证明 $4_+ = 1_+ + 3_+$ 的等幂性成立

$\because 1_+^{[3k-2]} + 3_+^{[3k-2]} = 1_+ + 9_+ = 10_+ = 1_+ \neq 4_+ = 4_+^{[3k-2]}$

$\therefore 1_+^{[3k-2]} + 3_+^{[3k-2]} \neq 4_+^{[3k-2]}$

即（＊）不可能成立.

② 证明 $4_+ = 2_+ + 2_+$ 的等幂性成立

$$\because 2_+^{[3k-2]} + 2_+^{[3k-2]} = \begin{cases} 2_+^{[6k-2]} + 2_+^{[6k-2]} = 7_+ + 7_+ = 14_+ = (1+4)_+ \\ \qquad\qquad = 5_+ \neq 4_+ = 4_+^{[6k-2]} \\ 2_+^{[6k-5]} + 2_+^{[6k-5]} = 2_+ + 2_+ = 4_+ = 4_+^{[6k-5]} \end{cases}$$

$\therefore 2_+^{[6k-5]} + 2_+^{[6k-5]} = 4_+^{[6k-5]}$

即（＊）可能成立，则存在众数和整数解 $(2_+, 2_+, 4_+)$.

(2) 若 $n = 3k - 1 (k \in \mathbf{N}_+)$，则有 $C^{[n]} = C_+^{[3k-1]} = 2_+^{[3k-1]} = 7_+$

$$7_+ = \begin{cases} 1_+ + 6_+ \\ 2_+ + 5_+ \\ 3_+ + 4_+ \end{cases}$$

① 证明 $7_+ = 1_+ + 6_+$ 的等幂性成立

$\because 1_+^{[3k-1]} + 6_+^{[3k-1]} = 1_+ + 9_+ = 10_+ = 1_+ \neq 7_+ = 4_+^{[3k-1]}$

$\therefore 1_+^{[3k-1]} + 6_+^{[3k-1]} \neq 4_+^{[3k-1]}$

即（＊）不可能成立.

② 证明 $7_+ = 2_+ + 5_+$ 的等幂性成立

$$\because 2_+^{[3k-1]} + 5_+^{[3k-1]} = \begin{cases} 2_+^{[6k-1]} + 5_+^{[6k-1]} = 5_+ + 2_+ = 7_+ = 4_+^{[6k-1]} \\ 2_+^{[6k-4]} + 5_+^{[6k-4]} = 4_+ + 7_+ = 11_+ = (1+1)_+ \\ \qquad\qquad = 2_+ \neq 7_+ = 4_+^{[6k-4]} \end{cases}$$

$\therefore 2_+^{[6k-1]} + 5_+^{[6k-1]} = 4_+^{[6k-1]}$

即（＊）可能成立，则存在众数和整数解 $(2_+, 5_+, 4_+)$.

③ 证明 $7_+ = 3_+ + 4_+$ 的等幂性成立

$\because 3_+^{[3k-1]} + 4_+^{[3k-1]} = 9_+ + 7_+ = 16_+ = (1+6)_+ = 7_+ = 4_+^{[3k-1]}$

$\therefore 3_+^{[3k-1]} + 4_+^{[3k-1]} = 4_+^{[3k-1]}$

即（＊）可能成立，则存在众数和整数解 $(3_+, 4_+, 4_+)$.

(3) 若 $n = 3k (k \in \mathbf{N}_+)$，则有 $C^{[n]} = C_+^{[3k]} = 2_+^{[3k]} = 1_+$

证明 $1_+ = 0_+ + 1_+$ 的等幂性成立无意义. 因为费马大定理存在非零"众数和"整数解 $(0_+, 1_+, 1_+)$.

4. 若 $C = 5_+$，则：

$$C^{[n]} = 5_+^{[n]} \begin{cases} 5_+ & (n = 6k-5) \\ 7_+ & (n = 6k-4) \\ 8_+ & (n = 6k-3) \\ 4_+ & (n = 6k-2) \\ 2_+ & (n = 6k-1) \\ 1_+ & (n = 6k) \end{cases} \quad (k \in \mathrm{N})$$

(1) 若 $n = 6k-5(k \in \mathrm{N}_+)$,则 $C^{[n]} = C_+^{[6k-5]} = 5_+ = 5_+^{[6k-5]}$

$$5_+ = \begin{cases} 1_+ + 4_+ \\ 2_+ + 3_+ \end{cases}$$

① 证明 $5_+ = 1_+ + 4_+$ 的等幂性成立

$\because 1_+^{[6k-5]} + 4_+^{[6k-5]} = 1_+ + 4_+ = 5_+ = 5_+^{[6k-5]}$

$\therefore 1_+^{[6k-5]} + 4_+^{[6k-5]} = 5_+^{[6k-5]}$

即(∗)可能成立,则存在众数和整数解$(1_+, 4_+, 5_+)$.

② 证明 $5_+ = 2_+ + 3_+$ 的等幂性成立

$\because 2_+^{[6k-5]} + 3_+^{[6k-5]} = 2_+ + 9_+ = 11_+ = (1+1)_+ = 2_+ \neq 5_+ = 5_+^{[6k-5]}$

$\therefore 2_+^{[6k-5]} + 3_+^{[6k-5]} \neq 5_+^{[6k-5]}$

即(∗)不可能成立.

(2) 若 $n = 6k-4(k \in \mathrm{N}_+)$,则有 $C^{[n]} = C_+^{[6k-4]} = 7_+ = 5_+^{[6k-4]}$

$$7_+ = \begin{cases} 1_+ + 6_+ \\ 2_+ + 5_+ \\ 3_+ + 4_+ \end{cases}$$

① 证明 $7_+ = 1_+ + 6_+$ 的等幂性成立

$\because 1_+^{[6k-4]} + 6_+^{[6k-4]} = 1_+ + 9_+ = 10_+ = (1+0)_+ = 1_+ \neq 7_+ = 5_+^{[6k-4]}$

$\therefore 1_+^{[6k-4]} + 6_+^{[6k-4]} \neq 5_+^{[6k-4]}$

即(∗)不可能成立.

② 证明 $7_+ = 2_+ + 5_+$ 的等幂性成立

$\because 2_+^{[6k-4]} + 5_+^{[6k-4]} = 4_+ + 7_+ = 11_+ = (1+1)_+ = 2_+ \neq 7_+ = 5_+^{[6k-4]}$

$\therefore 2_+^{[6k-4]} + 5_+^{[6k-4]} \neq 5_+^{[6k-4]}$

即(∗)不可能成立.

③ 证明 $7_+ = 3_+ + 4_+$ 的等幂性成立

$\because 3_+^{[6k-4]} + 4_+^{[6k-4]} = 9_+ + 7_+ = 16_+ = (1+6)_+ = 7_+ = 5_+^{[6k-4]}$

$\therefore 3_+^{[6k-4]} + 4_+^{[6k-4]} = 5_+^{[6k-4]}$

即（＊）可能成立,则存在众数和整数解$(3_+,4_+,5_+)$.

（3）若$n = 6k - 3(k \in \mathrm{N}_+)$,则有$C^{[n]} = C_+^{[6k-3]} = 5_+^{[6k-3]} = 8_+$

$$8_+ = \begin{cases} 4_+ + 7_+ \\ 2_+ + 6_+ \\ 3_+ + 5_+ \\ 4_+ + 4_+ \end{cases}$$

① 证明$8_+ = 1_+ + 7_+$ 的等幂性成立

$\because 1_+^{[6k-3]} + 7_+^{[6k-3]} = 1_+ + 1_+ = 2_+ \neq 8_+ = 5_+^{[6k-3]}$

$\therefore 1_+^{[6k-3]} + 7_+^{[6k-3]} \neq 5_+^{[6k-3]}$

即（＊）不可能成立.

② 证明$8_+ = 2_+ + 6_+$ 的等幂性成立

$\because 2_+^{[6k-3]} + 6_+^{[6k-3]} = 8_+ + 9_+ = 17_+ = (1 + 7)_+ = 8_+ = 5_+^{[6k-3]}$

$\therefore 2_+^{[6k-3]} + 6_+^{[6k-3]} = 5_+^{[6k-3]}$

即（＊）可能成立,则存在众数和整数解$(2_+,6_+,5_+)$.

③ 证明$8_+ = 3_+ + 5_+$ 的等幂性成立

$\because 3_+^{[6k-3]} + 5_+^{[6k-3]} = 9_+ + 8_+ = 17_+ = (1 + 7)_+ = 8_+ = 5_+^{[6k-3]}$

$\therefore 3_+^{[6k-3]} + 5_+^{[6k-3]} = 5_+^{[6k-3]}$

即（＊）可能成立,则存在众数和整数解$(3_+,5_+,5_+)$.

（4）若$n = 6k - 2(k \in \mathrm{N}_+)$,则有$C^{[n]} = C_+^{[6k-2]} = 5_+^{[6k-2]} = 4_+$

$$4_+ = \begin{cases} 1_+ + 3_+ \\ 2_+ + 2_+ \end{cases}$$

① 证明$4_+ = 1_+ + 3_+$ 的等幂性成立

$\because 1_+^{[6k-2]} + 3_+^{[6k-2]} = 1_+ + 9_+ = 10_+ = 1_+ \neq 4_+ = 5_+^{[6k-2]}$

$\therefore 1_+^{[6k-2]} + 3_+^{[6k-2]} \neq 5_+^{[6k-2]}$

即（＊）不可能成立.

② 证明$4_+ = 2_+ + 2_+$ 的等幂性成立

$\because 2_+^{[6k-2]} + 2_+^{[6k-2]} = 7_+ + 7_+ = 14_+ = (1 + 4)_+ = 5_+ \neq 4_+ = 5_+^{[6k-2]}$

$\therefore 2_+^{[6k-2]} + 2_+^{[6k-2]} \neq 4_+^{[6k-2]}$

即（＊）不可能成立.

（5）若$n = 6k - 1(k \in \mathrm{N}_+)$,则有$C^{[n]} = C^{[6k-1]} = 5_+^{[6k-1]} = 2_+$.

证明 $2_+ = 1_+ + 1_+$ 的等幂性成立

$\because 1_+^{[6k-1]} + 1_+^{[6k-1]} = 1_+ + 1_+ = 2_+ = 5_+^{[6k-1]}$

$\therefore 1_+^{[6k-1]} + 1_+^{[6k-1]} = 5_+^{[6k-1]}$

即 (*) 可能成立,则存在众数和整数解 $(1_+, 1_+, 5_+)$.

(6) 若 $n = 6k(k \in N_+)$,则有 $C^{[n]} = C_+^{[6k]} = 5_+^{[6k]} = 7_+$.

证明 $1_+ = 0_+ + 1_+$ 的等幂性成立无意义. 因为费马大定理存在非零 "众数和" 整数解 $(0_+, 1_+, 1_+)$.

5. 若 $C = 7_+$,则:

$$C^{[n]} = 7_+^{[n]} = \begin{cases} 7_+ & (n = 3k - 2) \\ 4_+ & (n = 3k - 1) \qquad (k \in N) \\ 1_+ & (n = 3k) \end{cases}$$

(1) 若 $n = 3k - 2(k \in N_+)$,则 $C^{[n]} = C_+^{[3k-2]} = 2_+^{[3k-2]} = 7_+$

$$7_+ = \begin{cases} 1_+ + 6_+ \\ 2_+ + 5_+ \\ 3_+ + 4_+ \end{cases}$$

① 证明 $7_+ = 1_+ + 6_+$ 的等幂性成立

$\because 1_+^{[3k-2]} + 6_+^{[3k-2]} = 1_+ + 9_+ = 10_+ = 1_+ \neq 7_+ = 7_+^{[3k-2]}$

$\therefore 1_+^{[3k-2]} + 6_+^{[3k-2]} \neq 7_+^{[3k-2]} \ (k \in N, \text{且} k \geqslant 2)$

即 (*) 不可能成立.

② 证明 $7_+ = 2_+ + 5_+$ 的等幂性成立

$\because 2_+^{[3k-2]} + 5_+^{[3k-2]} = \begin{cases} 2_+^{[6k-2]} + 5_+^{[6k-2]} = 7_+ + 4_+ = 11_+ = (1+1)_+ \\ \qquad = 2_+ \neq 7_+ = 7_+^{[6k-2]} \\ 2_+^{[6k-5]} + 5_+^{[6k-5]} = 2_+ + 5_+ = 7_+ = 7_+^{[6k-5]} \end{cases}$

$\therefore 2_+^{[6k-5]} + 5_+^{[6k-5]} = 7_+^{[6k-5]}$

即 (*) 可能成立,则存在众数和整数解 $(2_+, 5_+, 7_+)$.

③ 证明 $7_+ = 3_+ + 4_+$ 的等幂性成立

$\because 3_+^{[3k-2]} + 4_+^{[3k-2]} = 9_+ + 4_+ = 13_+ = (1+3)_+ = 4_+ \neq 7_+ = 7_+^{[3k-2]}$

$\therefore 3_+^{[3k-2]} + 4_+^{[3k-2]} \neq 7_+^{[3k-2]}$

即 (*) 不可能成立.

(2) 若 $n = 3k - 1(k \in N_+)$,则有 $C^{[n]} = C_+^{[3k-1]} = 7_+^{[3k-1]} = 4_+$

$$4_+ = \begin{cases} 1_+ + 3_+ \\ 2_+ + 2_+ \end{cases}$$

① 证明 $4_+ = 1_+ + 3_+$ 的等幂性成立

∵ $1_+^{[3k-1]} + 3_+^{[3k-1]} = 1_+ + 9_+ = 10_+ = 1_+ \neq 4_+ = 7_+^{[3k-1]}$

∴ $1_+^{[3k-1]} + 3_+^{[3k-1]} \neq 7_+^{[3k-1]}$

即（ * ）不可能成立.

∵ $2_+^{[3k-1]} + 2_+^{[3k-1]} = \begin{cases} 2_+^{[6k-1]} + 2_+^{[6k-1]} = 5_+ + 5_+ = 10_+ = 1_+ \neq 4_+ \\ \qquad\qquad\qquad = 7_+^{[6k-1]} \\ 2_+^{[6k-4]} + 2_+^{[6k-4]} = 4_+ + 4_+ = 8_+ \neq 4_+ = 7_+^{[6k-4]} \end{cases}$

② 证明 $4_+ = 2_+ + 2_+$ 的等幂性成立

∴ $2_+^{[6k-1]} + 2_+^{[6k-1]} \neq 7_+^{[6k-1]}$

即（ * ）不可能成立.

（3）若 $n = 3k(k \in N_+)$，则有：

证明 $1_+ = 0_+ + 1_+$ 的等幂性成立无意义. 因为费马大定理存在零"众数和"整数解 $(0_+, 1_+, 1_+)$.

6. 若 $C = 8_+$，则：

$$C^{[n]} = 8_+^{[n]} = \begin{cases} 8_+ \ (n = 2k - 1) \\ 1_+ \ (n = 2k) \end{cases} \qquad (k \in N)$$

（1）若 $n = 2k - 1(k \in N_+)$，则 $C^{[n]} = C_+^{[2k-1]} = 8_+^{[2k-1]} = 8_+$

$$8_+ = \begin{cases} 1_+ + 7_+ \\ 2_+ + 6_+ \\ 3_+ + 5_+ \\ 4_+ + 4_+ \end{cases}$$

① 证明 $8_+ = 1_+ + 7_+$ 的等幂性成立

∵ $1_+^{[2k-1]} + 7_+^{[2k-1]} = \begin{cases} 1_+^{[6k-5]} + 7_+^{[6k-5]} = 1_+ + 7_+ = 8_+ = 8_+^{[6k-5]} \\ 1_+^{[6k-3]} + 7_+^{[6k-3]} = 1_+ + 1_+ = 2_+ \neq 8_+ = 8_+^{[6k-3]} \\ 1_+^{[6k-1]} + 7_+^{[6k-1]} = 1_+ + 4_+ = 5_+ = 1_+ \neq 8_+ = 8_+^{[6k-1]} \end{cases}$

∴ $1_+^{[6k-5]} + 7_+^{[6k-5]} = 8_+^{[6k-5]}$

即（ * ）可能成立，则存在众数和整数解 $(1_+, 7_+, 8_+)$.

② 证明 $8_+ = 2_+ + 6_+$ 的等幂性成立

$$\because 2_+^{[2k-1]} + 6_+^{[2k-1]} = \begin{cases} 2_+^{[6k-5]} + 6_+^{[6k-5]} = 2_+ + 9_+ = 11_+ = (1+1)_+ \\ \qquad\qquad = 2_+ \neq 8_+ = 8_+^{[6k-5]} \\ 2_+^{[6k-3]} + 6_+^{[6k-3]} = 8_+ + 9_+ = 17_+ = (1+7)_+ \\ \qquad\qquad = 8_+ = 8_+^{[6k-3]} \\ 2_+^{[6k-1]} + 6_+^{[6k-1]} = 5_+ + 9_+ = 14_+ = (1+4)_+ \\ \qquad\qquad = 5_+ \neq 8_+ = 8_+^{[6k-1]} \end{cases}$$

$$\therefore 2_+^{[6k-3]} + 6_+^{[6k-3]} = 8_+^{[6k-3]}$$

即（＊）可能成立,则存在众数和整数解$(2_+, 6_+, 8_+)$.

③ 证明 $8_+ = 3_+ + 5_+$ 的等幂性成立

$$\because 3_+^{[2k-1]} + 5_+^{[2k-1]} = \begin{cases} 3_+^{[6k-5]} + 5_+^{[6k-5]} = 9_+ + 5_+ = 14_+ = (1+4)_+ \\ \qquad\qquad = 5_+ \neq 8_+ = 8_+^{[6k-5]} \\ 3_+^{[6k-3]} + 5_+^{[6k-3]} = 9_+ + 8_+ = 17_+ = (1+7)_+ \\ \qquad\qquad = 8_+ = 8_+^{[6k-3]} \\ 3_+^{[6k-1]} + 5_+^{[6k-1]} = 9_+ + 2_+ = 11_+ = (1+1)_+ \\ \qquad\qquad = 2_+ \neq 8_+ = 8_+^{[6k-1]} \end{cases}$$

$$\therefore 3_+^{[6k-3]} + 5_+^{[6k-3]} = 8_+^{[6k-3]}$$

即（＊）可能成立,则存在众数和整数解$(3_+, 5_+, 8_+)$.

④ 证明 $8_+ = 4_+ + 4_+$ 的等幂性成立

$$\because 4_+^{[2k-1]} + 4_+^{[2k-1]} = \begin{cases} 4_+^{[6k-5]} + 4_+^{[6k-5]} = 4_+ + 4_+ = 8_+ = 8_+^{[6k-5]} \\ 4_+^{[6k-3]} + 4_+^{[6k-3]} = 1_+ + 1_+ = 2_+ \neq 8_+ = 8_+^{[6k-3]} \\ 4_+^{[6k-1]} + 4_+^{[6k-1]} = 7_+ + 7_+ = 14_+ = (1+4)_+ \\ \qquad\qquad = 5_+ \neq 8_+ = 8_+^{[6k-1]} \end{cases}$$

$$\therefore 4_+^{[6k-5]} + 4_+^{[6k-5]} = 8_+^{[6k-5]}$$

即（＊）可能成立,则存在众数和整数解$(4_+, 4_+, 8_+)$.

(2) 若 $n = 2k(k \in N_+)$,则 $C^{[n]} = C_+^{[2k]} = 8_+^{[2k]} = 1_+$

证明 $1_+ = 0_+ + 1_+$ 的等幂性成立无意义. 因为费马大定理存在非零"众数和"整数解$(0_+, 1_+, 1_+)$.

6.5.2　费马大定理存在 23 组非零"众数和"整数解

对于费马大定理:

$$a^{[n]} + b^{[n]} = c^{[n]} \quad (n > 2, \text{且 } n \in \mathrm{N}_+)$$

存在着 23 组非零"众数和"整数解(a_+, b_+, c_+)，其结论如表 4-1 所示.

表 4-1　费马大定理非零"众数和"整数解(a, b, c)的 23 个条件和结论

范围$(k \in \mathrm{N}_+)$	众数和	"众数和"等幂条件	"众数和"整数解
$n \in \mathrm{N}_+$	$3_+ + 6_+ = 9_+$	$3_+^{[n]} + 6_+^{[n]} = 9_+^{[n]}$	$(3_+, 6_+, 9_+)$
$n = 2k-1 (k \geqslant 2)$	$1_+ + 8_+ = 9_+$	$1_+^{[n]} + 8_+^{[n]} = 9_+^{[n]}$	$(1_+, 8_+, 9_+)$
$n = 3k-1$	$3_+ + 4_+ = 7_+$	$3_+^{[n]} + 4_+^{[n]} = 4_+^{[n]}$	$(3_+, 4_+, 4_+)$
$n = 6k-1$	$1_+ + 1_+ = 2_+$	$1_+^{[n]} + 1_+^{[n]} = 5_+^{[n]}$	$(1_+, 1_+, 5_+)$
	$2_+ + 3_+ = 5_+$	$2_+^{[n]} + 3_+^{[n]} = 2_+^{[n]}$	$(2_+, 3_+, 2_+)$
	$2_+ + 5_+ = 7_+$	$2_+^{[n]} + 5_+^{[n]} = 4_+^{[n]}$	$(2_+, 5_+, 4_+)$
	$4_+ + 5_+ = 9_+$	$4_+^{[n]} + 5_+^{[n]} = 9_+^{[n]}$	$(4_+, 5_+, 9_+)$[①]
$n = 6k-3$	$2_+ + 6_+ = 8_+$	$2_+^{[n]} + 6_+^{[n]} = 2_+^{[n]}$	$(2_+, 6_+, 2_+)$
		$2_+^{[n]} + 6_+^{[n]} = 5_+^{[n]}$	$(2_+, 6_+, 5_+)$
		$2_+^{[n]} + 6_+^{[n]} = 8_+^{[n]}$	$(2_+, 6_+, 8_+)$
	$3_+ + 5_+ = 8_+$	$3_+^{[n]} + 5_+^{[n]} = 2_+^{[n]}$	$(3_+, 5_+, 2_+)$
		$3_+^{[n]} + 5_+^{[n]} = 5_+^{[n]}$	$(3_+, 5_+, 5_+)$
		$3_+^{[n]} + 5_+^{[n]} = 8_+^{[n]}$	$(3_+, 5_+, 8_+)$
	$4_+ + 5_+ = 9_+$	$4_+^{[n]} + 5_+^{[n]} = 9_+^{[n]}$	$(4_+, 5_+, 9_+)$[①]
$n = 6k-4$	$3_+ + 4_+ = 7_+$	$3_+^{[n]} + 4_+^{[n]} = 5_+^{[n]}$	$(3_+, 4_+, 5_+)$
$n = 6k-5$	$1_+ + 1_+ = 2_+$	$1_+^{[n]} + 1_+^{[n]} = 2_+^{[n]}$	$(1_+, 1_+, 2_+)$
	$1_+ + 4_+ = 5_+$	$1_+^{[n]} + 4_+^{[n]} = 5_+^{[n]}$	$(1_+, 4_+, 5_+)$
	$1_+ + 7_+ = 8_+$	$1_+^{[n]} + 7_+^{[n]} = 8_+^{[n]}$	$(1_+, 7_+, 8_+)$
	$2_+ + 2_+ = 4_+$	$2_+^{[n]} + 2_+^{[n]} = 4_+^{[n]}$	$(2_+, 2_+, 4_+)$
	$2_+ + 5_+ = 7_+$	$2_+^{[n]} + 5_+^{[n]} = 7_+^{[n]}$	$(2_+, 5_+, 7_+)$
	$2_+ + 7_+ = 9_+$	$2_+^{[n]} + 7_+^{[n]} = 9_+^{[n]}$	$(2_+, 7_+, 9_+)$
	$4_+ + 4_+ = 8_+$	$4_+^{[n]} + 4_+^{[n]} = 8_+^{[n]}$	$(4_+, 4_+, 8_+)$
	$4_+ + 5_+ = 9_+$	$4_+^{[n]} + 5_+^{[n]} = 9_+^{[n]}$	$(4_+, 5_+, 9_+)$[①]

综观上述，23 组"众数和"等幂条件的存在，即"众数幂"的费马大定理成立，而且存在 23 组非零"众数和"整数解. 其中"众数和"等幂条件：

$$3_+^{[n]} + 4_+^{[n]} = 5_+^{[n]}$$

存在着非零"众数和"整数解$(3_+, 4_+, 5_+)$. 由于 $3 \in [3_+], 4 \in [4_+]$，$5 \in [5_+]$，所以对应存在着非零整数解$(3, 4, 5)$. 其中，当 $n = 2$ 时，$3_+^{[2]} + 4_+^{[2]} = 5_+^{[2]}$ 众数和等幂性也成立，显然符合 $3^{[2]} + 4^{[2]} = 5^{[2]}$. 由此可猜想推

---

① 　众数和解$(4_+, 5_+, 9_+)$重复三解，但其众数和等幂条件不一样.

知费马大定理存在非零整数解的可能性是成立的,但由于笔者不拥有计算高幂次"众数和"等幂条件的计算工具与软件,无法证明 23 组非零"众数和"整数解(a_+,b_+,c_+)是否都存在着非零整数解(a,b,c),只好等待有兴趣的读者去计算证明了. 即"众数幂"的费马大定理成立,离费马大定理成立只差半步之遥.

根据费马大定理存在 23 组"众数和"解,费马大定理可用众数之幂作一个简洁表示:

$$(众数和)^n + (众数和)^n = (众数和)^n$$

这就为解决费马大定理提出了另一种新途径新方法.

7 $3x+1$ 问题

7.1 $3x+1$ 问题

所谓的 $3x+1$ 猜想就是:任取一个自然数,如果它是偶数,我们就把它除以 2. 如果它是奇数,我们就把它乘以 3 再加上 1. 在这样一个变换下,我们就得到了一个新的自然数. 如果反复使用这个变换,我们就会得到一串自然数,猜想就是:反复进行上述运算后,最后结果为 1,或者落在一个循环圈$(4,2,1)$中,也称"数学黑洞".

例如,以奇数 11 为例,第一步变换是 $3\times 11+1=34$,第二步变换是 $34/2=17$,第三步变换是 $3\times 17+1=52$,第四步变换是 $52/2=26$,第五步变换是 $26/2=13$,第六步变换是 $3\times 13+1=40$,第七步变换是 $40/2=20$,第八步变换是 $20/2=10$,第九步变换是 $10/2=5$,第十步变换是 $3\times 5+1=16$,以后再经过四步变换落在 $4\rightarrow 2\rightarrow 1$ 循环里. 经过 14 步有限次变换得到一个序列:

$11\rightarrow 34\rightarrow 17\rightarrow 52\rightarrow 26\rightarrow 13\rightarrow 40\rightarrow 20\rightarrow 10\rightarrow 5\rightarrow 16\rightarrow 8\rightarrow 4\rightarrow 2\rightarrow 1.$

例如,以偶数 12 为例,经过 9 步有限次变换就可以得到一个序列:

$12\rightarrow 6\rightarrow 3\rightarrow 10\rightarrow 5\rightarrow 16\rightarrow 8\rightarrow 4\rightarrow 2\rightarrow 1$

虽然简单了点,但最终落在 $4\rightarrow 2\rightarrow 1$ 循环里.

有人把这个游戏称为"$3x+1$ 问题". 是不是从所有的正整数出发, 最后都落入 $(4,2,1)$ 的"黑洞"中呢? 有人借助计算机试遍了从 1 到所有小于 $100 \times 2^{50} = 112\ 589\ 990\ 684\ 262\ 400$ 的所有正整数进行验算, 无一例外, 结果都是成立的. 遗憾的是, 这个结论至今还没有人给出数学证明(因为"证明"得再多, 也是有限多个, 不可能把正整数全部"证明"完). 这种现象是否可以推广到整数范围? 不妨大家试一试.

7.2 $3x+1$ 问题的由来

"$3x+1$ 问题", 也称卡拉兹(Callatz)问题、希拉苏斯(Syracuse)问题、角谷(Kakutani)问题、海色(Hasse)算法和乌拉姆(Ulam)问题. 其实, "$3x+1$ 问题"起源于德国汉堡大学的卡拉兹(Callatz). 20 世纪 30 年代他还是一位大学生时, 便对此问题感兴趣.

1950 年, 它在美国的坎里布里奇市召开的国际数学大会上重新被提出来, 于是"$3x+1$ 问题"或 $3x+1$ 数学游戏在这个地方开始传播流传开来, 后来传到欧洲, 曾风靡一时. 在西方它常被称为希拉苏斯(Syracuse)问题, 因为据说这个问题首先是在美国的希拉苏斯大学被研究的. 而在东方, 这个问题据说是由日本的数学家角谷静夫带回日本的, 故名字又被命名称作"角谷问题".

1952 年, 蒂外费斯(B·Thwaifes)的文章中出现"$3x+1$ 问题"的提法:

$$T(x) = \begin{cases} \dfrac{1}{2}(3x-1), & x \equiv 1 \pmod 2 \\[2mm] \dfrac{1}{2}x, & x \equiv 0 \pmod 2 \end{cases}$$

除此之外它还有一大堆其他各种各样的名字, 大概都和研究传播它的数学家或者地点有关: 克拉兹(Collatz)问题、海色(Hasse)算法问题、乌拉姆(Ulam)问题等. 今天在数学文献里, 大家就简单地把它统称作"$3x+1$ 问题".

角谷静夫在谈到这个猜想的历史时讲: "一个月里, 耶鲁大学的所有人都着力于解决这个问题, 毫无结果. 同样的事情好像也在芝加哥大学发生了. 有人猜想, 这个问题是苏联克格勃的阴谋, 目的是要阻碍美国数学的发展."不过我对克格勃有如此远大的数学眼光表示怀疑.这种形式如此简单,解决起来却又如此困难的问题,实在是可遇而不可求.

数学家们已经发表了许多严肃的关于 $3x+1$ 问题的数论论文,对这个问题进行了各方面的探讨,在后面我会对这些进展作一些介绍.可是这个问题的本身始终没有被解决,我们还是不知道,"到底是不是总会得到 1?"

在 1996 年 B. Thwaites 悬赏 1100 英镑来解决这个问题,所以 $3x+1$ 问题于是又多了个名字,叫"Thwaites 猜想".

要是真的有这么一个自然数,对它反复作上面所说的变换,而我们永远也得不到 1,那只可能有两种情况:

(1) 它掉到另一个有别于 $4 \rightarrow 2 \rightarrow 1$ 的循环中去了.我们在后面可以看到,要是真存在这种情况,这样一个循环中的数字,和这个循环的长度,都会是非常巨大的.

(2) 不存在循环.也就是说,每次变换的结果都和以前所得到的所有结果不同.这样我们得到的结果就会越来越大(当然其中也有可能有暂时减小的现象,但是总趋势是所得的结果趋向无穷大).

7.3 $3x+1$ 问题的定义

对任一正整数 n,若序列 S_i 定义如下:

$$\begin{cases} \text{当 } i \in \mathrm{N}, \text{有 } S_0 = \mathrm{N} \\ \text{当 } S_i \text{ 是偶数},\text{则 } S_i = S_{i-1}/2 \\ \text{当 } S_i \text{ 是奇数},\text{则 } S_i = 3S_{i-1}+1 \end{cases}$$

7.4 $3x+1$ 问题的证明

目前,关于 $3x+1$ 问题归属于哪一类数学问题,尚不清楚,所以也就谈不上证明问题了.在这里,也就不论述 $3x+1$ 问题的证明了.但是下面笔者把 $3x+1$ 问题与后面的 $3x-1$ 问题都归属于二进制迭代运算了,即在数论范畴基本予以解决了.

7.5 $3x+1$ 问题的迭代运算

当 $3x+1=2^n$,则迭代运算结果 $S_{2n}=1$,进入循环圈 $(16,8,4,2,1)$,即:

$$x=\frac{1}{3}(2^n-1) \qquad (n\in N)$$

当 $n=2,4,6,8,10,12,14,16,18,20,\cdots,2k,\cdots(k\in N)$,则得迭代运算结果 $S_{2k}=1$.

由此,得 $x=1,5,21,85,341,1365,5461,21845,87381,349525,\cdots,$ $\frac{1}{3}(2^{2k}-1),\cdots$. 这些数就像大海里导航塔上给夜行的船只指引方向的那盏明灯,因此,形象地称它们为"灯塔数". 每一灯塔数,就是每一迭代运算过程的那个关键拐点数. 没有这个灯塔数,$3x+1$ 循环过程就可能会终止.

当 $3x+1\neq 2^n(n\in N)$,即 $x\neq\frac{1}{3}(2^n-1)$,则迭代结果 $S_n\neq 1$,进入树突结构.

当 $x=2k+1(k\in N)$,则 $3x+1=3(2k+1)+1=6k+4$. 分两类情况考虑:

(1) 令 $k=2m(m\in N)$,则 $3x+1=3(2k+1)+1=6k+4=12m$ $+4=4(3m+1)$.

很显然迭代运算继续进行 $3x+1$ 循环. 由灯塔数 $1,5,21,85,341,$ $1365,5461,21845,87381,349925,\cdots,\frac{1}{3}(2^{2k}-1)(k\in N),\cdots$,再经过有限次迭代运算,导航进入循环圈 $(4,2,1)$,迭代运算最后终止,结果都是 S_n $=1$. 如图 4-9 所示.

(2) 令 $k=2m+1(m\in N)$,则 $3x+1=6k+4=6(2m+1)+4=$ $12m+10=2(6m+5)$.

很显然迭代运算继续进行另外一种 $3x+1$ 循环. 由导航数 $5,11,17,$ $23,29,35,41,47,53,59,65,\cdots,6m+5(m\in N),\cdots$,导航进入循环圈 $(4,$ $2,1)$,迭代运算最后终止,结果都是 $S_n=1$. 如图 4-10 所示.

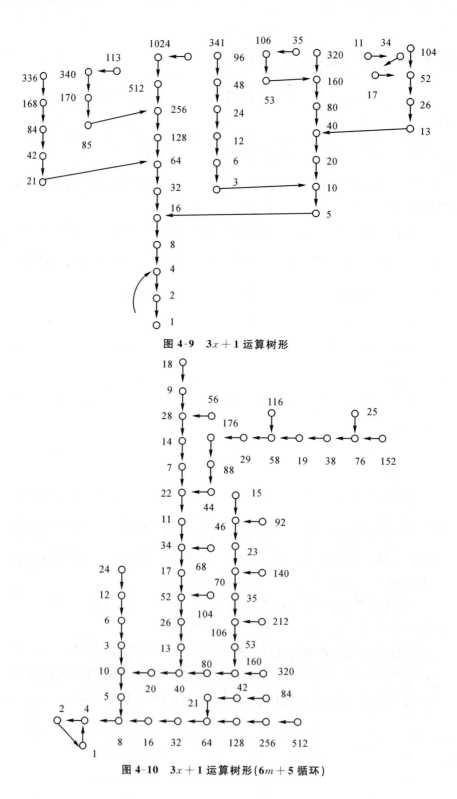

图 4-9 $3x+1$ 运算树形

图 4-10 $3x+1$ 运算树形($6m+5$ 循环)

7.6 简单证明 $3x+1$ 问题

首先,简单证明 $S_n=3x+1$ 的前 5 个奇数 x.

(1) 当 $x=1$,则 $S_0=1$ 止步.或另一种循环: $S_0=1,S_1=4,S_2=2,$ $S_3=1$.

(2) 当 $x=3$,则 $S_0=3,S_1=10,S_2=5,S_3=16,S_4=8,S_5=4,$ $S_6=2,S_7=1.$

(3) 当 $x=5$,则 $S_0=5,S_1=16,S_2=8,S_3=4,S_4=2,S_5=1.$

(4) 当 $x=7$,则 $S_0=7,S_1=22,S_2=11,S_3=34,S_4=17,S_5=52,$ $S_6=26,S_7=13,S_8=40,S_9=20,S_{10}=10,S_{11}=5,S_{12}=16,S_{13}=8,$ $S_{14}=4,S_{15}=2,S_{16}=1.$

(5) 当 $x=9$,则 $S_0=9,S_1=28,S_2=14,S_3=7,S_4=22,S_5=11,$ $S_6=34,S_7=17,S_8=52,S_9=26,S_{10}=13,S_{11}=40,S_{12}=20,S_{13}=$ $10,S_{14}=5,S_{15}=16,S_{16}=8,S_{17}=4,S_{18}=2,S_{19}=1.$

其次,简单证明 $S_n=6m+5$ 循环的前 4 个自然数 m.

(1) 当 $m=0$,则 $S_0=5,S_1=16,S_2=8,S_3=4,S_4=2,S_5=1.$(5 步)

(2) 当 $m=1$,则 $S_0=11,S_1=34,S_2=17,S_3=52,S_4=26,S_5=$ $13,S_6=40,S_7=20,S_8=10,S_9=5,S_{10}=16,S_{11}=8,S_{12}=4,S_{13}=$ $2,S_{14}=1.$(14 步)

(3) 当 $m=2$,则 $S_0=17,S_1=52,S_2=26,S_3=13,S_4=40,S_5=$ $20,S_6=10,S_7=5,S_8=16,S_9=8,S_{10}=4,S_{11}=2,S_{12}=1.$(12 步)

(4) 当 $m=3$,则 $S_0=23,S_1=70,S_2=35,S_3=106,S_4=53,S_5=$ $160,S_6=80,S_7=40,S_8=20,S_9=10,S_{10}=5,S_{11}=16,S_{12}=8,S_{13}=$ $4,S_{14}=2,S_{15}=2.$(15 步)

7.7 $3x+1$ 问题的众数学本质

证明 $3x+1$ 问题中的前 7 个灯塔数:

当 $x=1$,则取 $S_0=1$.

当 $x=5$,则取 $S_0=5,S_1=16,S_2=8,S_3=4,S_4=2,S_5=1.$

当 $x = 21$，则取 $S_0 = 21, S_1 = 64, S_2 = 32, S_3 = 16, S_4 = 8, S_5 = 4,$ $S_6 = 2, S_7 = 1.$

当 $x = 85$，则取 $S_0 = 85, S_1 = 256, S_2 = 128, S_3 = 64, S_4 = 32, S_5 = 16, S_6 = 8, S_7 = 4, S_8 = 2, S_9 = 1.$

当 $x = 341$，则取 $S_0 = 341, S_1 = 1024, S_2 = 512, S_3 = 256, S_4 = 128, S_5 = 64, S_6 = 32, S_7 = 16, S_8 = 8, S_9 = 4, S_{10} = 2, S_{11} = 1.$

当 $x = 1365$，则取 $S_0 = 1365, S_1 = 4096, S_2 = 2048, S_3 = 1024, S_4 = 512, S_5 = 256, S_6 = 128, S_7 = 64, S_8 = 32, S_9 = 16, S_{10} = 82, S_{11} = 4, S_{12} = 2, S_{13} = 1.$

当 $x = 5461$，则取 $S_0 = 5461, S_1 = 16384, S_2 = 8192, S_3 = 4096, S_4 = 2048, S_5 = 1024,\quad S_6 = 512, S_7 = 256, S_8 = 128, S_9 = 64, S_{10} = 32, S_{11} = 16, S_{12} = 8, S_{13} = 4, S_{14} = 2, S_{15} = 1.$

根据证明的前 7 个灯塔数，以及灯塔数的计算公式，我们知道 $3x + 1$ 问题，与二进制有着千丝万缕的联系. 因为 2 的各幂次是：$2^0 = 1, 2^1 = 2, 2^2 = 4, 2^3 = 8, 2^4 = 16, 2^5 = 32, \cdots, 2^n, \cdots$. 追根溯源，$3x + 1$ 问题，实质是有限次迭代运算的二进制问题.

我们已经在第二章归纳了幂 2^n（n 为自然数）的各位数字之和即众数之和运算的结果，是按照"1、2、4、8、7、5"循环.

如第 7 个灯塔数"5461"，整个航程共 15 步. 即：

$5461 \rightarrow 16384 \rightarrow 8192 \rightarrow 4096 \rightarrow 2048 \rightarrow 1024 \rightarrow 512 \rightarrow 256 \rightarrow 128 \rightarrow 64 \rightarrow 32 \rightarrow 16 \rightarrow 8 \rightarrow 4 \rightarrow 2 \rightarrow 1.$

其众数和计算如下：

5461 的各位数字相加的众数之和运算的结果是：$5 + 4 + 6 + 1 = 16,$ $1 + 6 = 7.$

$16384 = 2^{14}$ 的各位数字相加的众数之和运算的结果是：$1 + 6 + 3 + 8 + 4 = 22, 2 + 2 = 4.$

$8192 = 2^{13}$ 的各位数字相加的众数之和运算的结果是：$8 + 1 + 9 + 2 = 20, 2 + 0 = 2.$

$4096 = 2^{12}$ 的各位数字相加的众数之和运算的结果是：$4 + 0 + 9 + 6 = 19, 1 + 9 = 10, 1 + 0 = 1.$

$2048 = 2^{11}$ 的各位数字相加的众数之和运算的结果是：$2 + 0 + 4 + 8$

$= 14, 1 + 4 = 5.$

$1024 = 2^{10}$ 的各位数字相加的众数之和运算的结果是：$1 + 0 + 2 + 4$ $= 7.$

$512 = 2^9$ 的各位数字相加的众数之和运算的结果是：$5 + 1 + 2 = 8.$

$256 = 2^8$ 的各位数字相加的众数之和运算的结果是：$2 + 5 + 6 = 13$，$1 + 3 = 4.$

$128 = 2^7$ 的各位数字相加的众数之和运算的结果是：$1 + 2 + 8 = 11$，$1 + 1 = 2.$

$64 = 2^6$ 的各位数字相加的众数之和运算的结果是：$6 + 4 = 10, 1 + 0$ $= 1.$

$32 = 2^5$ 的各位数字相加的众数之和运算的结果是：$3 + 2 = 5.$

$16 = 2^4$ 的各位数字相加的众数之和运算的结果是：$1 + 6 = 7.$

为方便归纳如下，即：

2^{6n} 与 2^0 的各位数字之和相等都是 1；

2^{6n+1} 与 2^1 的各位数字之和相等都是 2；

2^{6n+2} 与 2^2 的各位数字之和相等都是 4；

2^{6n+3} 与 2^3 的各位数字之和相等都是 8；

2^{6n+4} 与 2^4 的各位数字之和相等都是 7；

2^{6n+5} 与 2^5 的各位数字之和相等都是 5.

幂 2^n（n 为自然数）的众数之和的运算结果有 6 种，用数学符号表示为：

$[2^{6n}]_+ = [2^0]_+ = 1;$

$[2^{6n+1}]_+ = [2]_+ = 2;$

$[2^{6n+2}]_+ = [2^2]_+ = [4]_+ = 4;$

$[2^{6n+3}]_+ = [2^3]_+ = [8]_+ = 8;$ $\qquad (n \in \mathrm{N})$

$[2^{6n+4}]_+ = [2^4]_+ = [16]_+ = 7;$

$[2^{6n+5}]_+ = [2^5]_+ = [32]_+ = 5.$

7.8 $3x + 1$ 问题的推广

海色（Hasse）对 $3x + 1$ 问题很感兴趣，并作了推广：

推广 1　k 为常数,对于任意自然数 m.

若 m 是偶数,则将它除以 2;若 m 是奇数,则将它除以 3 后再加 3^k. 经有限 k 次运算后结果必为 3^k(显然 $3x+1$ 问题是 $k=0$ 的情形).

推广 2　令 L,n 为给定的奇数,对任意自然数 m.

若 m 是偶数,则将它除以 2;若 m 是奇数,则将它乘以 n 后再加上 L,经有限次运算后结果必为下列情形之一:(1) 为 n,L 的最大公约数 (n,L);(2) 为 L;(3) 为某些常数.

上述均没有证明. 特殊地,令 $n=3,L=1$,则推广 2 即为 $3x+1$ 问题.

$3x+1$ 问题运算除了 $4 \to 2 \to 1$ 这个圈之外,其余为树形(无圈、连通)结构吗?

8　$3x-1$ 问题

8.1　问题产生的背景

若把 $3x-1$ 问题稍稍改动为:

任给一个自然数,若它是偶数,则将它除以 2;若它是奇数,则将它乘以 3 后再减去 1,如此下去,最后可能得到 1 或进入如图 4-11 所示的循环之一.

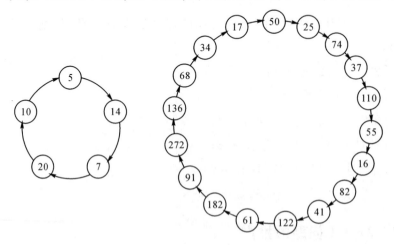

图 4-11

8.2 $3x-1$ 问题的定义

对任一正整数 n,若序列 S_i 定义如下:

$$\begin{cases} \text{当 } i \in \mathrm{N}, \text{有 } S_n = \mathrm{N} \\ \text{当 } S_i \text{ 是偶数,则 } S_1 = S_{i=1}/2 \\ \text{当 } S_i \text{ 是奇数,则 } S_1 = 3S_{i=1}-1 \end{cases}$$

8.3 $3x-1$ 问题的迭代运算

当 $3x-1 = 2^n$,则迭代运算结果 $S_n = 1$,进入循环圈 (16,8,4,2,1),即当 $n = 1,3,5,7,9,11,13,15,17,19,\cdots,2k-1,\cdots(k \in \mathrm{N})$,则得 $x = 1,3,11,43,171,683,2731,10923,43691,174763,\cdots,\frac{1}{3}(2^{2k-1}+1),\cdots$,迭代运算结果 $S_{2k-1} = 1$. 这些数就像大海里导航塔上给夜行的船只指引方向的那盏明灯,因此,形象地称它们为"灯塔数". 每一灯塔数,就是每一迭代运算过程的那个关键拐点数. 没有这个灯塔数,$3x-1$ 循环过程就可能会终止.

当 $3x-1 \neq 2^n (n \in \mathrm{N})$,即 $x \neq \frac{1}{3}(2^n+1)$,则迭代结果 $S_n \neq 1$,进入树突结构.

当 $x = 2k+1(k \in \mathrm{N})$,则 $3x-1 = 3(2k+1)-1 = 6k+2$.

分两类情况考虑:

(1) 当 $k = 2m(m \in \mathrm{N})$,则 $3x-1 = 3(2k+1)-1 == 6k+2 = 12m+2 = 2(6m+1)$.

很显然迭代运算继续进行 $3x-1$ 循环. 只是进入另外一种 $6m+1$ 循环. 但循环基本进入本小节前面所强调的 $3x-1$ 问题结果的 2 个大小循环圈.

(2) 令 $k = 2m-1(m \in \mathrm{N})$,则 $3x-1 = 6k+2 = 6(2m-1)+2 = 12m-4 = 4(3m-1)$. 很显然迭代运算继续进行 $3x-1$ 循环. 由灯塔数 $1,3,11,43,171,683,2731,10923,43691,174763,\cdots,\frac{1}{3}(2^{2k-1}+1),\cdots(k \in \mathrm{N})$,再经过有限次迭代运算,导航进入循环圈 (4,2,1),迭代运算最后终

止,结果都是 $S_n = 1$.

8.4 简单证明 $3x - 1$ 问题

首先,证明 $S_n = 3x - 1(x \in N)$ 循环的前 5 个奇数 x.

(1) 当 $x = 1$,则 $S_0 = 1$ 终止或者进入另一循环 $S_0 = 1, S_1 = 2, S_2 = 1$.

(2) 当 $x = 3$,则 $S_0 = 3, S_1 = 8, S_2 = 4, S_3 = 2, S_4 = 1$.

(3) 当 $x = 5$,则 $S_0 = 5, S_1 = 14, S_2 = 7, S_3 = 20, S_4 = 10, S_5 = 5$.
(循环)

(4) 当 $x = 7$,则 $S_0 = 7, S_1 = 20, S_2 = 10, S_3 = 5, S_4 = 14, S_5 = 7$.
(循环)

(5) 当 $x = 9$,则 $S_0 = 9, S_1 = 26, S_2 = 13, S_3 = 38, S_4 = 19, S_5 = 56$,
$S_6 = 28, S_7 = 14, S_8 = 7, S_9 = 20, S_{10} = 10, S_{11} = 5, S_{12} = 14, S_{13} = 7$.
(循环)

其次,证明 $S_n = 6m + 1(m \in N)$ 循环的前 4 个自然数 m.

当 $m = 1$,则 $S_0 = 7, S_1 = 20, S_2 = 10, S_3 = 5, S_4 = 14, S_5 = 7$.

当 $m = 2$,则 $S_0 = 13, S_1 = 38, S_2 = 19, S_3 = 56, S_4 = 28, S_5 = 14$,
$S_6 = 7, S_7 = 20, S_8 = 10, S_9 = 5, S_{10} = 14, S_{11} = 7$.

当 $m = 3$,则 $S_0 = 19, S_1 = 56, S_2 = 28, S_3 = 14, S_4 = 7, S_5 = 20$,
$S_6 = 10, S_7 = 5, S_8 = 14, S_9 = 7$.

当 $m = 4$,则 $S_0 = 25, S_1 = 74, S_2 = 37, S_3 = 110, S_4 = 55, S_5 = 164$,
$S_6 = 82, S_7 = 41, S_8 = 122, S_9 = 61, S_{10} = 182, S_{11} = 91, S_{12} = 272, S_{13}$
$= 136, S_{14} = 68, S_{15} = 34, S_{16} = 17, S_{17} = 50, S_{18} = 25$.

8.5 $3x - 1$ 问题的众数学本质

证明 $3x - 1$ 问题中的前 7 个灯塔数:

当 $x = 1$,则 $S_0 = 1, S_1 = 2, S_2 = 1$.

当 $x = 3$,则 $S_0 = 3, S_1 = 8, S_2 = 4, S_3 = 2, S_4 = 1$.

当 $x = 11$,则 $S_0 = 11, S_1 = 32, S_2 = 16, S_3 = 8, S_4 = 4, S_5 = 2, S_6 = 1$.

当 $x = 43$,则 $S_0 = 43, S_1 = 128, S_2 = 64, S_3 = 32, S_4 = 16, S_5 = 8$,

$S_6 = 4, S_7 = 2, S_8 = 1.$

当 $x = 171$，则 $S_0 = 171, S_1 = 512, S_2 = 256, S_3 = 128, S_4 = 64, S_5 = 32, S_6 = 16, S_7 = 8, S_8 = 4, S_9 = 2, S_{10} = 1.$

当 $x = 683$，则 $S_0 = 683, S_1 = 2048, S_2 = 1024, S_3 = 512, S_4 = 256, S_5 = 128, S_6 = 64, S_7 = 32, S_8 = 16, S_9 = 8, S_{10} = 4, S_{11} = 2, S_{12} = 1.$

当 $x = 2731$，则 $S_0 = 2731, S_1 = 8192, S_2 = 4096, S_3 = 2048, S_4 = 1024, S_5 = 512, S_6 = 256, S_7 = 128, S_8 = 64, S_9 = 32, S_{10} = 16, S_{11} = 8, S_{12} = 4, S_{13} = 2, S_{14} = 1.$

根据证明 $3x - 1$ 问题中的前 7 个灯塔数，以及灯塔数的计算公式，我们知道 $3x - 1$ 问题，与二进制有着千丝万缕的联系. 因为 2 的各幂次是：$2^0 = 1, 2^1 = 2, 2^2 = 4, 2^3 = 8, 2^4 = 16, 2^5 = 32, \cdots, 2^n (n \in N), \cdots.$ 追根溯源，$3x - 1$ 问题实质上也是有限次迭代运算的二进制问题.

我们已经在第二章归纳了幂 2^n（n 为自然数）的各位数字之和，即众数之和运算的结果，是按照 1、2、4、8、7、5 循环.

如第 7 个灯塔数"2731"，整个航程是共 14 步. 即

$2731 \rightarrow 8192 \rightarrow 4096 \rightarrow 2048 \rightarrow 1024 \rightarrow 512 \rightarrow 256 \rightarrow 128 \rightarrow 64 \rightarrow 32 \rightarrow 16 \rightarrow 8 \rightarrow 4 \rightarrow 2 \rightarrow 1.$

其众数和计算如下：

2731 的各位数字相加的众数之和运算的结果是：$2 + 7 + 3 + 1 = 13, 1 + 3 = 4.$

$8192 = 2^{13}$ 的各位数字相加的众数之和运算的结果是：$8 + 1 + 9 + 2 = 20, 2 + 0 = 2.$

$4096 = 2^{12}$ 的各位数字相加的众数之和运算的结果是：$4 + 0 + 9 + 6 = 19, 1 + 9 = 10, 1 + 0 = 1.$

$2048 = 2^{11}$ 的各位数字相加的众数之和运算的结果是：$2 + 0 + 4 + 8 = 14, 1 + 4 = 5.$

$1024 = 2^{10}$ 的各位数字相加的众数之和运算的结果是：$1 + 0 + 2 + 4 = 7.$

$512 = 2^9$ 的各位数字相加的众数之和运算的结果是：$5 + 1 + 2 = 8.$

$256 = 2^8$ 的各位数字相加的众数之和运算的结果是：$2 + 5 + 6 = 13, 1 + 3 = 4.$

$128 = 2^7$ 的各位数字相加的众数之和运算的结果是：$1 + 2 + 8 = 11,$

$1 + 1 = 2.$

$64 = 2^6$ 的各位数字相加的众数之和运算的结果是:$6 + 4 = 10, 1 + 0 = 1.$

$32 = 2^5$ 的各位数字相加的众数之和运算的结果是:$3 + 2 = 5.$

$16 = 2^4$ 的各位数字相加的众数之和运算的结果是:$1 + 6 = 7.$

迄今为止,解决 $3x \pm 1$ 问题令数学家十分头痛,千头万绪理不出一点思绪.在这里,借助众数学的众数和运算,发现 $3x \pm 1$ 问题是二进制迭代运算,而且发现灯塔数与梅森素数、费马素数、完全数、亲和数、婚约数一样,其幂 2^n(n 为自然数)的各位数字之和运算的结果都遵循同样的众数和规律 —— 仅在众数和"1、2、4、8、7、5"中循环出现.这就为寻找解决 $3x \pm 1$ 问题发现了一道曙光.

结束语

　　一棵棵郁郁葱葱的大树长成一片遮天蔽日的大森林,一个个鲜活的生命组成一个友爱和谐的大家庭,一段段优美的旋律构成一个雄宏酣畅的大型乐章,一簇簇碧绿闪光的野草围成一片辽阔壮丽的大草原,一座座山峰耸立为一座巍峨挺拔的高山,…,森林、家庭、乐章、草原、高山 … 就是一个整体、一个全体、一个集体、一个系统.认识研究它们的数量特征、数学规律与空间形式,就是集合论;认识研究它们的结构与功能、整体与部分、宏观与微观之间的关系,就是系统论;认识研究它们的方法、手段、原理、态度,就是哲学.三者是一个问题的 3 个方面.一棵树、一个生命、一段旋律、一簇野草、一座山峰、…,是一个小整体、一个小全体、一个小集体、一个小系统的最小的众集合体组成单位,认识研究它们的数量关系、数量特征、空间形式,就是集合论,就形成了一门众数学;认识研究它们的结构与功能、整体与部分、宏观与微观之间的关系,就是系统论,就形成了一门众科学.

　　众数学,有众数之和、之差、之积、之商、之幂的运算规律与运算法则,具有精准性、派生性、衍生性、自我复制性、分层性、延展性、统一性等特点与特性.实数的加、减、乘、除四则运算与法则是众数学运算的特殊情形,即众数学统一了实数的加、减、乘、除四则运算,把数学的各个分支与领域联系统一了起来,可以防止数学的各个分支与领域彼此孤立、彼此分割,使人们更深刻更全面地认识数学的本质.就如把树、生命、旋律、野草、山峰 … 这些最小的众集合体单位,切割为平面上的一个个片断去认识,就是我们平常所说的普通欧几里得几何(简称欧氏几何)与欧氏空间;如果立体地去认识它们的数量形式、数学规律、空间形式,立体片断的凹面就是罗巴切夫斯基几何(也称双曲几何,简称罗氏几何)与罗氏空间,立体片断的凸面就是黎曼几何(也称椭圆几何)与黎曼空间.罗氏几何,是苏联的数学家罗巴切夫斯基 1826 年 2 月在他的非欧几何论文《几何学原理及平行线定理严格证明的摘要》中首先提出并发现的,只是罗氏几何 1871 年才获得公认,当然发现罗氏几何的还有德国的数学家高斯、匈牙利的数学家鲍耶,只可惜 3 位数学家早已离开了人世.黎曼几何,是德国数学家黎曼 1854 年在格丁根大学发表的题为《论作为几何学基础的假设》的就职学说中提出创立的.

如果把众集合体看作具有特征长度的规则图形(或物体)的话,那么众数学可称为规则数学,如欧氏几何、罗氏几何、黎曼几何都属于此类.如果把一个众集合体形象地抽象为单位圆或单位球,便不难理解这 3 种几何之间的区别与联系.这 3 种几何都是众数学几何的 3 个侧面而已.如果把众集合体看作是没有特征长度的无规则图形(或物体)的话,那么众数学可称为无规则数学,如曼德布罗特的分形几何便属于此类.

在这里,不涉及众数学中的几何、三角等方面,本书只稍微详细论述众数学研究的代数方向,因此,本书也可命名为《众代数》,或可为《众数学基础》《众数学初步入门》.

如果把众数学的众数之和、之差、之积、之商、之幂的运算规律与运算法则应用到各门学科之中,就形成了一门综合统一性学科 —— 众科学,由于自然科学、社会科学、思维科学相当完善相当丰富,在这里不再论述.其实,只要把众数学应用到科学领域即可.

众,蕴含于自然、社会、世界、宇宙的生命系统、非生命系统之中.众哲学的基本原理主要有众有限律、相斥相吸律(包括同性相斥异性相吸与同类相吸异类相斥,即吸引力法则)、众集宇宙全息律、正序顺向律、反序逆向律、众集因果律、众集或然律、众集均衡律等.众哲学在处理问题、观察问题时的主要方法有容纳万物、圆融统一、组织合作、和谐共存、大道至简、非常规思维、共赢思维等.

如果从认识一个众集合体的角度讲(以众集合体为参照物的话),人类的认识是从有限认识到无限认识,再从无限认识到有限认识;前者是由里向外认识,后者是由外向里认识.前者是东方文明的认识路线,后者是西方文明的认识路线.

如果是两个众集合体,尤其是两个对立或相对关系的众集合体,从数学关系上看,存在"用联数、用联数学或数学哲学".有兴趣的读者可阅读赵克勤著的《集对分析及其初步应用》及《奇妙的用联数》.

如果是两个众集合体,从物体的相互作用看,可存在 4 种相互作用力:万有引力、电磁场力、强相互作用与弱相互作用.若借助用联数学的对集关系,有可能实现 4 种相互作用力的统一.

如果众集合体是两个可观测的宏观大物体(质量很大,带电量可不予考虑.如行星、恒星、银河系、黑洞等),那么是牛顿万有引力定律起作用,用公式表示为:

$$F = \frac{Gm_1m_2}{r^2}$$

式中,F 为两个物体之间的万有引力,$G = 6.67 \times 10^{-11}$ 为万有引力常数,m_1 为物体 1 的质量,m_2 为物体 2 的质量,r 为两个物体之间的距离.

如果众集合体是两个可观测的宏观小物体(带有电量,质量可不予考虑.如静止的电荷以及运动的电荷之间),那么是电磁场力定律起作用,即电磁场力(也叫库仑力).用公式表示为:

$$F = \frac{kq_1q_2}{r^2} = \frac{q_1q_2}{4\pi\varepsilon_0 r^2}$$

如果众集合体是不可观测的微观物体,则存在着强相互作用与弱相互作用.强相互作用发生在原子核内,产生于质子与质子、中子与中子、电子与电子之间.弱相互作用,是原子核发生的衰变、半衰变引起的短距离作用力,是一种最小的自然力.

从众哲学的"众集合体"来看,相对论隶属线性系统的宏观世界范畴,由于线性系统中事物内部的因果之间存在必然联系,是用分析、归纳、演绎、推理等因果律、必然律解决的必然决定论.

从众哲学的"众集合体"来看,量子理论隶属非线性系统的微观世界范畴,由于非线性系统中事物内部的因果之间只存在或然联系,是用统计、综合、概率等因果律、或然律解决的非决定论思想.

如果把众集合体放在平面思维下考虑,与中国古老的太极就联系了起来,众集合体就是一个封闭的自洽组织系统,带有整个组织系统的全部信息特征与规律,即有全息性、自洽性、周期性、耗散性、结构性、功能性等.因此,笔者在这里大胆地提出,众集合体的数学平面结构就是中国古老的洛书、河图.由此,也可大胆地提出,众集合体的数学立体结构就是民间学者已经发现或基本发现的三维或多维的洛书、河图.众集合体的哲学立体结构就是把中国古老的太极图推广、分层、延伸的三维或多维的立体太极图. 所以说,建立哲学思维框架下的太极平面几何、空间几何就大有必要. 愿我们一道,在 21 世纪里,把"众数学"推陈出新、发扬光大.

(2014 年 12 月第一稿)

(2015 年 10 月第二稿)

(2016 年 7 月第三稿)

(2017 年 12 月第四稿)

参考文献

[1] 问道,王非.思维风暴[M].北京:北京华文出版社,2009.

[2] 吴振奎,吴旻.数学的创造[M].哈尔滨:哈尔滨工业大学出版社,2011.

[3] [波]伯努瓦,[法]B·曼德布罗特.大自然的分形几何学[M].陈守吉、凌复华译.上海:上海远东出版社,1998.

[4] 吴振奎,吴旻.数学中的美[M].哈尔滨:哈尔滨工业大学出版社,2011.

[5] 张楚廷.数学与创造[M].大连:大连理工大学出版社,2008.

[6] T·帕帕斯.数学趣闻集锦(上、下)[M].上海:上海教育出版社,1998.

[7] 谈祥柏.数,上帝的宠物[M].上海:上海教育出版社,1996.

[8] 高源.奇妙的幻方[M].西安:陕西师范大学出版社,1995.

[9] [法]曼德布罗特.分形对象:形、机遇与维数[M].文志英译.北京:世界图书出版公司,1999.

[10] 贝乐.数论妙趣 — 数学女王的盛情款待[M].谈祥柏译.上海:上海教育出版社,1998.

[11] 吴鹤龄.幻方及其他[M].北京:科学出版社,2003.

[12] 高治源.九宫图探秘[M].香港:香港天马图书有限公司,2004.

[13] 蒋声.趣味算术[M].上海:上海教育出版社,1997.

[14] 周从尧,余未.有趣的数论名题[M].长沙:湖南大学出版社,2012.

[15] [美]阿米尔·艾克塞尔.费马大定理:解开一个古代数学难题的秘密[M].左平译.上海:上海科学技术文献出版社,2008.

[16] 探索学科科学奥秘丛书编委会.探索数学的奥秘[M].广州:广

东世界图书出版公司,2009.

[17] 丁宁.模糊科学原理[M].西宁:青海民族出版社,2015.

[18] [加拿大]盖伊.数论中未解决的问题[M].张明尧译.北京:科技出版社,2003.

[19] 华罗庚.数论导引[M].北京:北京科学出版社;台湾:凡异出版社出版,1957.

[20] [法]塞尔.数论教程[M].丘成桐编,冯克勤译.北京:高等教育出版社,2007.

[20] 周明儒.费马大定理的证明与启示[M].北京:高等教育出版社,2007.

[21] [美]R·柯朗,H·罗宾.什么是数学[M].L·斯图尔特修订,左平、张饴慈译.上海:复旦大学出版社,2005.

[22] 黄光荣. 对数学本质的认识[J]. 数学教育学报,2002,11(2):21-23.

[23] 林夏水.论数学的本质[J].哲学研究,2000,9.

[24] 林夏水.数学的本质·认识论·数学观[J].数学教育学报,2002,11(3):26-30.

[25] 张景中.数学哲学[M].北京:北京师范大学出版社,2010.

[26] 王存臻、严春友.宇宙全息统一论[M].济南:山东人民出版社,1988.

[27] [澳]朗达·拜恩秘密[M].谢明完译.北京:中国城市出版社,2008.

[28] 许啸天编著.老子[M].北京:光明日报出版社,1995.

[29] 马建勋.圆点哲学[M].北京:作家出版社,2003.

[30] 殷建,殷业.时间与空间的概念与历史现状[J].无锡职业技术学院学报,2015,1.

[31] 黄志洵.空间与时间的科学意义[J].中国传媒大学学报(自然科学版),2008,3.

[32] 中共中央编译局.马克思恩格斯全集[M].北京:人民出版社,1971.

[33] 牛顿.自然哲学的数学原理[M].赵振江译.北京:商务印书馆,2007.

［34］史蒂芬·霍金. 时间简史［M］. 许明超、许忠贤译. 长沙：科学技术出版社，2002.

［35］［美］G. 波利亚. 数学与猜想［M］. 李心灿，王日爽，李志尧译. 北京：科学出版社，1984.

［36］史蒂芬·霍金，列纳德·蒙洛迪诺. 时间简史［M］. 吴忠超译. 长沙：科学技术出版社，2014.

［37］［俄］A. D. 亚历山大洛夫等. 数学：它的内容、方法和意义［M］. 孙小礼，赵孟养，裘光明译. 长沙：科学出版社，2012.

［38］［日］浅野八郎. 卡巴拉数字密码［M］. 尹侃译. 广州：南方日报出版社，2011.

［39］赵克勤. 集对分析及其初步应用［M］. 杭州：科学技术出版社，2000.

［40］21 世纪 100 个科学难题编写组. 21 世纪 100 个科学难题［M］. 长春：吉林人民出版社，1998.

［41］恩格斯. 自然辩证法［M］. 于光远译. 北京：北京人民出版社，1984.

［42］高红卫. 素数研究与应用参考［M］. 北京：科学出版社，2008.

［43］傅熙如. 洛书与哥德巴赫猜想［J］. 周易研究，1993(2)：64－68.

［43］http://www. baidu. com.

［44］http://www. sina. com.

后　记

　　历时一年多,带病写完《众数学》的第一稿,已是 2014 年 12 月的南国隆冬了.当把认识"众数学"的思想、方法,完成之后补加为第二稿,并写完后记已是 2015 年 10 月的深秋了.又经过大量删减(如第二稿的第五章《众数学在其他方面的应用》全部内容,经编辑建议全部删除),脱手第三稿,已是 2016 年 7 月炎热的夏天了.

　　虽然众运算的众数之和、之差、之积、之商、之幂的运算法则与规律,以及《众数学》的部分章节内容,在 10 多年之前已基本完成了,但是利用众数学、众运算,探索挖掘部分素论难题(如在第四章发现探索的完美数众数和"1"的结论、梅森素数众数和"1、4、7"的结论、费马数众数和"3、5、8"的结论、婚约数与亲和数众数和"9"的结论、"众数和"的哥德巴赫猜想成立、费马大定理存在 23 组"众数和"解、"$3x \pm 1$"问题实质上是二进制迭代运算),可谓探索之艰辛.利用众数学、众运算,揭秘探索以河图、洛书、八卦为著称的古老中华文化、高度发达的玛雅文明、源远流长的埃及文明、灿烂优秀的犹太文化,可谓揭秘之艰难.利用众数学、众运算,提出创造发明三进制电脑、计数(时)器,并以众集合体为研究对象作为依托,构建 21 世纪的综合性"众哲学",可谓构建之困苦.利用众数学、众运算以及众哲学,呼吁面对即将到来的第四次宇宙时空观变革,可谓用心之良苦.

　　在众数学的发现、认识、研究过程中,主要经历了 3 个艰难、艰辛的认识过程与阶段:

第一次发现与困惑

　　众数学认识的第一阶段(1995—2004 年)由于多年研习《周易》,第一次发现了众数学中最基本的众数和、众数差、众数积、众数商、众数幂的运算法则与规律.

在研习《周易》的过程中,我认识、摸索、探索得最多的就是河图、洛书.虽然河图、洛书表述比较简单、直接、朴素,但蕴含的大道至简的深奥哲理、数理、义理,绵延不绝,常识常新.从数学的角度讲,河图、洛书是构造幻方最直接的方法:河图提供了构造偶数阶幻方最简单、最直接、最朴素的方法;洛书提供了构造奇数阶幻方最简单、最直接、最朴素的方法.

洛书中每一横纵斜对应的对角线上的诸数之和都等于15.

$1+9+5=15, 2+8+5=15, 3+7+5=15, 4+5+6=15,$

$8+1+6=15, 3+5+7=15, 2+9+4=15, 2+5+8=15.$

很显然,$1+5=6$.这是我对"众数和"运算认识的最初雏形,也是我对众运算认识的形成与开始.

河图之中蕴含着众数之差的数理关系,其众数之差的运算结果是:

$7-2=6-1=5;$

$8-3=9-4=5.$

众数之和、之差的运算关系、运算法则与运算规律,给了我莫大的启示:"众数和"可以把无限大的数转化为有限小的数.这样,我从哲学认识的高度,重新认识哥德巴赫猜想、费马大定理以及数论中的一些难题,获得了意想不到的巨大突破.这种思维认识突破在本书第四章第三、四节,做了重要的阐述.

认识到众运算是一种新的运算关系、运算法则,认识到众数学是一种新型的数学后,我一直思考着众运算、众数学有什么用途:在数学上有什么应用价值?在其他方面有什么应用价值?在困惑与思考中,我梳理着众数和与八卦的关系,发现了二进制与九进制的关系,发现了三进制与十进制的关系,提出可否制造"三进制电脑""九进制计数(时)器""三元理论的建立与发展"等一些新问题、新思路、新方法、新方式、新思维、新理论.

第二次发现与困惑

众数学认识的第二阶段(2005—2010年)主要发现了众数学的和、差、积、商、幂可以解决哥德巴赫猜想、费马大定理,并基本完成了《试论费马大定理存在23组"众数和"整数解》《哥德巴赫猜想的"众数和"整数解》,而且总结归纳出众数学的和、差、积、商、幂的运算规律与法则.

在 2005 年春节之际,我利用发现的众数和解决了"众数和"的哥德巴赫猜想成立、"众数和"的费马大定理存在整数解,并撰写了《哥德巴赫猜想的"众数和"整数解》《试论费马大定理存在 23 组"众数和"整数解》. 我在论文中提出:哥德巴赫猜想的实质是"素数 + 素数 = 偶数". 所有素数都可以用众数和表示,也满足精准九定律. 因此,只要把一个偶数拆分成两个众数和的素数就可以解决. 即

(众数和)偶数 =(众数和)素数 +(众数和)素数

由此,哥德巴赫猜想的众素数之和结论成立.

我把费马大定理 $x^n + y^n = z^n$ 中的 x^n、y^n、z^n 用众数之幂计算后发现,众数之幂的费马大定理存在 23 组"众数和"整数解并成立,这为解决费马大定理提出了另外一种新途径、新方法.

众数之幂的费马大定理表示为:

(众数和)^n +(众数和)^n =(众数和)^n

由此费马大定理的"众数和"解成立.

在撰写完两篇论文之后,中国科幻作家高国新给我浇了一盆冷水,他说:众数和在纯数学理论之外,没有什么真正的实用价值?!这致使我的思维认识一下子陷入了困顿,不知道众数学还有什么应用价值与实践发展. 这是我认识众数学遇到的第二个困惑.

虽然论文《哥德巴赫猜想的"众数和"整数解》,在 2006 年 3 月的浙江省数学年会上进行了交流,并获得了省三等奖,但是没有引起数学同行与各位专家的重视. 这个沉思与困惑使我极度的苦闷,几乎让我对"众数学"的认识停顿了长达 10 年之久,也没有把"众运算"当作一种新数学方法来研究数论中的许多难题. 同时,数学教材上的"众数"概念一直纠缠于我的心中 —— 众数学中的"众数"与数学教材中的"众数",有什么上本质上的联系与区别?还是两者就是同一个概念?数学教材中的"众数",指的是一组数中重复出现的数. 如 1、2、3、3、4、5、6、7、8 一组数中,"3"就是众数. 而众数学中的"众数",是通过进行众数之和、之差、之积、之商、之幂运算结果后得到的数,两者好像有本质上的区别. 一时间,我难以把两个概念统一联系起来. 这个心理阴影,就是在《众数学》的写作过程中也一直纠缠着我,让我不能安然释怀. 如 12、84 与 111 这 3 个数的众数之和都是"3". 因为 $1 + 2 = 3, 8 + 4 = 12 = 1 + 2 = 3, 1 + 1 + 1 = 3$. 在从哲学的

认识高度重新认识众数运算后,我突破了认识局限 —— 众数和(以及众数差、众数积、众数商、众数幂)数理运算是把无限大的数转化为有限小的数的一种思维转化认识方法,才把数学教材上的"众数"当作众数学中的一种特殊的"众数",才彻底消除了这个久久无法解决的困惑.

第三次发现与困惑

众数学认识的第三阶段(2011 年至今)发现了众数学在数理、数论、天文、地理、气象、地震、预测等领域方面有着广泛的运用,而且运用众数学运算解决了数论中一些悬而未决的难题.如亲和数、完全数、梅森数、费马数、"$3x \pm 1$"问题等.如果实数的四则运算是小运算,那么众数学的四则运算是大运算.小至微观世界的分子、原子、电子,大至宏观世界的自然、社会、世界、宇宙,都遵循众数学的运算规律与法则.因此众数学是自然、社会、世界、宇宙运行中的一种最基本的数理运算关系,也是最一般最重要的运算关系,其发展变化都要遵循服从众数学大数理大运算关系.众数学的发现也许对数学的统一性、场统一性问题、言语的统一性起着不可估量的作用.

2012 年 5 月,我用众数和运算验证了中国股市 23 年的发展历程,上证指数的 8 次大顶,几乎以众数和"13"或"4"结束.上证指数的 8 次大底,也存在着和 8 次大顶一样的规律 —— 每次大底几乎都以众数和"8"收底.

2012 年 6 月 2 日,我在网络上阅读了中国科幻作家高国新的科幻作品《最后的谜题》以及他总结的"众数和定理",感慨颇深.但是他却强调说,"众数和定理"只在数学上有意义,在其他方面没有实质的意义.他的这句话刺激了我动手写《众数学》这本书的欲望。我的目的是证明众运算除了"众数和",还有"众数差、众数积、众数商、众数幂"等运算性质和规律,旨在强调众数学在数理、数论、天文、地理、气象、地震、预测等领域有着广泛的运用.

2014 年 5—9 月,利用众运算的运算规律与法则,一举破解了"河图""洛书"的运行大数理关系,并构造了一些新河图、新洛书,要特别提及的是发现了一些构造的"众河图""众洛书".

2014 年 11 月,利用"众数和"初步认识了数论中的完全数、梅森素数遵循众数和"1"的运算规律;婚约数、亲和数遵循众数和"9"的运算规律.

2014 年 12 月,利用"众数和、众数幂"揭示了梅森素数的众数和结果只在众数和"1、4、7"中循环出现,费马数的众数和结果只在众数和"3、5、8"中循环出现.

2015 年 1 月,利用"众数和、众数幂"基本解决了 $3x+1$ 问题与 $3x-1$ 问题都是二进制迭代运算问题的实质,其幂 2^n(n 为自然数)的各位数字的众数之和遵循同样的众数和规律 —— 仅在众数和 1、2、4、8、7、5 中循环出现.

2015 年 2—3 月,对天文、历法、气象提出了自己的众数学解释,这就为天文、历法的严谨性、合理性、科学性提出了强有力的解释.

虽然运用众数学初步解决了数论中的一些难题,但只是凤毛麟角,还有很多问题、难题等待用众数学去认识、去摸索、去探索、去发现.用众数学解决天文、地理、气象、地震,与数学中的几何、三角、向量有关,笔者曾设想把众数学编写成一个系列:《众代数》《众几何》《众三角》,方便有缘的读者认识与探索,但限于时间与精力,这里把这 3 类问题笼统地并称为《众数学》.写完本书,感觉众数学中的许多应用还没有被挖掘、探索到,有待于以后有时间,再单独编写《众几何》《众三角》,与有缘的广大读者再见面、再交流.

在本书结稿之时,限于篇幅,将众数学在其他方面(天文、地理、气象、地震、预测等领域)的应用以及建立众数学的思想大厦 —— 众哲学的相关章节,全部删去.同时,为了保证数学的严谨性,将众数学对上古河图、洛书解释的数理关系、规律以及性质结论的相关内容也全部删去.如有兴趣的读者,可来信来函与作者联系交流.

在发现探索众数学的过程中,我一直有一个疑问,借写作结束之际,想与有缘的读者一起探讨:中国的数学家们为什么一直把数学的九进制(隐藏于中国《易经》的河图、洛书之中),即众运算的运算规律与法则,排斥在数学的大门之外呢?!在 20 多年的数学教育教学工作中,我一直在纳闷这个问题,至今找不出答案,也理不出一点头绪来.

在付梓出版之际,为本书能与读者早日见面,我要感谢浙江工商大学出版社的周敏燕主任、杨凌灵编辑与厉勇编辑所付出的艰辛与努力.同时,还要感谢我的爱人陈晓霞女士,没有她的理解、帮助和支持,我就不可能顺利地完成书稿,并付梓出版.

王建国

2019 年 6 月